Der Dampfbetrieb

Leitfaden für Betriebsingenieure, Werkführer und Heizer

Auf Veranlassung des Schweizerischen Vereins von Dampfkessel - Besitzern herausgegeben

von

E. Höhn

Oberingenieur

Mit 229 Abbildungen im Text und 10 Zahlentafeln

Springer-Verlag Berlin Heidelberg GmbH
1929

Folgende Druckschriften

sind bis jetzt vom Schweizerischen Verein von Dampfkessel-Besitzern (Zürich) herausgegeben worden und können von dieser Stelle bezogen werden:

Versuche mit autogen geschweißten Kesselblechen	1914
Über Brennstoffe für den Kesselbetrieb	
Die Bekämpfung von Rost und Abzehrungen an Dampfkesseln	1918
Die Sammlung von Kondenswässern und Speisung der Dampfkessel	1919
Über die Konstruktion von kleinen vertikalen Dampfkesseln	
Die Verfeuerung flüssiger Brennstoffe	1920
Über Dampfmesser	
Versuche mit autogen und elektrisch geschweißten Kesselteilen	1921
Kamine, Berechnung ihrer Lichtweite und Höhe	
Über Kessel landwirtschaftlicher Betriebe	1922
Über die Festigkeit elektrisch geschweißter Hohlkörper *)	1923
Nieten und Schweißen der Dampfkessel *)	1925
Über die Festigkeit der gewölbten Böden und der Zylinderschale *)	1926
Der Dampfbetrieb, Leitfaden für Betriebsingenieure, Werkführer und Heizer *)	1929

---

*) Im Verlag von Julius Springer, Berlin W 9, sind die letzten 4 Druckschriften erschienen.

Der Dampfbetrieb

Leitfaden für Betriebsingenieure, Werkführer und Heizer

Auf Veranlassung des Schweizerischen Vereins
von Dampfkessel‑Besitzern herausgegeben

von

E. Höhn

Oberingenieur

Mit 229 Abbildungen im Text
und 10 Zahlentafeln

Springer-Verlag Berlin Heidelberg GmbH
1929

ISBN 978-3-662-36198-6   ISBN 978-3-662-37028-5 (eBook)
DOI 10.1007/978-3-662-37028-5
Softcover reprint of the hardcover 1st edition 1929

Vorwort zur dritten Auflage des Leitfadens.

Dieser Leitfaden hat sich aus dem primitiv gehaltenen, in zwei Auflagen erschienenen „Leitfaden für den Heizer-Unterricht" (Verlag W. Hepting, Andelfingen, Kt.Zürich), der zur Heranbildung von Heizeranwärtern diente, entwickelt. Das Bedürfnis zeigte sich, den Inhalt erheblich zu erweitern, um allen, die mit der Erzeugung und Verwendung von Dampf zu tun haben, ein Buch in die Hand zu geben, das über einschlägige Fragen allgemeinen Aufschluß erteilt. Alte Erfahrungen konnten darin niedergelegt, der Entwicklung des modernen Dampfkesselwesens nach Möglichkeit Rechnung getragen werden.

Der Leitfaden hat weniger Großkessel- und Hochleistungsbetriebe im Auge als mittlere. Zur Bewältigung des äußerst umfangreichen Stoffes sah ich mich zu erheblichen Einschränkungen gezwungen, nur das Wesentliche konnte berücksichtigt werden. Die Ausführungen sind einfach gehalten, um das Verständnis zu erleichtern (eine 8—10jährige Volksschulbildung wird immerhin vorausgesetzt). Um den Stoff klar und übersichtlich zu gestalten, wurde auch vor einzelnen Wiederholungen in der Darstellung nicht zurückgeschreckt. Einigen Firmen, Gebrüder Sulzer A.-G., Winterthur, L. & C. Steinmüller, Gummersbach, Walther & Cie., Köln, u. a. bin ich für Mitteilungen, die ich verwenden konnte, verbunden. Herrn Professor Dr. Schläpfer von der Eidgenössischen Materialprüfungsanstalt (Abt. Chemie und Brennstoffe) Zürich verdanke ich die Durchsicht der Brennstoff- und chem. Kapitel.

Der Leitfaden kann auch künftig für Unterrichtszwecke dienen, er ist teils Lehr-, teils Handbuch.

Zürich, im Januar 1929.

Der Verfasser.

Inhaltsverzeichnis.

A. Einige physikalische Begriffe und Maß-Einheiten.

A. 1. Wie wird eine Länge gemessen?

Man vergleicht dieselbe mit einer Einheitslänge; zum Vergleich wird ein Maßstab benützt, der in Längeneinheiten eingeteilt ist. In vielen Ländern bildet der Meter (m), oder ein Teil bzw. ein Vielfaches davon, die Einheitslänge d. h. das gesetzliche Maß.*) 1 Meter ist der zehnmillionste Teil eines Erd-Meridian-Quadranten.

A. 2. Was ist ein Erd-Meridian-Quadrant?

Wird eine Ebene durch die Erdachse gelegt, so ist die Schnittlinie nahezu kreisförmig, sie wird Meridian genannt. Der Erdumfang, einem Meridian entlang gemessen, mißt 40,000 km. Ein Quadrant ist der vierte Teil desselben.

A. 3. Wie werden Flächen und Räume gemessen?

Man kann auch Flächen und Räume nur mittels eines Maßstabes ausmessen. Das Vergleichsmaß bildet der Quadratmeter (m^2) bzw. der Kubikmeter (m^3), oder ein Teil bzw. ein Vielfaches davon.

Flüssigkeiten werden häufig in Litern gemessen. 1 Liter (l) hat einen Rauminhalt von 1 Kubikdezimeter (dm^3). 1 m^3 hat 1000 dm^3.

A. 4. Wie werden Gewichte ermittelt? Spezifisches Gewicht und Körpergewicht.

In den Ländern mit metrischem Maß bildet das Kilogramm (kg) das Einheitsgewicht, oder ein Teil bzw. ein Vielfaches davon. 1 kg ist das Gewicht von 1 dm^3 Wasser bei 4^0 C. 1000 kg sind 1 Tonne (T), 1000 Gramm (g) 1 kg.

Das „spezifische" Gewicht ist dasjenige der Volumeneinheit. Volumen = Rauminhalt. 1 dm^3 Wasser von 4^0 C wiegt 1 kg, dies ist das spezifische Gewicht des Wassers bei 4^0, 1 dm^3 Quecksilber von 0^0 wiegt 13,595 kg, dies ist das spezifische Gewicht von Quecksilber bei 0^0. Das spezifische Gewicht von Luft, d. h. das Gewicht von 1 m^3 bei 0^0 und 760 mm Barometerstand ist 1,293 kg. Das Gewicht eines Körpers wird berechnet, indem man seinen Rauminhalt (Volumen) mit dem spezifischen Gewicht vervielfacht. Zeichen für das spezifische Gewicht ist gewöhnlich γ (sprich Gamma).

---

*) Die offizielle Schreibweise ist nicht in allen deutschsprechenden Ländern die nämliche, man findet „das Meter" neben „der Meter".

$$G = V \cdot \gamma \quad \text{(auch geschrieben } V\gamma\text{)}.$$

Körpergewicht = Rauminhalt $\times$ spezif. Gewicht

(Über die spezifischen Gewichte verschiedener wichtiger Körper vergl. Lehrbücher, techn. Kalender usw.)

A. 5. Was ist Geschwindigkeit?

Geschwindigkeit heißt der auf die Zeiteinheit bezogene Weg.

$$c = s : t$$

Geschwindigkeit = Weg : Zeit

Beispiel: Ein Zug legt die Entfernung von 55 km zwischen zwei Haltestellen in 1 Stunde 5 Minuten, d. h. in 3900 Sekunden zurück. Die mittlere Geschwindigkeit ist $55{,}000 : 3900 = 14{,}1 \text{ m/sek} = c$.

A. 6. Was ist Beschleunigung und Verzögerung?

Die Geschwindigkeit, mit der sich ein Körper bewegt, ist selten konstant, dieser wird beschleunigt oder verzögert. Ein Eisenbahnzug ist ein Beispiel dafür. Beschleunigung heißt die auf die Zeiteinheit bezogene Geschwindigkeitszunahme (v ist die Geschwindigkeit bei ungleichförmiger Bewegung).

$$p = v : t$$

Beschleunigung = Geschwindigkeit : Zeit

Beispiel: Der freie Fall im luftleeren Raum ist eine gleichmäßig beschleunigte Bewegung. Die Fallbeschleunigung beträgt:

$$g = 9{,}81 \text{ m/sek}^2$$

d. h. in jeder Sekunde vermehrt sich die Fallgeschwindigkeit um 9,81 m ($v = g\,t$).

A. 7. Wie werden Kräfte gemessen?

Kräfte werden wie Gewichte in kg ausgedrückt. Eine Kraftwirkung ist z. B. diejenige von Druckwasser oder Dampf oder explodierendem Gas auf einen Kolben. Eine solche Kraft wird in Anzahl Kilogramm auf 1 cm² (kg/cm²) ausgedrückt, sie kann auch in kg/m² oder T/m² usw. ausgedrückt werden.

A. 8. Was ist Arbeit und wie wird sie gemessen?

Unter Arbeit versteht man das Produkt von Kraft mal Weg. Arbeit wird z. B. geleistet auf dem Hin- und Rückgang des Kolbens einer Dampfmaschine unter der Einwirkung von gespanntem Dampf (vergl. X6).

Die Einheit für die Arbeit ist das Meterkilogramm (mkg), d. h. die Arbeit, die notwendig ist, um 1 kg auf 1 m Höhe zu heben.

$$A = Ps \qquad \text{(mkg)}$$

Arbeit = Kraft $\times$ Weg

A. 9. Was ist Leistung und wie wird sie gemessen?

Leistung wird die Arbeit genannt, die in einer Sekunde (sek) verrichtet wird. Die Maßeinheit ist die Meterkilogramm-Sekunde (mkg/sek).

$$L \ = \ A : t \ = Ps : t \ = Pc \qquad \text{(mkg/sek)}$$

Leistung = Kraft $\times$ Weg : Zeit = Kraft $\times$ Geschwindigkeit.

Beispiel: Wirkt auf einen Pumpenkolben mit 0,6 m Hub ($= s$) der Druck von 200 kg ($= P$) und dauert ein Hub 3 sek lang, so ist die erforderliche Pumpenleistung $200 \cdot 0,6 : 3 = 40$ mkg/sek.

Beispiel: Die von einem Riemen übertragene Kraft sei 50 kg (P), die Scheibe habe 0,8 m Durchmesser (D) und mache 150 Umdrehungen in der Minute (n/min). Die Riemengeschwindigkeit in 1 Sekunde ist ungefähr gleich der Rad-Umfangsgeschwindigkeit, nämlich

$$c = \pi\, D \cdot n/60 = \pi \cdot 0,8 \cdot 150/60 = 6,28 \text{ m/sek.}$$

Die Leistung $L = P \cdot c = 50 \cdot 6,28 = 314$ mkg/sek.

A. 10. Was ist 1 Pferdestärke (PS, engl. HP)?

1 Pferdestärke oder Pferdekraft ist die Arbeit, die geleistet wird, wenn 75 kg in 1 Sekunde 1 m hoch gehoben werden.

$$1 \text{ PS} = 75 \text{ mkg/sek.}$$

Beispiel: Die oben angegebene Pumpenleistung von 40 mkg/sek ist in Pferdestärken berechnet $40 : 75 = 0,533$ PS, die Riemenscheibenleistung $314 : 75 = 4,19$ PS.

A. 11. Was ist 1 Pferdekraft-Stunde (PS/St oder PS/h).

Dies ist die Leistung von 1 Pferdekraft, 1 Stunde (h) lang wirkend.

A. 12. Wie wird der Druck gemessen?

Der Dampfdruck wird in kg/cm² angegeben; es ist der Druck (das Gewicht) einer Wassersäule von 10 m Höhe bei 4° C Wassertemperatur auf 1 cm² Fläche oder gleichviel wie der Druck (das Gewicht) von 735,5 mm Quecksilbersäule von 0°.C auf 1 cm² Fläche.

Die übliche Bezeichnung für Dampfdrücke ist nicht nur kg/cm², sondern auch at (Atmosphären). Mit at ist die technische at gemeint = 735,5 mm Quecksilbersäule, nur der Name ist von der physikalischen Atmosphäre, d. h. dem natürlichen Luftdruck entlehnt. Diese Atmosphäre erzeugt am Meer einen Barometerstand von 760 mm und in Zürich z. B. rund 720 mm, beides im Mittel genommen (die mittlere geodätische Höhe von Zürich ist 420 m).

Der Druck in einem Kessel wird vom Manometer als Überdruck angezeigt, d. h. als denjenigen, der an dem betreffenden Ort über den Barometerstand hinausgeht. Erklärung: Wird das Manometer nicht an den Kessel angeschlossen, so zeigt der Zeiger 0 at. Der absolute Druck = Überdruck + Barometerstand (über Manometer, vergl. G 14).

A. 13. Was ist Vakuum und wie wird Vakuum gemessen?

Vakuum oder Unterdruck bedeuten das nämliche. Spannungen, welche geringer sind als der Druck der Atmosphäre, werden als Vakuum angegeben. Absoluter Druck 0 = vollständiges Vakuum herrscht im vollständig luftleeren Raum, also über der Kuppe des obern Quecksilberspiegels des Barometers. Das Vakuum kann höchstens so groß werden als der Barometerstand. Man versteht unter Vakuum den Unterschied zwischen der atmosphärischen und der zu messenden Spannung, beide können vom absoluten Druck 0 an gerechnet werden. Bei Dampfmaschinendiagrammen (vergl. Abb. 215) stellt man das Vakuum fest durch Messen von der atmosphärischen Linie an nach unten. Zur Angabe eines Vakuums gehört also diejenige des Barometerstandes. Soll das Vakuum in einem geschlossenen Gefäß, z. B. einem Kondensator, angegeben werden, so wird man am besten den absoluten Druck im Gefäß in mm Quecksilbersäule ermitteln, wie den Luftdruck außerhalb desselben. Der Unterschied ist das Vakuum. Die Angabe erfolgt in mm Quecksilbersäule, diejenige in at ist irreführend wegen der Verwechslungsmöglichkeit von alten at (760 mm) und technischen at (735 mm).

Beispiel: Der absolute Druck in einem in Zürich aufgestellten Kondensator ist 150 mm Quecksilbersäule. Im Augenblick der Messung ist der Barometerstand 725 mm. Das Vakuum ist dann $725 - 150 = 575$ mm oder $575 : 725 = 79,3\ \%$. Das Vakuum wird häufig in dieser Weise d. h. in $\%$ gewährleistet. Für die Messung des Vakuums kann neben dem Barometer das Röhrenfeder-Manometer benützt werden, vergl. G 14.

A. 14. Wie werden Temperaturen gemessen?

Antwort: in Graden Celsius (^{0}C).

1^0 C ist der hundertste Teil des Temperatur-Unterschiedes zwischen dem Gefrierpunkt des Wassers und dem Siedepunkt auf Meeresgleiche (mittl. Druck 760 mm Quecksilber). In Zürich z. B. ist der Barometerstand rund 720 mm; hier siedet das Wasser bei $98,5^0$ C. Das gebräuchlichste Instrument für Temperatur-Messungen ist das Quecksilber-Thermometer. Dieses beruht auf der Ausdehnung des Quecksilbers; der obere durchsichtige Teil ist entweder luftleer oder mit Stickstoff gefüllt. Da das Quecksilber bei 357^0 C siedet, sind Quecksilber-Thermometer für höhere Temperaturen nur brauchbar, wenn Stickstoff unter Druck eingefüllt ist. Höhere Temperaturen als 500^0 C können mit Quecksilber-Thermometern nicht mehr gemessen werden, man benützt dann Thermo-Elemente, z. B. Eisen-Konstantan- oder Platin-Platinrhodium-Elemente. In den Lötstellen entstehen bei der Erwärmung elektromotorische Kräfte; der Strom, obwohl sehr schwach, kann in einem Galvanometer gemessen werden, dessen Skala so eingeteilt wird, daß verschiedenen Zeigerstellungen verschiedene Temperaturen entsprechen. Für Temperaturen unter $- 39^0$ C, dem Gefrierpunkt des Quecksilbers, verwendet man Thermometer, die mit Weingeist (reinem Alkohol) dessen Gefrierpunkt bei $- 118^0$ C liegt, gefüllt sind.

Thermometer, mit denen man Rauchgastemperaturen mißt, werden oft Pyrometer genannt.

Es ist noch darauf aufmerksam zu machen, daß man sich bei Berechnungen häufig auf die absolute Temperatur (T) stützt; $T = 273 + t$. Der absolute Nullpunkt liegt bei $- 273^0$ C unter dem Gefrierpunkt des Wassers.

A. 15. Was ist Wärme und wie wird sie gemessen?

Wärme und Temperatur sind nicht das Nämliche, dem Sprachgebrauch entgegen. Die Temperatur ist ein Faktor des Produktes, welches man Wärme bzw. Wärmeinhalt nennt, vergl. Kap. C.

Die Wärme macht sich fühlbar durch Temperatur-Unterschiede. Das Maß zum Vergleich der Wärmeunterschiede ist die Wärme-Einheit (WE) auch genannt Kilogramm-Kalorie (kcal); dies ist die Wärme, welche einem kg Wasser von ca. 15^0 C zuzuführen ist, um seine Temperatur um 1^0 C zu erhöhen. Um 1 kg Wasser von 0^0 auf den Siedepunkt, der dem Druck der metrischen Atmosphäre (735 mm) entspricht, also auf $99,1^0$ C, zu erwärmen, braucht es 99,1 kcal. Die Heizwerte der Brennstoffe werden in WE oder kcal angegeben.

A. 16. Welche Einheiten sind gebräuchlich bei elektrischen Messungen?

Der elektrische Strom ist vergleichbar mit in einem Rohr fließendem Wasser, die Stromstärke (I) mit der sekundlich geförderten Wassermenge, die Spannung (E) mit dem Wasserdruck. Die Stromstärke wird in Ampère (A) gemessen, die Spannung in Volt (V).

Jeder Körper setzt dem ihn durchfließenden elektrischen Strom einen gewissen Widerstand entgegen, der nach der Natur des Körpers verschieden und bei den Metallen am geringsten ist. Das Zeichen für den Widerstand ist R; er wird in Ohm (Ω) gemessen. Beim Durchfluß durch einen Leiter vermindert sich die Spannung (E) des Stromes um den Betrag $I \times R$.

A. 17. Wie mißt man elektrische Leistungen?

Das Produkt aus Stromstärke (I), ausgedrückt in Ampère (A) mal Spannung (E) des elektrischen Stromes in Volt (V) ergibt die Leistung (P) in Volt-Ampère bzw. Watt.

$$P = I \cdot E \quad \text{[Voltampère (VA) bzw. Watt (W)]}$$

In Voltampère (VA) mißt man die Schein- und in Watt (W) die wirkliche Leistung. Beide sind bei Gleichstrom einander gleich, bei Wechselstrom, wenn zwischen Strom und Spannung, wie oben angenommen, keine Phasenverschiebung besteht. Die Scheinleistung, d. h. diejenige für die ein Generator bestimmt ist (im Werk bestellt wird), wird z. B. in Voltampère ausgedrückt, die Leistung, die er wirklich abgibt, d. h. die gemessene, in Kilowatt angegeben.

1000 Watt nennt man 1 Kilowatt (kW).

(Bei Wärmekraftmaschinen ist für die Bezeichnung der Leistung L gebräuchlich, bei elektrischen Maschinen P.)

Elektrische Leistung und mechanische Leistung (vergl. A 9) stehen in folgendem Zusammenhang:

1 PS = 736 Volt-Ampère bzw. Watt

1 PS = 0,736 kW; 1 kW = 1,36 PS $\cong$ 102 mkg/sek.

Die Leistung von 1 kW während einer Stunde (h) wirkend, wird 1 Kilowattstunde (kWh) genannt.

A. 18. Wie wird die Leistung von Wechselstrom gemessen?

Die Gleichung $P = I \cdot E$ gilt nur für Gleichstrom und für Einphasen-Wechselstrom (Einphasenstrom) ohne Phasenverschiebung zwischen Strom und Spannung. Für Dreiphasen-Wechselstrom (Drehstrom) ohne Phasenverschiebung (wenn $cos \, \varphi = 1$) gilt die Gleichung

$$P = \sqrt{3} \cdot I \cdot E = 1,732 \cdot I \cdot E \quad \text{(Watt)}$$

In der Regel sind Stromstärke und Spannung um einen gewissen Winkel verschoben, diesen bezeichnet man mit φ (sprich Phi). Der Cosinus dieses Winkels ($cos \, \varphi$) wird Leistungsfaktor genannt. Dann berechnet sich die

Leistung für Einphasenstrom $P = I \cdot E \cdot cos \, \varphi : 1000 \quad$ (kW)

Leistung für Drehstrom $P = \sqrt{3} \cdot I \cdot E \cdot cos \, \varphi : 1000 \quad$ (kW)

A. 19. Welches ist die Bedeutung des Leistungsfaktors $cos \, \varphi$?

Ein Motor nimmt neben dem Arbeitsstrom noch einen Strom auf, der den Zähler nicht beeinflußt und keine Arbeitsleistung abgibt. Diesen nennt man den Blindstrom. Das Werk muß ihn liefern. Jeder Elektrogenerator, Motor oder Transformator besitzt Eisenkerne.

Der Blindstrom hat die Aufgabe, den Magnetismus zu erregen. Dieser verursacht die Phasenverschiebung. Der Gesamtstrom ist aber nicht die Summe aus Arbeitsstrom und Blindstrom. Der Leistungsfaktor *cos φ* gibt an, in welchem Verhältnis der vom Motor in Arbeit verwandelte Strom zum Gesamtstrom steht.

Der Leistungsfaktor *cos φ* kann auch durch Division der wirklichen, vermittels eines Wattmeters gemessenen Leistung (Watt), durch das Produkt aus Stromstärke mal Spannung (Scheinleistung) gefunden werden, somit haben wir für Einphasenstrom

$$cos\ \varphi = \frac{\text{wirkliche Leistung}}{\text{Scheinleistung}} = \frac{\text{gemessene Leistung}}{\text{Scheinleistung}} = \frac{\text{Watt (gemessen)}}{\text{Volt} \cdot \text{Ampère}}$$

$$\text{bei Drehstrom } cos\ \varphi = \frac{\text{Watt (gemessen)}}{\text{Volt} \cdot \text{Ampère} \cdot \sqrt{3}}$$

Ist *cos φ* = 0,8, so heißt das, der effektive Arbeitsstrom ist $80\,^0/_0$ des Gesamtstromes. In dieser Höhe wird der *cos φ* von den Werken gewöhnlich angenommen.

Der Leistungsfaktor darf nicht mit dem Wirkungsgrad verwechselt werden.

A. 20. Was ist 1 Ohm (Ω)?

1 Ohm ist gleich dem Widerstand, den eine 1,063 m lange Quecksilbersäule von 1 mm² Querschnitt bei $0\,^0$ Temperatur dem Durchfluß eines unveränderlichen elektrischen Stromes entgegenstellt.

Dem Einfluß des Widerstandes kann durch Anwendung des Ohmschen Gesetzes Rechnung getragen werden. Dieses wird ausgedrückt wie folgt

$$\text{Stromstärke (I)} = \frac{\text{elektromotorische Kraft (E) der Stromquelle}}{\text{Gesamtwiderstand (R) des Stromkreises}}$$

mit den Maßeinheiten *A* für *I, V* für *E* und Ω für *R*. Oder

$$E = I \cdot R.$$

Die Stromstärke ist um so größer, je größer die elektromotorische Kraft und je kleiner der Gesamtwiderstand ist. Hieraus erklärt sich, daß bei Kurzschluß, also bei $R \cong 0$, die Stromstärke (I) theoretisch unendlich groß wird, wodurch die Kraftquelle unzulässig überlastet wird und z. B. eine Akkumulatoren-Batterie sich sofort erschöpft.

A. 21. Welcher Zusammenhang besteht zwischen elektrischer Leistung und Wärme?

Wie im mechanischen Gebiet durch Reibungsarbeit Wärme entsteht, so entsteht auch solche, wenn elektrische Ströme in ihrem Fluß durch Widerstände gehemmt werden.

Der allgemeine Zusammenhang zwischen Arbeit und Wärme ist unter C 7 auseinandergesetzt; 1 WE $=$ 427 mkg.

Elektrische Arbeit und Wärme hängen in der Weise zusammen, daß die Leistung von 1 kWh gleichwertig ist wie die Wärme von 860 WE; folgendermaßen hergeleitet:

$$1\ kW = 1{,}36\ PS = 102\ mkg/sek\ (vergl.\ A17)$$
$$1\ St.\ hat\ 3600\ Sek.$$
$$1\ kWh = 102 \cdot 3600 : 427 \backsim 860\ WE.$$

A. 22. Zeichnerische (graphische) Darstellungen.

Es ist in der Technik üblich, veränderliche Beziehungen graphisch darzustellen. Sind zwei Größen veränderlich, so wird für die Darstellung das rechtwinklige Koordinatensystem benützt. Man geht dabei von einem Kreuz zweier rechtwinklig zueinander gerichteter Axen aus. Von links nach rechts werden die „Abszissen", von unten nach oben die „Ordinaten" aufgetragen. Als Beispiel fassen wir Abb. 95 ins Auge. Ordinaten sind die theoretischen Saughöhen, Abszissen die Temperaturen. Einer bestimmten Temperatur entspricht in der Natur eine bestimmte Saughöhe, diese ist auf der Kurve der Abb. 95 ablesbar.

Ordinaten und Abzissen werden gemeinsam „Koordinaten" genannt, das Axenkreuz „Koordinatenkreuz".

B. Einige chemische Begriffe.

B. 1. Gemenge und Verbindungen.

Die zusammengesetzten Stoffe lassen sich nach der Natur des Zusammenhanges zwischen den Bestandteilen (physikalischer oder chemischer Zusammenhang) in zwei Gruppen einordnen:

I. Gemenge. Die Bestandteile der Gemenge werden durch physikalische Kräfte zusammengehalten. Beispiele: Salzwasser; Zuckerwasser; Granit; Schießpulver; Leuchtgas; Luft. Luft besteht aus Sauerstoff (O_2) und Stickstoff (N_2); diese Elemente sind aber nicht chemisch gebunden, sondern bilden, wie angedeutet, ein sogenanntes mechanisches Gemenge.

Zusammensetzung der Luft:

	Gewichtsteile	Raumteile
Sauerstoff O_2	23%	21%
Stickstoff N_2	77%	79%

II. Verbindungen. Diese sind nur auf chemischem Wege zerlegbar. Die Kraft, die die Atome zusammenhält, ist die Affinität, (chemische Anziehungskraft). Beispiele: Kochsalz, Wasser, Zucker usw. Der Charakter einer Verbindung wird bedingt durch die Art, die Zahl und die Bindungsweise der Elemente, welche sie zusammensetzen.

B. 2. Der Aufbau der Stoffe.

Jede Verbindung läßt sich durch chemische Eingriffe in ihre Elemente zerlegen. Elemente sind einheitliche Stoffe, welche sich durch die meisten der heute möglichen analytischen Methoden nicht weiter zerlegen lassen. Die einheitlichen Stoffe sind aus unendlich kleinen gleichartigen Teilchen aufgebaut.

Atome sind die kleinsten Teilchen, aus denen sich die Elemente aufbauen.*)

Ein Atom kann unter gewissen Bedingungen für sich allein bestehen; z. B. es besteht Quecksilberdampf aus einzelnen Atomen. Gewöhnlich aber treten infolge der chemischen Verwandtschaft mehrere gleichartige Atome zu mehratomigen Gebilden (Elementen), oder verschiedenartige Atome zu sogen. chemischen Verbindungen zusammen. Diese Gebilde (also Elemente und Verbindungen) bezeichnet man als Moleküle. Diese sind die kleinsten frei vorkommenden Stoffteilchen.

Man kann also z. B. von einem Molekül Wasser (H_2O), Kochsalz (NaCl), Sauerstoff (O_2), Stickstoff (N_2) etc. sprechen, nicht aber von einem Atom Wasser. Hingegen spricht man auch von einem Wasserstoffatom (H), Kohlenstoffatom (C), Eisenatom (Fe) etc.

Man gibt Elementen und Verbindungen chemische Zeichen. Für bekanntere Elemente wählte man z. B. folgende abgekürzte Schreibweise:

Element	Atomarer Zustand	Molekularer Zustand	Element	Atomarer Zustand	Molekularer Zustand
Wasserstoff	H	H_2	Phosphor	P	P_2
Kohlenstoff	C	unbekannt	Schwefel	S	S_2
Stickstoff	N	N_2	Chlor	Cl	Cl_2
Sauerstoff	O	O_2	Kalium	K	K_2
Natrium	Na	Na_2	Calcium	Ca	Ca_2
Magnesium	Mg	Mg_2	Chrom	Cr	Cr_2
Silizium	Si	unbekannt	Eisen	Fe	Fe_2

*) Die Atome sind nach den Ergebnissen der neuesten Forschungen als elektropositive Kerne aufzufassen, um die sich, je nach der Natur der Stoffe, eine verschiedene Anzahl elektronegativer Elektroden planetenartig bewegen. Die Atome sind für ein bestimmtes Element gleichartig, von gleicher Größe und gleichem Gewicht. Sie sind daher charakteristisch für dasselbe.

Aus der Tabelle auf Seite 12 geht deutlich die Verschiedenheit des atomaren Zustandes vom molekularen Zustand hervor.

Es sind bis jetzt einschließlich der radioaktiven Stoffe und der seltenen Erden gegen 90 Elemente bekannt.

B. 3. Formeln und Gleichungen.

Zur Wiedergabe der chem. Vorgänge bedient man sich abgekürzter Zeichen. Eine Formel drückt die Zusammensetzung eines Moleküls aus.

Z. B.: H_2O ist die Formel für Wasser. Dieses besteht aus Wasserstoff (H) und Sauerstoff (O), und zwar sind vom ersten Element zwei Atome, vom zweiten ein Atom im Molekül enthalten.

Na_2CO_3 ist die Formel für Soda. Das Sodamolekül setzt sich zusammen aus zwei Atomen Natrium, einem Atom Kohlenstoff und drei Atomen Sauerstoff.

Die chemische Gleichung veranschaulicht eine chemische Umsetzung. Links vom Gleichheitszeichen stehen die Stoffe, von denen man ausgeht, rechts die Erzeugnisse des Vorganges. Nur solche Stoffe sollen in der Formel vorkommen, die am Vorgang wirklich teilnehmen. Links und rechts müssen die gleichen Elemente in der gleichen Zahl von Atomen stehen.

$$Na_2CO_3 + 2\ HCl = 2\ NaCl + CO_2 + H_2O$$

Soda   Salzsäure   Kochsalz   Kohlensäure   Wasser

Es finden sich beidseitig zwei Atome Na, ein Atom C, drei Atome O, zwei Atome H und zwei Atome Cl.

Das Gesamtgewicht der an einem chemischen Vorgang beteiligten Stoffe ändert sich durch diese Umrechnung nicht.

C. Die Wärme und ihre Wirkung.

C. 1. Der Aggregatzustand eines Körpers.

Ein Stoff ist den menschlichen Sinnen in drei verschiedenen Zuständen wahrnehmbar:

1. Als Körper, z. B. Eis;
2. als Flüssigkeit, z. B. Wasser;
3. als Gas oder Dampf, z. B. Wasserdampf.

Dies sind die drei „Aggregatzustände" eines Körpers. In der Regel folgt aus dem ersten der zweite, aus diesem der dritte Aggregatzustand und umgekehrt. In seltenen Fällen geht aus dem ersten direkt der dritte hervor. Beispiel: Eis und Schnee verdampfen direkt (Wäsche trocknet, auch wenn sie gefroren ist).

Dem dritten Aggregatzustand entspricht **überhitzter** Dampf. **Gesättigter** Dampf liegt an der Grenze zwischen dem zweiten und dritten Aggregatzustand, weil aus gesättigtem Dampf beim geringsten Wärmeentzug Wasser entsteht.

C. 2. Die spezifische Wärme.

Die **spezifische Wärme** (c) eines beliebigen Körpers ist die Wärmemenge in Wärmeeinheiten (WE oder kcal), die erforderlich ist, um die Temperatur von 1 kg des Körpers um 1^0 zu erhöhen. (Gemäß A 15 ist die spezifische Wärme des Wassers $= 1$.)

Eisen und Stahl haben die spezifische Wärme 0,115, Kupfer 0,094, Blei 0,031 kcal.

Die spezifische Wärme der Luft (1 kg nimmt bei 0^0 und 760 mm Druck den Raum von 0,774 m^3 ein) ist 0,24 kcal bei konstantem Druck.

Die spezifische Wärme überhitzten Dampfes ist veränderlich; früher rechnete man überschlägig mit einer solchen von 0,48 kcal.

C. 3. Der Wärmeinhalt der Stoffe.

Dieser wird erhalten, wenn das Gewicht des Körpers (vergl. A 4) mit der spezifischen Wärme und der in Betracht fallenden Übertemperatur vervielfacht wird. Die Wärmezunahme wird ausgedrückt durch
$$Q = G\,c\,(t_2 - t_1)$$
Hierin bedeutet Q die Wärmezunahme des Körpers vom Gewicht G bei der Temperaturzunahme von t_1 auf t_2 Grad; c ist, wie oben angedeutet, seine spezifische Wärme. Statt G kann auch $V\gamma$ ($=$ Volumen $\times$ spezifisches Gewicht) geschrieben werden.

Beispiele: Der Wärmeinhalt von 10 dm^3 Eisen von 4^0 ist
$$10 \cdot 7{,}8 \cdot 0{,}115\,(4 - 0) \approx 36 \text{ WE}.$$
Der Wärmeinhalt von 3 m^3 trockener Luft von 150^0 C bei 760 mm Barometerstand ist folgender:

1 m^3 Luft von 0^0 wiegt 1,293 kg $= \gamma_0$
1 m^3 „   „ 150^0 „   0,835 kg $= \gamma$
Wärmeinhalt $V\gamma\,c\,(t_2 - t_1) = 3 \cdot 0{,}835 \cdot 0{,}24 \cdot (150 - 0) = 90$ kcal.

Über den Wärmeinhalt von Wasser und Wasserdampf vergl. C 9.

C. 4. Die Änderung des Wärmeinhaltes der Stoffe.

Die Änderung des Wärmeinhaltes der Stoffe äußert sich in folgender den menschlichen Sinnen wahrnehmbarer Weise.

a) Erste Möglichkeit. Der Aggregatzustand bleibt der nämliche, dagegen ändern sich Temperatur und Volumen des Stoffes. Wird die freie Ausdehnung oder Zusammenziehung gehemmt, so ändert sich auch der Druck, was namentlich bei Flüssigkeiten oder Gasen in die Erscheinung tritt.

Beispiele: Die Temperatur von 1 kg Wasser von 4^0 C werde um 80^0 C erhöht, also auf 84^0 C. Dann ist, weil beim Wasser die spezifische Wärme 1 der Temperaturerhöhung um 1^0 C entspricht, auch der Wärmeinhalt dieses kg von 4 WE (kcal) auf 84 WE gestiegen. Das Volumen, ursprünglich 1 dm³, nimmt dabei zu, so daß das kg bei 84^0 1,031 dm³ einnimmt. Nur die Änderung von Temperatur und Volumen sind den menschlichen Sinnen wahrnehmbar, die Zunahme des Wärmeinhaltes kann nicht direkt erfaßt werden.

Weiteres Beispiel: Die Temperatur von 10 dm³ Eisen von 4^0 C werde auf 54^0 erhöht. Das Gewicht ist 78 kg, die spezifische Wärme gemäß C 2 0,115. Der Wärmeinhalt ist gemäß dem in C 3 gegebenen Beispiel bei 4^0 36 WE. Bei 54^0 ist der Wärmeinhalt $78 \cdot 0,115 \cdot 54$ $= 485$ WE. Zur Erwärmung mußten $485 - 36 = 449$ WE aufgewendet werden. Das Volumen hat dabei zugenommen.

Über die Wirkung der Wärmezunahme bei Gasen vergl. C 6.

b) Zweite Möglichkeit. Bei der Wärmezufuhr ändert sich der Aggregatzustand, die Temperatur bleibt konstant, das Volumen ändert sich.

Beispiele. Einem kg Eis von 0^0 werden 80 WE zugeführt. Das Eis schmilzt, die Temperatur bleibt konstant 0^0, das Volumen ändert sich (vergl. C 8).

Weiteres Beispiel: 1 kg Wasser von $99,1^0$ C wird erwärmt. Eine Temperaturerhöhung findet jedoch nicht statt, das Wasser verdampft, was restlos der Fall ist, wenn 539,9 WE zugeführt werden. Das Volumen des Wasserdampfes ist 1727 dm³ bei 735 mm Druck, währenddem derjenige des Wassers wenig mehr als 1 dm³ war. Die Wärmezufuhr hat zur Änderung des Aggregatzustandes und zur Volumenvermehrung, jedoch nicht zur Temperaturerhöhung gedient.

C. 5. Die Dehnbarkeit der Körper.

Die Dehnbarkeit der Körper zeigt sich in verschiedener Weise.

1. Bei der Änderung des Wärmeinhaltes bzw. der Temperatur eines Körpers ändert sich sein Rauminhalt in einem den menschlichen Sinnen verhältnismäßig leicht wahrnehmbaren Maß

(vergl. C 4). Dabei wird der von außen her auf sie wirkende Druck als konstant vorausgesetzt. Am meisten dehnen sich Gase und Dämpfe. Beispiel: 1 m³ Luft von 0° und 760 mm Barometerstand (welcher 1,293 kg wiegt) dehnt sich bei der Erwärmung auf 150° C um 0,5 m³ oder um 50%. Heiße Rauchgase sind daher viel leichter als die sie umgebende Luft und treiben auf (Kaminzug).

Von den Metallen dehnen sich die Edelmetalle am meisten. Eisen dehnt sich bei einer Temperaturzunahme von je 100° C um je 1,1 mm, Kupfer um 1,6 mm, Blei um 2,9 mm, Hartgummi um 8 mm, alles pro 1 m Länge.

2. Bleibt die Temperatur konstant, ändert sich jedoch der auf den Körper ausgeübte äußere Druck, so ändert sich das Volumen bei den festen und flüssigen Körpern nur wenig. Ein eiserner Würfel von 1 cm³ ändert sich kaum merklich, auch wenn hunderte von Kilogrammen auf ihn einwirken. Das nämliche gilt von Wasser. Man sagt daher: Wasser ist inkompressibel.

Ganz anders verhalten sich Gase und Dämpfe. Auch bei konstanter Temperatur ändert sich das Volumen, das sie einnehmen, erheblich. Beispiel: 1 m³ Luft von 1 at und 0° C wird auf 2 at komprimiert, das Volumen vermindert sich auf 0,5 m³.

C. 6. Die Änderung des Wärmeinhaltes von Gasen und Dämpfen.

Gase sind hoch überhitzte Dämpfe, sie werden als luftförmige Körper bezeichnet. Dämpfe stehen beim Übergang aus dem zweiten in den dritten Aggregatzustand mit der Flüssigkeit noch in Berührung (vergl. C 1). Wird Dampf oder Gas erhitzt, so ändert sich der Aggregatzustand nicht mehr. Die Gase muß man künstlich kühlen, sollen sie verflüssigt werden. Beispiele: Kohlensäure, Ammoniak, Luft. Druck, Volumen und Temperatur verändern sich bei Gasen bei jeder Änderung des Wärmeinhaltes nach einem einfachen Gesetz ausgedrückt durch die Zustandsgleichung für Gase

$$Pv = RT$$

R heißt die Gaskonstante, sie ist für Luft 29,27; T die absolute Temperatur $T = (273 + t)°$ C; P ist der absolute Druck oder die Spannung in kg/m²; v ist das spezifische Volumen oder der Einheitsraum in m³/kg. Bei gesättigten Dämpfen geht die Zustandsänderung nach einem verwickelteren Gesetz vor sich, (vergl. C 10).

C. 7. Wärme und Arbeit.

Die Physik lehrt, daß ein gesetzmäßiger Zusammenhang zwischen Arbeit und Wärme besteht; diese zwei verschiedenen Energieformen können ineinander übergeführt werden. Der erste Hauptsatz der Wärmelehre heißt: Wärme und Arbeit sind gleichwertig.

$$1 \text{ WE (kcal)} = 427 \text{ mkg}$$

In Worten: 427 Meterkilogramm können in 1 Wärmeeinheit verwandelt werden. (1 : 427 = A wird das mechanische Wärmeäquivalent genannt.)

1 PS/St ist die Leistung von 75 mkg 3600 Sek. lang, somit 1 PS/St = 75 · 3600 : 427 = 632 WE.

Von A20 her wissen wir, daß 1 kWh = 102 · 3600 : 427 = 860 WE. In vielen Fällen ist diese Verwandlung umkehrbar, wie das Beispiel der Kolbendampfmaschine zeigt. Bei der Füllung wird Wärme durch den Dampf vom Kessel her dem Zylinder zugeführt. Bei der Expansion wird der Dampf vom Kessel abgeschlossen, leistet trotzdem Arbeit (vergl. X6), dabei wird Wärme in Arbeit verwandelt, entsprechend nimmt der Wärmeinhalt des Dampfes ab. Bei der Ausströmung wird die überschüssige Wärme abgeführt. Bei der Kompression leistet der Kolben Arbeit; diese wird in Wärme verwandelt; am Ende der Kompression ist der Wärmeinhalt des eingeschlossenen Dampfes höher als bei Beginn.

Ein sehr häufiger Prozeß, bei welchem Arbeit in Wärme übergeführt wird, ist derjenige der Reibung. Dieser ist nicht umkehrbar.

C. 8. Veränderung des Rauminhaltes von Wasser in verschiedenen Zuständen.

Den geringsten Raum nimmt Wasser von 4^0 C ein, dieses ist dann am schwersten, 1 dm³ = 1 kg. Der Rauminhalt von Eis von 0^0 ist größer, er ist rund 1,11 dm³, daher schwimmt Eis (sprengende Wirkung gefrierenden Wassers, anderseits Unmöglichkeit in der Natur der Bildung von Grundeis).

Bei der Wärmezunahme dehnt sich das Wasser nur wenig, so daß 1 kg bei 99,1⁰ C den Raum von 1,043 dm³ einnimmt. Beim Übergang aus dem zweiten Aggregatzustand in den dritten, d. h. bei der Umwandlung von Wasser in Dampf, wächst der Rauminhalt erheblich, 1 kg Dampf von 99,1⁰ und 735 mm Druck nimmt einen Raum von 1,727 m³ = 1727 dm³ ein.

Mit zunehmendem Druck nimmt der Rauminhalt des Dampfes ab man vergleiche die Dampftabelle in C 10.

C. 9. Schmelzwärme, Verdampfungswärme, Flüssigkeitswärme, Wärmeinhalt des Dampfes, Überhitzungswärme.

a) Die Schmelzwärme eines festen Körpers ist die Anzahl WE (kcal), die verbraucht wird, um 1 kg des Körpers aus der festen in die flüssige Form ohne Erhöhung der Temperatur überzuführen. Die nämliche Wärmemenge wird beim Erstarren des flüssigen Körpers frei.

Die Schmelzwärme von Eis ist 80 WE.

b) Die Verdampfungswärme einer Flüssigkeit ist die Anzahl WE (kcal), die verbraucht wird, um 1 kg der Flüssigkeit bei unveränderlichem äußerm Druck in Dampf von gleicher Temperatur zu verwandeln. Dieselbe Wärmemenge wird frei, wenn der Dampf kondensiert. Die Wärme, die dem Wasser bei 10 at Überdruck zuzuführen ist zur Umwandlung in Dampf, ist z. B. 479,5 kcal. Die Verdampfungswärme wird auch latente Wärme genannt im Unterschied von fühlbarer Wärme.

c) Flüssigkeitswärme nennt man den Wärmeinhalt der Flüssigkeit bei irgend einer Temperatur, es kann z. B. diejenige des Siedepunktes sein. Beispiel: Für 10 at (10 at Überdruck = 11 at abs) liegt der Siedepunkt des Wassers bei 183,2° C, die Flüssigkeitswärme ist 185,7 kcal.

d) Der Wärmeinhalt des Sattdampfes ist die Summe aus Flüssigkeits- und Verdampfungswärme, im obigen Beispiel (10 at) 185,7 + 479,5 = 665,2 kcal. Weiteres Beispiel: Der Wärmeinhalt von 1 kg Dampf von 1 at abs (735 mm) = 0 at Überdruck ist 639,0 kcal, die Verdampfungswärme rund 540 kcal.

Solange Dampf und Wasser in Berührung stehen, gilt der Dampf als gesättigt; von Wasser getrennt kann er überhitzt werden. Die Wärme, die dem Dampf zur Überhitzung zuzuführen ist, heißt

e) die Überhitzungswärme. Soll in obigem Beispiel (10 at) der Dampf um 100° überhitzt werden, so daß sich seine Temperatur von 183,2 auf 283,2° C erhöht, so ist die Überhitzungswärme 53 kcal (dem sog. Entropie-Diagramm entnommen).

f) Der Wärmeinhalt des überhitzten Dampfes ist die Summe aus Wärmeinhalt des Sattdampfes und Überhitzungswärme im Beispiel 665,2 + 53 = 718,2 kcal.

C. 10. Dampftafel für gesättigten Wasserdampf.

Nach Dr. Richard Mollier (1925).

Überdr. (Kessel-druck)	Abso-luter Druck	Tempera-tur des ge-sättigten Dampfes	Wärmeinhalt der Flüssig-keit	Wärmeinhalt des Dampfes	Verdamp-fungs-wärme	Raum-inhalt des Dampfes	Spezi-fisches Ge-wicht des Dampfes
at	at abs	°C	kcal/kg	kcal/kg	kcal/kg	m³/kg	kg/m³
—	0,1	45,4	45,4	615,9	570,5	14.96	0,06686
—	0,2	59,7	59,7	622,3	562,7	7,797	0,1283
—	0,5	80,9	80,9	631,5	550,6	3,304	0,3027
—	0,8	93,0	93,0	636,5	543,6	2,128	0,4699
0	1,0	99,1	99,1	639.0	539,9	1,727	0,5790
0,5	1,5	110,8	110,9	643,6	532,7	1,182	0,846
1,0	2,0	119,6	119,9	646,9	527,0	0,903	1,107
2,0	3,0	132,9	133,4	651.6	518,1	0,6180	1,618
3,0	4,0	142.9	143,7	654,9	511,1	0,4718	2,120
4,0	5,0	151,1	152,2	657,3	505,2	0,3825	2,614
5,0	6,0	158,1	159,4	659,3	499,9	0,3222	3,104
7,0	8,0	169.6	171,4	662,3	490,9	0,2454	4,075
9,0	10	179.0	181,3	664,4	483,1	0,1985	5,037
11	12	187,1	189,8	665,9	476,1	0,1668	5,996
13	14	194,1	197,3	667,0	469,7	0,1438	6,952
15	16	200,4	204,0	667,8	463,8	0,1264	7.909
17	18	206.2	210,1	668,3	458,2	0,1128	8,868
19	20	211,4	215,8	668,7	452,9	0,1017	9,83
24	25	222.9	228,3	669,0	440,7	0,0817	12,25
29	30	232,8	239,1	668,6	429,5	0,06802	14,70
34	35	241,4	248,7	667,8	419,1	0,05821	17,19
39	40	249,2	257,4	666,6	409,2	0,05069	19,73
49	50	262,7	272,7	663,4	390,7	0,04007	24,96
59	60	274,3	286,1	659,5	373,5	0,03289	30,41

C. 11. Kondensation und Vakuumbildung.

Durch Abkühlung wird Dampf in Wasser verwandelt. Der Vorgang ist der umgekehrte desjenigen der Verdampfung. Bei der Kondensation wird die Verdampfungswärme frei, sie wird abgeführt bei der Kondensations-Dampfmaschine (vergl. Kap. X) oder sie kann je nach der Art der Dampfanlage nutzbar gemacht werden, z. B. zu Heizungszwecken.

Überhitzter Dampf muß erst zu Sattdampf abgekühlt werden, erst dann kann der Dampf kondensieren. Die Kondensation des Dampfes in Leitungsröhren kann bis zu einem gewissen Grad durch Überhitzen desselben vermieden werden.

Kondensiert Sattdampf von 10 at (11 at abs), so hat das Kondensat eine diesem Druck entsprechende Temperatur, nämlich 183,2° C; das Kondensat hat eine Flüssigkeitswärme von 185,7 kcal. Die Verdampfungswärme von 479,5 kcal wird frei; der Rauminhalt von 1 kg geht von 181,3 dm³ (Dampf) auf 1,04 dm³ (Wasser) zurück.

Kondensiert Sattdampf von 0 at Überdruck (= 1 at abs = 735 mm), d. h. der Dampf mit der Temperatur von 99,1° C, so entsteht wegen der starken Raumverminderung bei der Wasserbildung Vakuum. Spannungen, welche geringer sind als der Druck der Atmosphäre, werden als Vakuum angegeben (vergl. A13).

Wird der Niederdruckzylinder einer Dampfmaschine, in welchem der Dampfdruck infolge der Expansion auf 0 at (= 1 at abs) angelangt ist (vergl. X4 und X6), mit einem (Einspritz)-Kondensator verbunden, so wird der Dampf fast sofort niedergeschlagen; der Dampf hat die Eigenschaft, die Wärme sehr rasch an die kühlere Umgebung abzugeben. Im Kondensator werde ein Druck von 0,2 at abs erreicht; das Vakuum ist 80 %, wenn der Luftdruck des betreffenden Ortes 735 mm beträgt. Dabei herrscht im Kondensator eine Temperatur von 59,7° C, diesem Druck entsprechend. Die Wärme des Dampfes muß vom Kühlwasser abgeführt werden, d. h. pro kg Dampf 639 — 59,7 = rund 579 kcal (Sattdampf bzw. nicht feuchter Dampf vorausgesetzt), praktisch etwas weniger. Das Dampfvolumen vermindert sich von 1727 dm³/kg auf rund 1 dm³/kg, bei vollständiger Kondensation, praktisch um etwas weniger.

C. 12. Nachverdampfung.

Nachverdampfung ist Verdampfung infolge von Eigenwärme.

Heißes, unter Druck stehendes Wasser gibt Wärme bzw. Dampf ab, sobald der Druck sinkt. Ein Beispiel möge dies zeigen. 1 kg Wasser von 190,7° C, entsprechend einem Überdruck von 12 at = 13 at abs, hat die Flüssigkeitswärme von 193,6 kcal. Sinkt der Druck auf 3 at, so entspricht diesem die Flüssigkeitswärme von 143,7 kcal, der Unterschied von 49,9 kcal wird zur Verdampfung von Wasser frei. Der Wärmeinhalt von 1 kg Dampf von 12 at ist 666,6 kcal, von 3 at 654,9 kcal, im Mittel 660,7 kcal. 1 kg Dampf von diesem Wärmeinhalt kann daher von 660,7 : 49,9 = 13,24 kg heißem Wasser mit 12 at Druck erzeugt werden, 1 kg erzeugt 0,0756 kg Dampf. 1 m³ Wasser mit der Temperatur von 190,7° C, entsprechend einem Druck von 12 at, wiegt 874 kg (vergl.: 1 m³ von 4° wiegt 1000 kg, heißes Wasser weniger, weil es leichter ist), somit kann 1 m³ Wasser von 190,7 ⁰ C, entsprechend 12 at Druck, 874 · 0,0756 = 66,0 kg Dampf erzeugen, wenn der Druck bis 3 at (142,9 ⁰ C) gesenkt wird.

Der Vorgang der Selbstverdampfung vollzieht sich in jedem Kessel, bei dem der Druck schwankt; Großwasserraumkessel sind daher gegen plötzliche Entnahme von Dampf in großer Menge nicht sehr empfindlich; aus ihrem großen Wärmevorrat heraus kann Wasser nachverdampft werden.

Heißwasserspeicher sind Hohlkörper, in denen das Wasser infolge von Eigenwärme verdampft (vergl. D 8). Sollen beträchtliche Dampfmengen durch Selbstverdampfung erzeugt werden, so sind Speicher von ganz erheblichem Ausmaß erforderlich.

Es sei noch auf den großen Unterschied im Wärmeinhalt von 1 m³ Wasser und 1 m³ Sattdampf der nämlichen Temperatur hingewiesen; der erstgenannte Wärmeinhalt überwiegt bei weitem den zweiten. Beispiel: 1 m³ Dampf von 10 at (= 11 at abs) hat einen Wärmeinhalt von 3660 kcal, 1 m³ Wasser von nämlicher Temperatur (183,2 ⁰ C) einen solchen von 164000 kcal.

C. 13. Die Wärmeübertragung.

Ein Wärmeübergang ist stets an ein Temperaturgefälle geknüpft. Ein solcher findet statt

a) innerhalb ein und demselben Körper durch Leitung;
b) zwischen zwei sich berührenden Körpern durch Leitung;
c) zwischen zwei von einander abstehenden Körpern durch Strahlung.

Beispiel zu a): Die von der Heizfläche eines Dampfkessels außen aufgenommene Wärme wird durch die Wand hindurch geleitet. Ein Temperaturunterschied besteht; die Innenfläche ist wegen der Berührung mit Wasser kühler als die außen durch heiße Gase erwärmte Heizfläche.

Beispiel zu b): Die Rauchgase (= luftförmiger Körper) geben einen Teil der ihnen innewohnenden Wärme an die Außenfläche eines Dampfkessels (fester Körper) ab. Weiteres Beispiel: Die Wand eines Dampfkessels überträgt auf der Innenseite Wärme ans Wasser (fester an flüssigen Körper). In beiden Fällen trifft die Voraussetzung eines Temperaturgefälles zu.

Bei Wärmeverlusten durch Kondensation in Leitungen sind ähnliche, jedoch nicht beabsichtigte Übergänge im Spiel.

Beispiele zu c)*): Hier können die Wärmestrahlen der Sonne und ihre Wirkung auf schwarze, matte oder aber hellfarbige, glänzende Flächen als Beispiel genannt werden. Die Wärmestrahlen, die vom Feuer oder von glühenden Körpern (glühendes Metall, Glühfaden elektrischer Lampen) ausgehen, bilden ein weiteres Beispiel für Wärmestrahlung. Auch schwarze, d. h. nicht glühende Körper senden Wärmestrahlen aus, z. B. die Zimmeröfen. Wie die Aufnahme, so ist auch die Aussendung der Wärmestrahlen größer bei schwarzen, rauhen Flächen als bei hellen, glänzenden. (Dampfleitungs-Isolierungen müssen daher, damit der Abstrahlung vorgebeugt wird, an der Oberfläche glatt sein, man kann sie z. B. mit glänzender Farbe bestreichen, vergl. U4).

Luft und Gase überhaupt sind für Strahlung leicht durchlässig, dagegen geben Gase die ihnen innewohnende Wärme durch Berührung nur schlecht an die Heizflächen ab.

In den Flammrohren der Flammrohrkessel geht rund $^1/_3$ der vom Feuer erzeugten Wärme durch Strahlung an die Heizflächen über, $^1/_3$ durch Leitung, d. h. durch die Berührung der Heizflächen durch die Rauchgase gemäß den Beispielen b) hiervor. Rund $^1/_3$ kann als Verlust gerechnet werden (vergl. D4).

C. 14. Gute und schlechte Wärmeleiter.

a) Gute Wärmeleiter sind die Metalle, im besondern die Edelmetalle, auch Kupfer, Eisen weniger.

b) Schlechte Wärmeleiter:

1. die Gase,
2. unter den festen Stoffen diejenigen, die zu Wärmeschutzzwecken (Isolierzwecken) verwendet werden: Schafwolle, Asbest, Glas, Kieselgur, Schlackenwolle usw. (vergl. U3),
3. unter den flüssigen Stoffen Fette und Öle.

---

*) Der Strahlungsvorgang kann folgendermaßen beschrieben werden: Stehen sich zwei Körper von verschiedener Temperatur gegenüber, so tauschen sie Wärme durch Strahlung aus, wenn ihr Zwischenraum mit einem für strahlende Wärme durchlässigen Körper ausgefüllt ist. Der Körper 1 strahlt Wärme nach dem Körper 2 aus, und dieser sendet Wärmestrahlen gegen jenen, so daß sich die vom heißen zum kalten Körper übergestrahlte Wärme als Unterschied zweier Wärmemengen ergibt.

Das Emissions- oder Strahlungsvermögen eines Körpers ist die in der Zeiteinheit von der Oberflächeneinheit des Körpers ausgestrahlte Wärme.

Das Absorptionsvermögen eines Körpers ist das Verhältnis der von einem Oberflächenteil absorbierten Wärme zu der auf diese Fläche aufgetroffenen Strahlung. Der absolut schwarze Körper absorbiert die gesamte auffallende Strahlung; er hat also das Absorptionsvermögen 1.

Beispiel: Öl, das sich auf Flammrohre niedersetzt, bewirkt Wärmestauungen und Erglühen der Flammrohrwand, wegen verminderten Übergangs der Wärme von der Flammrohrwand ans Wasser. Dagegen leitet Wasser die Wärme gut, wie folgendes Beispiel zeigt. In einer Dampfleitung oder einem Wärmeaustauschapparat findet eine Wärmeabgabe an die Wände bei Sattdampf besser statt als wenn es sich um Heißdampf handelt. Der Sattdampf ist immer etwas feucht, über der Rohrwand oder Heizfläche lagert daher eine feine Wasserschicht, so daß die Wärmeübertragung in der Reihenfolge vor sich geht:

Dampf — Wasserschicht — Metallwand.

Bei überhitztem Dampf dagegen fehlt die Feuchtigkeit, eine Wasserschicht kann sich nicht bilden, der Dampf ist gasähnlich und gibt Wärme nur in geringem Maße an Metallwände ab. Bei eigentlichen Gasen, z. B. bei Luft und Rauchgasen ist die Wärmeübertragung noch schlechter.

D. Die Dampfkessel und Speicher.

D. 1. Was versteht man unter einem Dampfkessel?

Ein Dampfkessel ist ein geschlossener Hohlkörper, dazu bestimmt, durch die Wirkung zugeführter Wärme Wasser in gespannten Dampf zu verwandeln. Die Wärme wird in den meisten Fällen durch die Verbrennung von Brennstoffen erzeugt, seltener durch die Umwandlung von elektrischem Strom.

D. 2. Was versteht man unter Heizfläche?

Die Heizfläche wird bei Dampfkesseln durch die einerseits von den Feuergasen, anderseits vom Wasser berührten Wände gebildet. Die Heizfläche ist auf der Feuerseite zu messen.

D. 3. Die Kesselsysteme.

I. Kleinere Kessel: Querrohr- und Fieldkessel.*)

a) Die Querrohrkessel sind stehend angeordnet. Der Rost ist in einer Feuerbüchse untergebracht (Innenfeuerung). Die Kessel werden bis zu rund 10 m² Heizfläche gebaut bei verhältnismäßig niedrigen Drücken. Kesselleistungen bis höchstens 20 kg/m²/h, geringer Nutzeffekt (50—60 %). Der Gesamt-Nutzeffekt verbessert sich etwas bei Vorhandensein eines Vorwärmers, wie in Abb. 1 und 2 angedeutet. Diese Kessel werden heute autogen

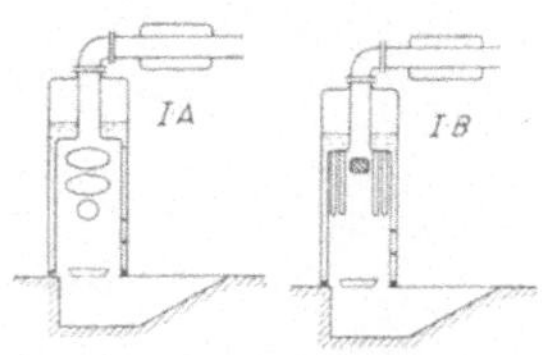

Abb. 1. Abb. 2.
Typenzeichnungen für Querrohr- und Fieldkessel.

*) Vergl.: Höhn, Über Kessel landwirtschaftlicher Betriebe; Jahresbericht des Schweizerischen Vereins von Dampfkesselbesitzern, 1922.

und elektrisch geschweißt. Die Böden müssen eben sein (nicht gewölbt).
Abb. 1 (Typenzeichnung *I. A*) zeigt einen Querrohrkessel, ein solcher ist
in Abb. 3 in größerm Maßstab dargestellt. *A* (Abb. 3) ist ein Soda-
speiseapparat in der Saugleitung, *B* ein solcher in der Druckleitung.

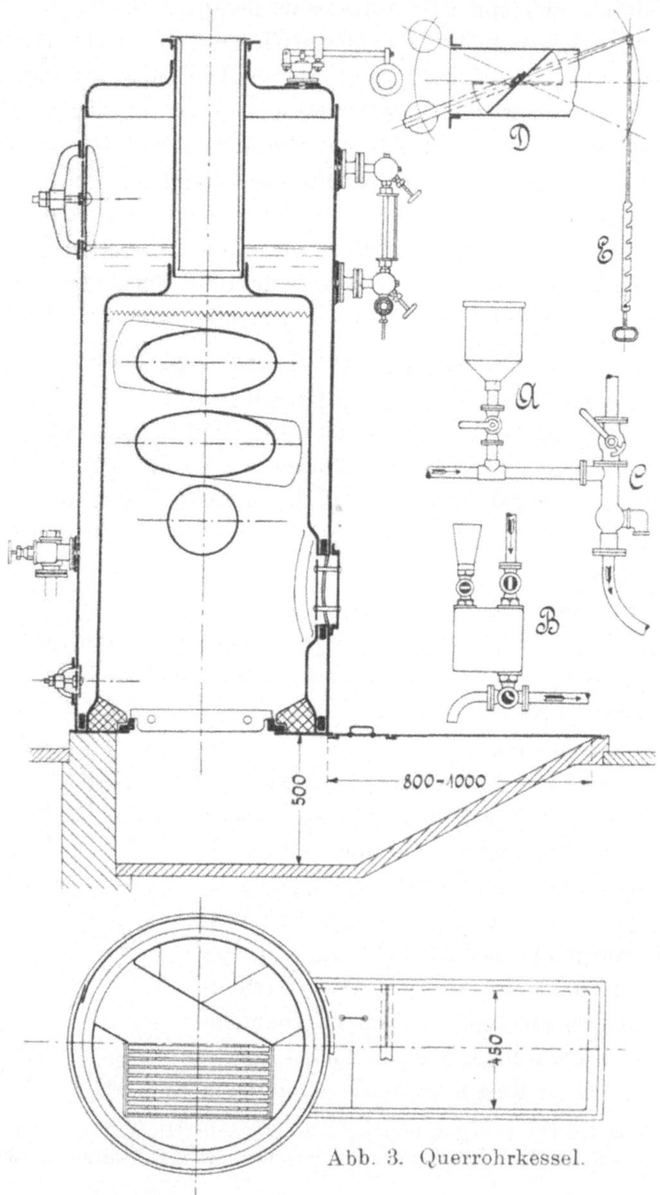

Abb. 3. Querrohrkessel.

b) **Der Fieldkessel.** Ein solcher ist in Abb. 2 und, in größerm Maßstab in Abb. 4 dargestellt. Die Fieldrohre sind an einem Ende geschlossen, sie sind in der Feuerbüchse hängend angeordnet. Zur Verhütung von Kesselsteinansatz unten in den Röhren werden die Fieldrohre mit Zirkulationsrohren versehen, wie links in der Abbildung angegeben. Vom Kamin herunter hängt ein Rauchgasverteiler (sogen. Schikane), welcher die Rauchgase daran hindert, unvermittelt ins Kamin abzuziehen. Fieldkessel werden bis höchstens 10 m² Heizfläche gebaut. Ihr Betrieb setzt gute Speisewasserverhältnisse voraus.

II. **Walzenkessel,** auch **Bouilleurkessel** genannt (hiezu Typenzeichnung 5) bestehen aus mehreren Walzen (Zylindern); diese liegen im Feuer. Die Roste sind rechts

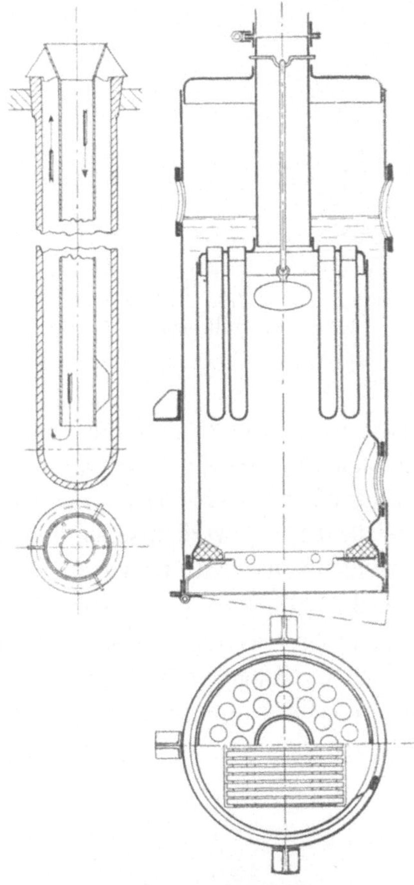

Abb. 4. Fieldkessel.

Abb. 5. Walzenkessel.

und links von Mauerwerk begrenzt (Außenfeuerung). Diese Bauart ist veraltet. Der Nutzeffekt ist niedrig, die Leistung gering.

III. A und B. **Flammrohrkessel.** Die Einflammrohr- und Zweiflammrohrkessel (Abb. 6 und 7), auch Cornwallkessel genannt (nach der englischen Landschaft Cornwall), werden innen gefeuert. Galloway-Rohre sind solche, die quer in die Flammrohre eingesetzt sind (Abb. 6). Einflammrohrkessel werden bis zu 60 m² Heizfläche gebaut, Zweiflammrohrkessel bis 100 m², höchstens bis 140 m². Drücke bis 14 at, Kesselleistungen bis rund 20 kg/m²/h; Nutzeffekt 65—75%. Bei Einflammrohrkesseln beträgt die Flammrohrlänge das 7—9fache,

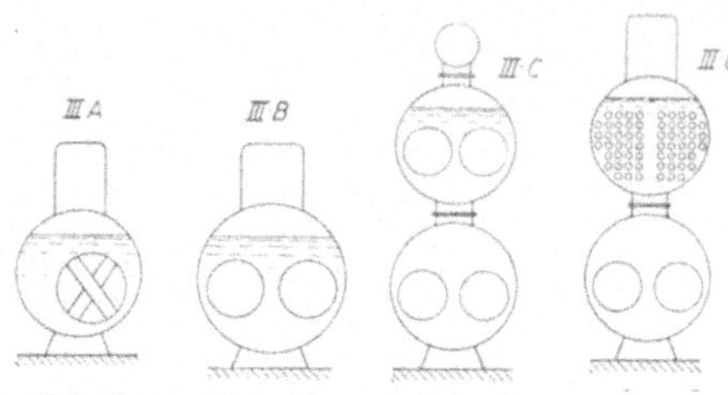

Abb. 6.   Abb. 7.   Abb. 8.   Abb. 9.
Einflammrohr-, Zweiflammrohr- und Doppelkessel.

bei Zweiflammrohrkesseln das 10—11 fache des Flammrohrdurchmessers.

III. C und D. Werden zwei Flammrohrkessel übereinander gelagert, so entsteht der Doppelkessel, Abb. 8. Der Oberkessel kann auch mit Rauchröhren versehen werden, Abb. 9.

Der Doppelkessel ist der typische Großwasserraum-Kessel. In heißem Wasser liegt in jedem m³ bedeutend mehr Wärme aufgespeichert als in 1 m³ Dampf der nämlichen Temperatur (vergl. C 12). Großwasserraum-Kessel sind daher bei stoßweisem Dampfverbrauch wenig empfindlich in der Druckhaltung; sie beanspruchen viel Zeit und brauchen viel Kohle zum Anheizen. Es gibt Doppelkessel bis 250 m² Heizfläche. Sie werden selten über 12 at Betriebsdruck gebaut. Kesselleistungen bis rund 15 kg/m²/h, Nutzeffekt 70—80 %.

IV. Kessel mit engen Rauchröhren (Siederöhren). Die Rauchrohre werden außen von Wasser benetzt, durch das Innere ziehen die Rauchgase. Diese Kessel sind fast ausnahmslos innen gefeuert. Hiezu Typenzeichnungen 10—16.

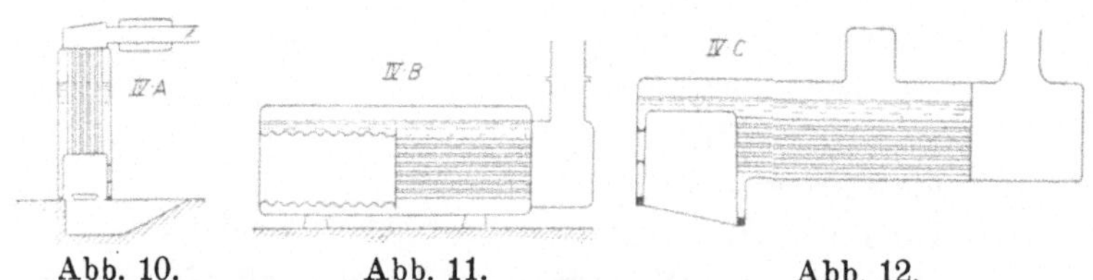

Abb. 10.   Abb. 11.   Abb. 12.
Vertikaler Rauchrohr-, Lokomobil- und Lokomotivkessel.

IV. A. Die kleinsten unter diesen Kesseln sind die stehenden Rauchrohrkessel, Abb. 10, mit Heizflächen bis 20 m², bei verhältnismäßig geringem Druck; Leistung im Mittel 15 kg/m²/h, Nutzeffekt, der stark von der Sauberkeit abhängt, in der Regel unter 70 %. Ein Mangel dieser Kessel besteht darin, daß die obern Rohrwände häufig undicht werden.

IV. B und C. Lokomobil- und Lokomotivkessel, Abb. 11 und 12. Die engen Rauchröhren werden in diesen Fällen auch Siederöhren genannt. Der Rost ist in der Feuerbüchse oder einem Flammrohr untergebracht, die Rauchgase gehen in die Rauchkammer und von da fort.

Es gibt Lokomotivkessel bis zu 300 m² Heizfläche, die Drücke sind bei der Bauart IV. C selten höher als 16 at. Die Kessel auf Lokomotiven leisten infolge hohen Kamin-Zuges, herbeigeführt durch das Blasrohr bis 40 kg/m²/h; ortsfest aufgestellte Lokomotivkessel rund 15 kg/m²/h. Nutzeffekt bei den letztern rund 70%, bei den erstgenannten weniger.

IV. D. Ähnlich ist die Bauart des Umkehr-Rauchrohr-(sogen. Retour-Rauchröhren-)Kessels, Abb. 13 und 14. Die erste Umkehrkammer wird durch Mauerwerk gebildet. Von der zweiten Umkehrkammer aus umspülen die Gase die Kesselschale. Betriebsdrücke bis ungefähr 12 at. Kesselleistungen bis rund 15 kg/m²/h; Nutzeffekt 60—70%.

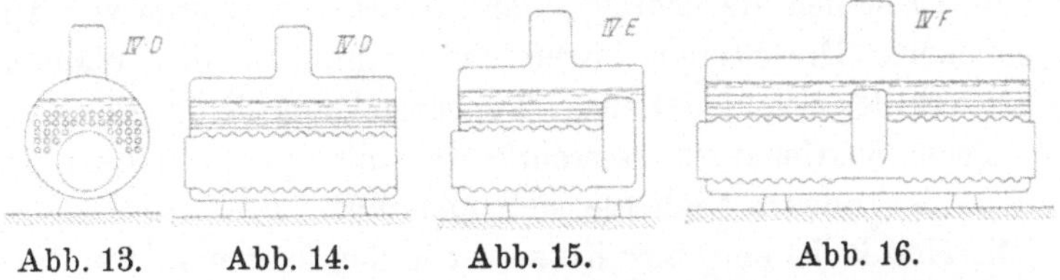

Abb. 13.   Abb. 14.   Abb. 15.   Abb. 16.

Umkehr- (Retour-) Rauchrohrkessel, Einend- und Zweiend-Schiffskessel.

IV. E und F. Schiffskessel. Die Roste sind in Flammrohren untergebracht; die Gase gelangen durch diese zu Umkehrkammern und mit einem Richtungswechsel nach rückwärts durch enge Rauchröhren in die Rauchkammer. Für Hochseeschiffe erhalten die Kessel große Abmessungen; der Einendkessel, Abb. 15, ist das übliche, daneben kommen auch Zweiendkessel, Abb. 16, vor. Für Binnengewässer erreichen die Kessel bis 250 m² Heizfläche. Nutzeffekt des Kessels allein rund 70%.

V. Wasserrohrkessel: Schräg- und Steilrohrkessel. Die Roste sind rechts und links von Mauerwerk begrenzt, es handelt sich um Außenfeuerungen. Die Rohre werden außen von den Rauchgasen umspült, im Innern vom Wasser benetzt. Diese Kessel eignen sich für große Leistungen und hohe Drücke. Hiezu Typenzeichnungen 17—25.

V. A. Zweikammer-Schrägrohrkessel, Abb. 17. Solche mit bloß 1 Kammer werden heute nicht mehr gebaut. Am meisten haben sich V. B-Kessel mit Teil-Wasserkammern (Sektional-Wasserrohrkessel), nach den Erfindern auch Babcock & Wilcox-

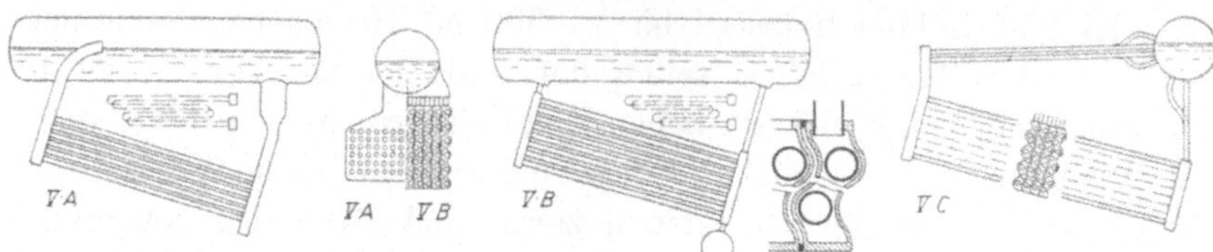

Abb. 17.   Abb. 18.   Abb. 19.   Abb. 20.   Abb. 21.

Zweikammer-Schrägrohrkessel; Babcock- und Wilcox-Kessel, Niclauße-Kessel.

Kessel genannt, eingeführt. Die Wasserkammern sind in einzelne Sektionen von quadratischem Querschnitt aufgelöst, wie Abb. 20 in größerm Maßstab angibt. Die Sektionen sind wellenförmig gebogen und nebeneinander angeordnet. Ganz neu sind die Sektional-Wasserrohrkessel, bei denen die Sektionen vertikal aufgehängt werden (in der Abb. 19 stehen sie schräg); diese Anordnung wurde von Amerika übernommen. Die Wellen liegen dann schräg zu den Wänden, ein Meisterwerk der Schmiedekunst. Typenzeichnung V. C (Abb. 21) zeigt noch einen Sektional-Wasserrohrkessel mit quergestelltem Dampfsammler, der Bauart Niclauße sich nähernd.

Die Heizfläche einzelner Kessel ist in den letzten Jahren gesteigert worden, man ist bei über 1000 m² angelangt. Die Drücke erreichen 40 at, die Kesselleistungen bis 40 kg/m²/h. Der Wirkungsgrad des Kessels allein bewegt sich um 65 % herum. Diese Kessel sind aber fast immer mit Economisern und Überhitzern ausgerüstet, der Wirkungsgrad des ganzen steigt dann auf rund 80 %.

VI. Steilrohrkessel. Das Röhrenbündel steigt steil oder senkrecht an. Die Rohre sind gekrümmt, beim Garbekessel jedoch grad-

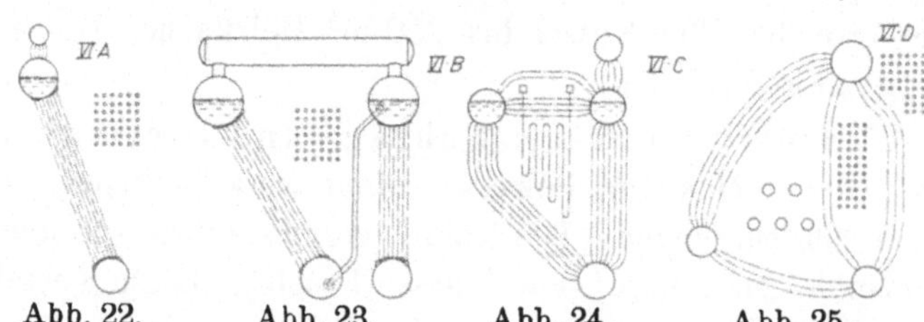

Abb. 22.   Abb. 23.   Abb. 24.   Abb. 25.

Ein- und Zweibündel-Garbekessel, Dreitrommel-Landkessel, Dreitrommel-Schiffskessel.

linig. Die Wasserrohre werden in die Trommelwand eingewalzt. Typenzeichnung VI. A (Abb. 22) zeigt den Einbündel-, VI. B den Zweibündel-Garbekessel. Fast allgemein gebräuchlich ist es heute, die Rohre zu biegen (vergl. Abb. 24 und 25, auch Abb. 168, Kap. N 10). VI. C stellt einen Dreitrommel-Hochleitungskessel dar, die Trommeln bestehen aus einem Stück oder sind geschweißt. Jedenfalls sind die Böden zugekümpelt.

VI. D zeigt einen modernen Schiffskessel, verwendbar für Drücke bis 30 at. Rechts oben ist der Luftvorwärmer, in der Mitte sind 5 Ölbrenner angeordnet. Solche Kessel werden paarweise symmetrisch in langen Reihen angeordnet. Die Bauart VI. C des Dreitrommelkessels scheint mehr und mehr die führende für den Landkessel zu werden. Die Rohrverbindungen zwischen den drei Oberkesseln müssen in reichlichem Maß vorhanden sein bzw. müssen reichlichen Querschnitt haben, damit der Durchfluß-Widerstand gering ist. Andernfalls stellt sich der Wasserstand in der Vordertrommel bedeutend höher als in der Hintertrommel (das Wasser des Vorderbündels ist, weil es viele Dampfblasen einschließt, leichter als dasjenige des Hinterbündels). Hochleistungskessel müssen eine große Strahlungsoberfläche haben.

Steilrohrkessel werden bis zu den größten Heizflächen (über 1000 m²) und höchsten Drücken (60 at und mehr) gebaut. Kesselleistungen bis 40 kg/m²/h werden erreicht, im Spitzenbetrieb bis 50 kg/m²/h. Hinsichtlich des Nutzeffektes gilt das bei den Schrägrohrkesseln Gesagte.

Die Wasserrohrkessel können, weil sie sich allseitig leicht dehnen, rasch angefeuert werden, vermögen aber wegen des geringen Wasserinhaltes veränderlichen Ansprüchen an die Dampfleistung weniger rasch zu entsprechen, als Großwasserraumkessel.

D. 4. Art der Feuerung.

Der Lage der Feuerung nach teilen sich die Kessel, wie unter D 3 mehrfach angedeutet, in innengefeuerte Kessel (Gruppen I, III, IV) und außengefeuerte Kessel (Gruppen II, V, VI).

Die Wärmestrahlen werden bei den innengefeuerten Kesseln fast restlos von der Heizfläche absorbiert (vergl. C 13), bei außengefeuerten Kesseln geht ein Teil der Verbrennungswärme schon im Herd durch Abstrahlung ans Mauerwerk verloren. Daher weisen die innengefeuerten Kessel allgemein die höheren Kesselnutzeffekte auf als die außengefeuerten.

Kessel mit hoher Leistung sind mit mechanischen Rosten ausgerüstet (vergl. Kap. F).

D. 5. Das Kesselaggregat, die Kesselbatterie.

Unter Kesselaggregat wird eine zusammengehörende Gruppe von Kessel, Economiser und Überhitzer verstanden.

Unter Kesselbatterie versteht man eine Reihe nebeneinander liegender Dampfkessel gleicher Bauart.

D. 6. Elektrisch geheizte Dampfkessel.

Wird in einen elektrischen Stromkreis ein Widerstand (Ohm'scher) eingeschaltet, so erwärmt sich dieser. Als Widerstandsmaterial kann Eisen, Nickel, überhaupt irgend ein Metall, dann auch Wasser dienen. Wasserwiderstände werden seit langer Zeit bei elektrischen Versuchen, z. B. Abnahmeversuchen von elektrischen Zentralen zur Abführung von elektrischer Energie bzw. zur Umwandlung von elektrischer Energie in Wärme benützt. Der nämliche Weg wird betreten, um Wasser zu verdampfen. In der Schweiz wurden die ersten elektrischen Dampfkessel kurz vor Ausbruch des Weltkrieges ausgeführt und erprobt. Seither haben sich elektrische Dampfkessel in allen Ländern, die über Wasserkräfte bzw. billige elektrische Energie verfügen, Eingang verschafft.

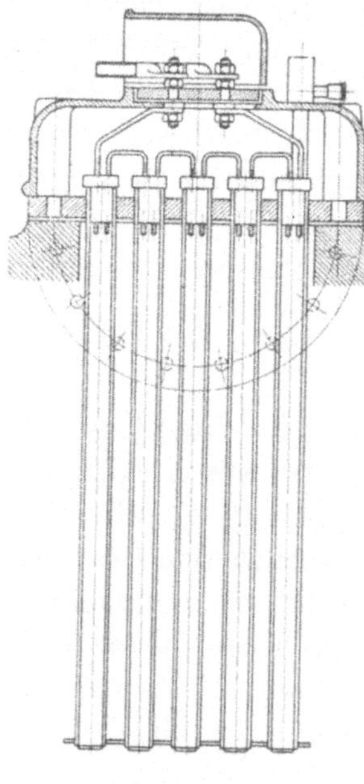

Abb. 26.
Tauchkörper für isolierte Widerstandsheizung.

Das Wärme-Äquivalent von 1 kWh = 860 kcal (vergl. A 21), also 6—9 mal weniger als der Heizwert von 1 kg Kohle. Es gibt zur Hauptsache zwei Verfahren, Kessel elektrisch zu heizen, I. die isolierte und II. die wasserberührte Widerstandsheizung.

Zu I. Kleine Dampfkessel und Wasser-Vorwärmer (Boiler), für die Gleichstrom oder Wechselstrom zur Verfügung steht, werden indirekt durch Widerstände geheizt. Draht- oder Band-Widerstände aus hochwertigen, hitzebeständigen Materialien z. B. Nichrom (Nickel-Chrom-Stahl) werden auf Isolierteile aufgewickelt und in Siederohre eingegeschoben, siehe Abb. 26. Die Siederöhren geben die Wärme ans Wasser ab. Für größere Kessel ist dieses Verfahren jedoch ungeeignet.

Zu II. Für große Leistungen und besonders für Spannungen über 500 Volt eignen sich nur Anlagen mit Stromabgabe durch Elektroden. Das Wasser bildet den Widerstand. Bei diesem Verfahren kann nur Wechselstrom benützt werden, Gleichstrom würde das Wasser in seine Elemente, Wasserstoff und Sauerstoff, zerlegen (Elektrolyse). Bei Anwesenheit von Säure würde die Zersetzung begünstigt.

Im Laufe der Zeit sind verschiedene Elektroden-Dampfkessel durchgebildet worden; sie unterscheiden sich in der Art, den Strom zu regulieren.

A. Die Regulierung der Kesselleistung wird durch Heben und Senken des Wasserspiegels herbeigeführt, die Elektroden sind fest. Dies ist z. B. beim System Revel (Escher-Wyß) der Fall; ein Revelkessel ist in Abb. 27 dargestellt.

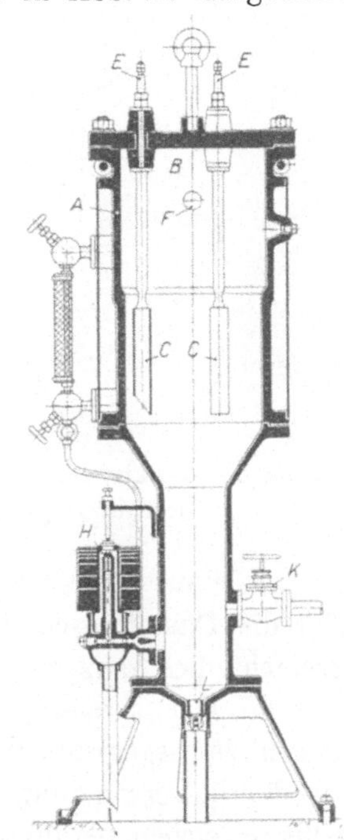

Abb. 27. Revelkessel.

A ist der Kesselkörper, B der Dampfraum, bei C sind drei Elektroden fest angebracht (für Drehstrom-Aufnahme), Stromzuführung bei E. Der Strom geht von einer Elektrode zu den zwei andern und wechselt dabei, wie dies im Wesen des Drehstromes liegt, Richtung und Stärke. Dampfentnahme bei F. Speisewasser wird im Überschuß in den Kessel gepumpt, das Überschüssige läuft durch ein Überlaufventil H ab. Steigt der Dampfdruck, so wird der Kesselwasserspiegel nach unten gepreßt, die Elektroden von Wasser entblößt, der Stromdurchgang vermindert, und umgekehrt. Revelkessel können bis rund 3000 V Spannung aufnehmen. Durch Einbau von Isolierkörpern ist es möglich, Kessel mit festen Elektroden und Wasserstandregulierung mit Spannungen bis 8000 V zu betreiben.

B. Die Regulierung der Kesselleistung wird durch Heben und Senken von Isolierrohren, die die Elektroden umgeben, bewerkstelligt. Abb. 28 veranschaulicht einen solchen Elektrodendampfkessel mit Isolierrohr-Regulierung (Sulzer). A ist der Kesselkörper, B der Dampfraum, bei C wird der Strom in den Kessel eingeführt. Die Leitungen bis zu den Elektroden D sind isoliert. Von den Elektroden aus bildet das Wasser innerhalb der Isolierrohre E die Strombahn, der Strom sucht den kürzesten Weg und gelangt an die geerdeten Bestandteile im Kessel resp. an die Gegenelektroden F, die mit der Kesselschale leitend verbunden sind und den geerdeten Nullpunkt des Stromnetzes bei Dreiphasenstrom darstellen. Durch Heben der Isolierrohre E vermittels der Regulierstange G wird die Strombahn verkürzt, der Wasserwiderstand im Isolierrohr verringert und die Leistungsaufnahme vergrößert. Sind die Isolierrohre E so hoch gehoben, daß die Elektroden D frei in den Gegenelektroden F hängen, so geht der Strom von den Elektroden D unmittelbar durch das Wasser zu den Gegenelektroden F.

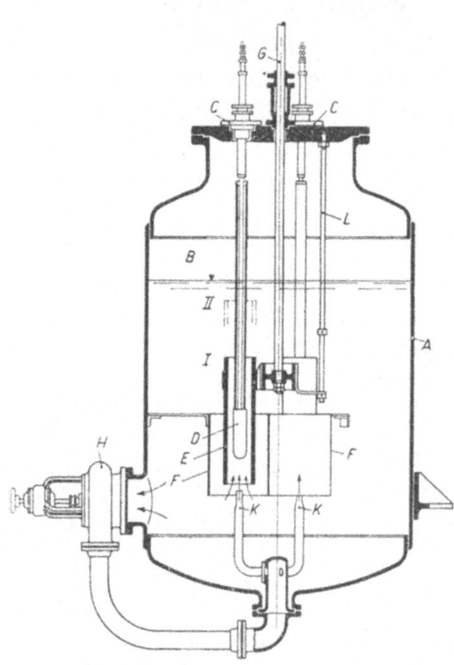

Abb. 28   Elektrodendampfkessel mit Isolierrohr-Regulierung.

Als Widerstandskörper erwärmt sich das Wasser, es treibt auf und reißt die Dampfblasen von den Elektroden. Bei großen Belastungen geschieht dies ganz unregelmäßig, demzufolge ändert sich der Widerstand des Dampfwassergemisches. Um den entstehenden Stromschwankungen zu begegnen, werden die Elektroden zwangsläufig bespült, was durch Verwendung der Pumpe H und der Düsen K geschieht. Daher erreichen bei diesen Elektroden die Spannungen über 10000 V. Leistungsaufnahme bis zu 6000 kW.

C. Die Kesselleistung wird durch Heben und Senken der Elektroden bei konstantem Wasserspiegel bewerkstelligt. Das Einführen des Stromes in den Kessel und die Isolierung der Leitung bis zur Elektrode ist mit Schwierigkeiten verbunden; diese liegen bei den unter A und B genannten Systemen weniger vor.

D. 7. Dampfkessel, bei denen der Dampf durch Reibungswärme erzeugt wird.

Im schweizerischen Kanton Thurgau ist ein Dampfkessel aufgestellt, in dem die Wärme durch Reibung der Wasserteilchen aneinander erzeugt wird.

Durch Reibung entsteht bekanntlich Wärme. Die Zahl $1:427 = A$ heißt gemäß C7 das mechanische Wärmeäquivalent. 1 WE ($=$ kcal) ist gleichwertig mit 427 mkg.

Läßt eine Fabrik ihre Transmission durch Wasserkräfte unmittelbar antreiben und ist ein Überschuß an Energie für die Umwandlung in Wärme verfügbar, so ist es bedeutend einfacher, die Umwandlung unmittelbar zu vollziehen, als vorerst elektrischen Strom zu erzeugen.

In Abb. 29 stellt A den Kesselkörper, B einen Pumpenkörper und C die Antriebscheibe für den Flügel D dar. Durch die Drehung der Schaufeln D im Pumpenkörper B wird das Wasser durchgewirbelt, die Wasserteilchen reiben sich gegenseitig, wobei die entstehende Wärme zur Dampfbildung führt. Die Drosselklappen E dienen dazu, den Wasserzufluß im Pumpenkörper zu ändern, wodurch die Belastung geändert wird.

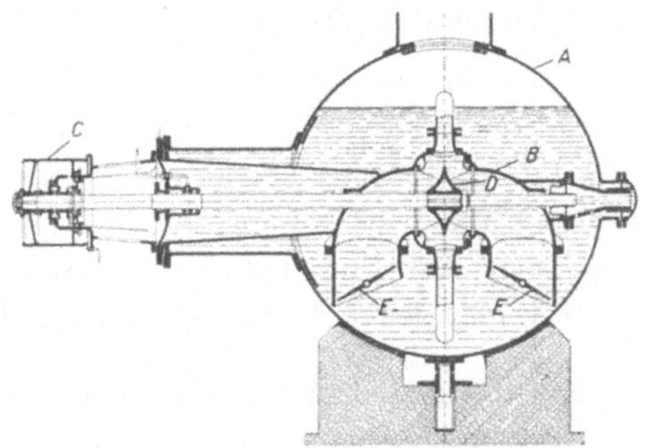

Abb. 29. Durch Reibungswärme geheizter Dampfkessel.

Der Versuch des Engländers Joule, der das mechanische Wärmeäquivalent berechnet hat, wirkt sich hier im Großen aus.

D. 8. Heißwasser-Wärmespeicher.

Heißwasser-Wärmespeicher sind Dampfkessel, in denen Wasser nachverdampft, d. h. infolge von Eigenwärme in Dampf verwandelt wird. Dabei sinkt der Dampfdruck. Das Theoretische ist unter C12 auseinandergesetzt. Nachverdampfung findet in jedem Dampfkessel statt, sobald der Druck sinkt; Speicher beruhen lediglich auf diesem Vorgang.

Ist der Speicher entladen, d. h. wurde ihm Wasser in Dampfform entnommen und dabei der Druck auf eine untere Stufe abgesenkt, so muß er wieder geladen, der Druck gehoben werden. Dies wird durch Zufuhr von Dampf bewerkstelligt. Bei den Heißwasserspeichern geht Wärme durch Leitung und Strahlung des Speichers verloren, wie bei jedem Dampfkessel. Daher ist weniger Dampf entnehmbar als zugeführt wird, der Wasservorrat im Speicher vermehrt sich langsam, das überschüssige Wasser muß von Zeit zu Zeit abgelassen werden. Aus dieser Wassermenge läßt sich der Nutzeffekt bestimmen, er weicht bei guter Isolierung jedoch nicht viel von 100 % ab.

In der Schweiz benützt man seit rund 1916 Speicher, denen bei der Ladung Dampf aus elektrisch geheizten Dampfkesseln zugeführt wird.*) Später sind die Speicher des Schweden Ruths, die zum Ausgleich der Spitzenleistungen großer kohlengeheizter Kessel dienen, bekannt geworden. Beträchtliche Dampfleistungen bedingen, wie in C12 begründet, Speicher ganz erheblichen Ausmaßes.

Die Wärmespeicherung durch heißes Wasser kann hinter oder vor dem Dampfkessel erfolgen, in diesem Fall durch Einleiten von Dampf in einen geschlossenen Speisewasserbehälter beim Laden und durch Entnahme von hochüberhitztem Wasser zur Kesselspeisung beim Entladen. Die Entladung des Speisewasserspeichers erfolgt, sobald der Kessel über seine Leistungsfähigkeit beansprucht ist.

D. 9. Die einzelnen Kesselteile bei den Kesseln der wichtigsten Typen.

Die Kessel setzen sich zur Hauptsache aus folgenden Teilen zusammen:

a) die Flammrohrkessel: aus der Schale, den Böden, dem Flammrohr (glatt oder gewellt), den Gallowayrohren, dem Dom, gegebenenfalls dem Dampfsammler;

b) die vertikalen Rauchrohrkessel, Lokomotiv-, Lokomobil- und Schiffskessel: aus der Schale, den Böden, der Feuerbüchse oder dem Flammrohr, den Rauchrohren, der Rauchkammer bzw. Umkehrkammer, dem Dom. Die Feuerbüchsen der Lokomotivkessel bestehen meistens aus Kupfer.

c) die Wasserrohrkessel: aus den Wasserkammern oder den Sektionen (Teilwasserkammern), den Wasserrohren, dem Ober- und Unterkessel mit Schale, Böden und Dom oder Dampfsammler. Ein Fehler, der früher häufig begangen wurde, besteht in der Wahl sehr enger Krempen gewölbter Böden. Diese werden später rissig.

---

*) Vergl. Jahresbericht des Schweizerischen Vereins von Dampfkessel-Besitzern, 1916: Dampferzeugung durch Elektrizität usw.

D. 10. Über Blechverbindungen.

Die Bleche oder Kesselteile werden miteinander verbunden durch Vernieten, Schweißen, Verschrauben und Walzen. Die Nietnähte sind einreihig, zwei- oder dreireihig. Die gebräuchlichste Verbindung ist diejenige mit zweiseitigen Laschen. Überlappung wird kaum mehr angewendet. Es gibt Längsnähte und Rundnähte. Die Schweißnähte können feuergeschweißt, gasgeschweißt und autogen geschweißt sein, seltener elektrisch geschweißt. Einzelne Kesselteile werden durch Schrauben, mit Gewinde versehenen Ankerstangen oder Rohren und Stehbolzen miteinander verbunden. — In neuerer Zeit wird die elektrische Schweißung häufig zu Reparaturen benützt, auch zur Anfertigung kleiner Dampfgefäße usw., doch ist Vorsicht in allen Fällen geboten.

D. 11. Die Flammrohre bei Flammrohrkesseln.

Bei Einflammrohrkesseln werden die Flammrohre meistens exzentrisch gelagert, damit sich das Wasser im Kessel besser umwälzt als bei zentrischer Lagerung (vergl. Typenzeichnung III A, Abb. 6). Die Kesselsohle ist dann auch besser zugänglich.

Wellflammrohre werden den glatten vorgezogen, weil jene elastischer sind als diese.

D. 12. Die Verdampfungsoberfläche. Der Wassergehalt des Dampfes.

Bei hoher Kesselleistung kann etwas Kesselwasser mit dem Dampf mitgerissen werden, bei Lokomotivkesseln z. B. bis 10%, erfahrungsgemäß um so mehr, je geringer die Spiegelfläche (Verdampfungsoberfläche genannt) im Verhältnis zur Heizfläche ist. Wird der Dampf hinter dem Kessel überhitzt, so hat das geringere Bedeutung; das mitgerissene Wasser wird dann im Überhitzer ganz oder zum größten Teil verdampft.

Bei Verdampfungsproben (vergl. Q 3) muß das mitgerissene Wasser berücksichtigt werden, sollen die Ergebnisse richtig sein.

D. 13. Überkochen.

a) Wird bei hohem Wasserstand dem Kessel plötzlich Dampf in erheblicher Menge entnommen, so steigt der Wasserspiegel infolge erhöhter Dampfblasenbildung im Kesselwasser. Kesselwasser wird dann direkt in die Dampfleitung mitgerissen.

b) Der Spiegel steigt auch schon bei mäßiger Dampfentnahme, ungewöhnlich, wenn das Kesselwasser „schäumt". In solchen Fällen ist dieses stets mit Fremdstoffen angereichert, mit solchen aus Abwässern, z. B. mit Milch, Seife, ferner mit Stoffen, die von Geheimmitteln gegen den Kesselstein herrühren oder bei Anwesenheit übermäßiger Mengen an Alkalien im Kesselwasser. Dieses muß in solchen Fällen teilweise erneuert werden (vergl. R 15).

E. Die Zubehör zum Kessel: Wasservorwärmer, Economiser, Überhitzer, Luftvorwärmer, Mauerwerkkühler.

E. 1. Was versteht man unter Vorwärmern und Economisern?

Vorwärmer sind mit Wasser gefüllte walzenförmige Hohlkörper, die mit heißen Rauchgasen in Berührung gebracht werden, zum Zweck, die Wärme der Rauchgase an das Wasser überzuführen. Die Verdampfungstemperatur darf jedoch nicht erreicht werden. Economiser bestehen aus Röhrenbündeln, meistens aus solchen von Gußeisen, ihre Verwendung geschieht zum nämlichen Zweck. Bei Flammrohrkesseln wählt man häufig Walzen-Vorwärmer, bei zwei Walzen kann das Speisewasser parallel durch beide oder von dem einen zum andern geführt werden (Schaltung nebeneinander oder hintereinander). Rauchgasvorwärmer für kleine Kessel sind in Abb. 1 und 2 angedeutet.

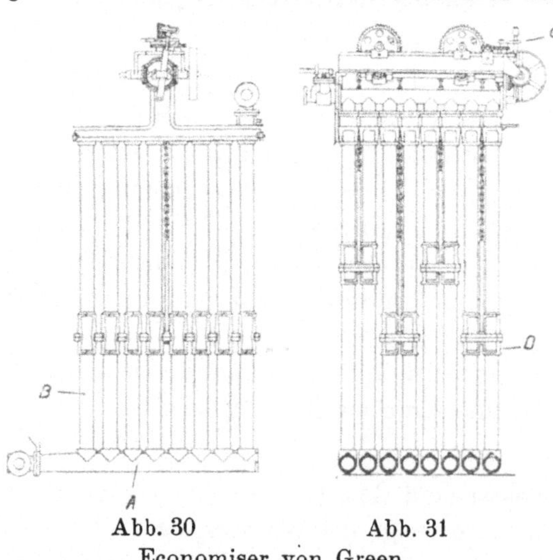

Abb. 30   Abb. 31
Economiser von Green.

Unter den Economisern sind diejenigen von Green, Abb. 30, am meisten verbreitet; die vertikal stehenden Röhren B werden mittels mechanisch angetriebener Kratzer D von Ruß rein geschabt. Das Antriebswerk für die Kratzer befindet sich bei C. Es genügt in der Regel, die Kratzer während einiger Stunden laufen zu lassen. Die Stellung des Economisers zum Kessel ist in Abb. 168 (N 10) ersichtlich.

In neuerer Zeit werden Economiser mit horizontal liegenden gußeisernen Rippenröhren verwendet, vergl. Abb. 32 und 33, sie eignen sich für hohen Druck, brauchen aber viel Zug. Ruß und Flugasche werden mittels Dampfstrahlen unter hohem Druck abgeblasen. Der Bläser wird in die freie Gasse $A—B$, Abb. 32, eingeführt. Die Höhe der Wassertemperatur in den Economisern kann durch Einstellung von Rauchgasklappen geregelt werden. Außer Betrieb gestellte Economiser sind zu entleeren. Vorwärmer (Economiser) aus schmiedeisernen Röhren, in denen ein und dasselbe Wasser zirkuliert, haben sich nicht eingeführt.

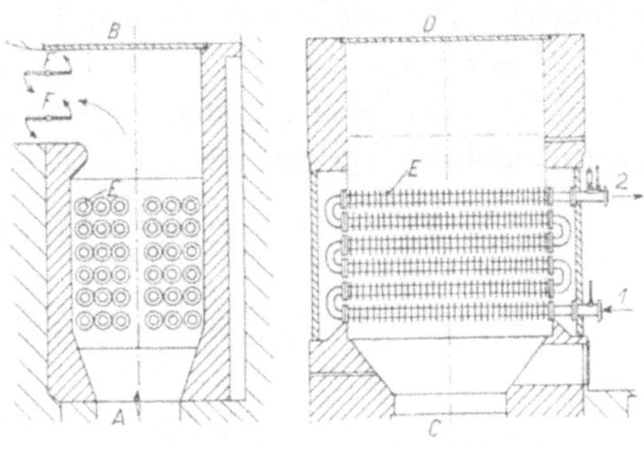

Abb. 32.   Abb. 33.
Rippenrohr-Economiser.

Die Vorwärmer und Economiser heben den Nutzeffekt der Kessel um einige %, Vorwärmer um höchstens 6, Economiser bis 10%.

In Vorwärmern und Economisern findet die erste Kesselstein-Absonderung aus dem Speisewasser statt, dieser wird somit vom Kessel fern gehalten. Über die Reinigung vergl. T2.

E. 2. Niedrigste Temperatur des zugeführten Speisewassers.

Ist die Temperatur des Speisewassers unter 30° C, so besteht die Gefahr, daß die Wände von Economisern und Vorwärmern abgezehrt werden. Wasserdampf aus den Verbrennungsgasen kann sich an den kalten Wänden der Vorwärmer kondensieren, das Wasser verbindet sich mit dem Schwefeldioxyd der Rauchgase zu schwefliger Säure (vergl. S 16), diese greift Eisen heftig an.

E. 3. Temperaturen der Verbrennungsgase.

Sinkt die Temperatur unter 200° C, so wird es sich im allgemeinen nicht mehr lohnen, Economiser anzulegen. Bei kleinen Kesseln ist die Rauchgastemperatur häufig hoch, kleine Rauchgasvorwärmer*) haben sich hier wohl bewährt (vergl. Abb. 1 und 2).

E. 4. Sicherheitsventile an den Vorwärmern bzw. Economisern.

Ohne das Vorhandensein von Sicherheitsventilen kann der Druck, sobald der Wasserabfluß unterbrochen ist, z. B. beim Absperren des Economisers, in gefährlicher Weise wachsen. Überschüssiges Wasser

---

*) Beschrieben im Jahresbericht 1922 des Schweizerischen Vereins von Dampfkessel-Besitzern.

kann dann durch das Sicherheitsventil entweichen, ebenso Dampf, falls sich solcher bildet. Dampfbildung zeigt sich durch klopfendes Geräusch. Die Stöße können den Economiser zerstören.

E. 5. Überhitzer.

Überhitzer bestehen aus Rohrbündeln, die in den Zug der Rauchgase eingebaut werden. Sie können horizontal oder vertikal gelagert werden; ein Beispiel für einen horizontal gelagerten Überhitzer geben Abb. 34—37. Die Stahlrohren C sind gruppenweise in Sammelkästen A und B von rechteckig. Querschnitt eingewalzt. Das zweckmäßigste Material für die Gewindeverschlußzapfen F (Abb. 36) ist nichtrostender Stahl.

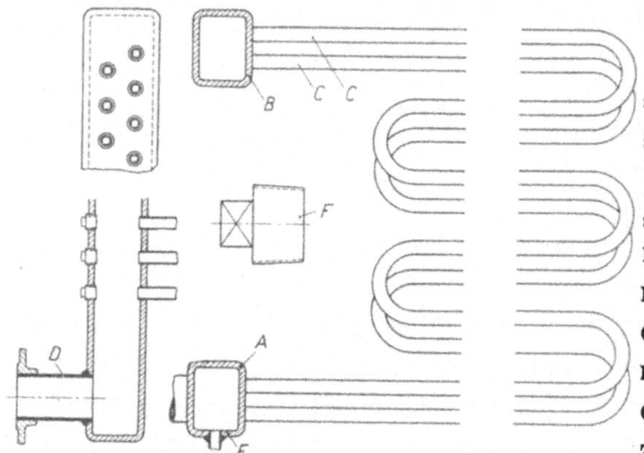

Abb. 34—37. Horizontal gelagerter Überhitzer.

Horizontal gelagerte Überhitzer können leicht entwässert werden, dagegen haben vertikal angeordnete den Vorteil, daß sich weniger Ruß und Flugasche ansetzt. Werden vertikal gelagerte häufig außer Betrieb gestellt, so rosten die Rohre in den untern Bogen leicht durch. Überhitzer in beiden Lagen sind in Abb. 17—19 und 22—25 ersichtlich.

In die Überhitzer wird Sattdampf eingeführt, und dort, wie es der Name sagt, überhitzt. Die Dampftemperatur kann in verschiedener Weise reguliert werden. Bei Flammrohrkesseln werden die Rauchgase durch Klappen gedrosselt. Bei stark beanspruchten Kesseln sind Klappen wegen der Hitze nicht zu gebrauchen, der überhitzte Dampf wird dann mit Sattdampf gemischt oder durch eingespritztes Wasser gekühlt. Die Überhitzer dürfen nicht glühend werden.

Bei der Überhitzung des Sattdampfes wird gleichzeitig das ihm innewohnende Wasser verdampft. Der Druck im Überhitzer bleibt konstant, abgesehen von einem kleinen Druckabfall infolge der Reibung des Dampfes beim Durchfließen durch die Röhren. Über das Wesen der Überhitzung (vergl. C9).

Für den Betrieb von Dampfmaschinen wird der Dampf bis höchstens 350°, von Dampfturbinen bis 450° überhitzt, diese Temperatur bildet überhaupt die obere Grenze. Durch die Überhitzung des Dampfes hebt sich nicht allein der Wirkungsgrad der Dampfmaschine oder -turbine, mit andern Worten wird nicht allein an Dampf gespart, sondern wächst auch der Wirkungsgrad des Kesselaggregates. Der Wirkungsgrad der Überhitzung kann bis 12% des Heizwertes der Kohle erreichen. Dampfturbinenbetrieb ohne Dampfüberhitzung ist heute nicht mehr denkbar.

Braucht man Dampf für Fabrikationszwecke, so wird er nur wenig überhitzt, um höchstens 80° C; man ist aber von der frühern Anschauung abgekommen, Sattdampf sei zu Heizungszwecken allein geeignet. Ein wesentlicher Grund, den Dampf auch für Heizungszwecke zu überhitzen, besteht darin, daß dieser in Leitungsröhren viel weniger rasch kondensiert als Sattdampf, was bei Fernleitung sehr ins Gewicht fällt (vergl. C14 Schluß).

Die Überhitzer müssen durch Dampfgebläse von Zeit zu Zeit von Ruß und Flugasche befreit werden (vergl. Kap. T). Vor dem Anheizen ist der Überhitzer mit Wasser zu füllen, damit er nicht verbrennt; das Wasser ist durch Dampf bei niedrigem Druck auszustoßen, z. B. wenn beim Anheizen 3—4 at erreicht sind, später wird etwas Dampf durch den Überhitzer abgeleitet zur Kühlung.

Überhitzter Dampf greift Ventile, Kondenstöpfe und Leitungen weniger an als Sattdampf.

E. 6. Die Luftvorwärmer.

Der Zweck der Erwärmung der Verbrennungsluft ist unter L12 angegeben, an dieser Stelle sei die Konstruktion der Luftvorwärmer erörtert. Abb. 38 gibt das Beispiel einer Konstruktion von vielen. Dieser Vorwärmer besteht aus Blechplatten A und B, C und D usw., welche abwechselnd mit Rippen K oder L versehen sind. Die Luft wird in der Richtung 1—2 durch die durch K gebildeten Zellen gepreßt, die Rauchgase durchströmen die benachbarten Zellen L in der Richtung 3—4 und geben daher einen Teil ihrer Wärme an die Zellen K ab.

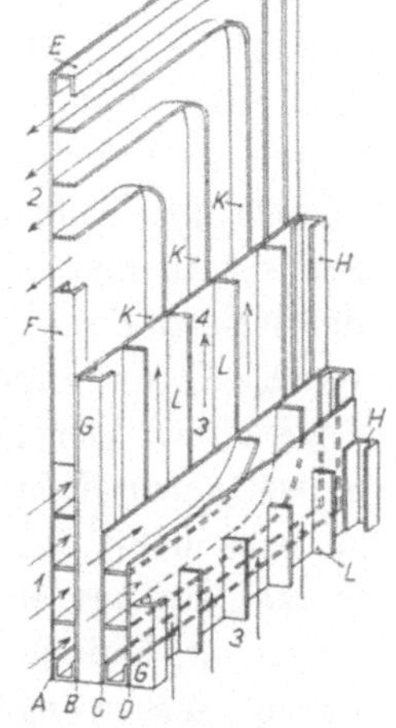

Abb. 38. Luftvorwärmer.

E. 7. Die Mauerwerkkühler.

Das Mauerwerk der Feuerräume von Hochleistungskesseln wird in höchstem Maß durch Hitze und Ascheneinwirkung (vergl. Kap. P) abgenützt. Die feuerfesten Steine schmelzen an der Feuerseite ab, was den Zusammenbruch der betr. Mauern verursacht. Das Mauerwerk ist daher zu kühlen, was in zwei Richtungen erreicht werden kann:

a) Hinter der ersten Steinschicht sind Luftkanäle angeordnet, durch welche die kalte Sekundärluft durchgetrieben wird, bevor sie in den Feuerraum tritt. Diese Art der Mauerwerkskühlung ist schon längst bekannt.

b) In neuerer Zeit werden Wasserrohr-Elemente in das Mauerwerk eingebaut, ein solches Element ist in Abb. 39 dargestellt. Wasser-

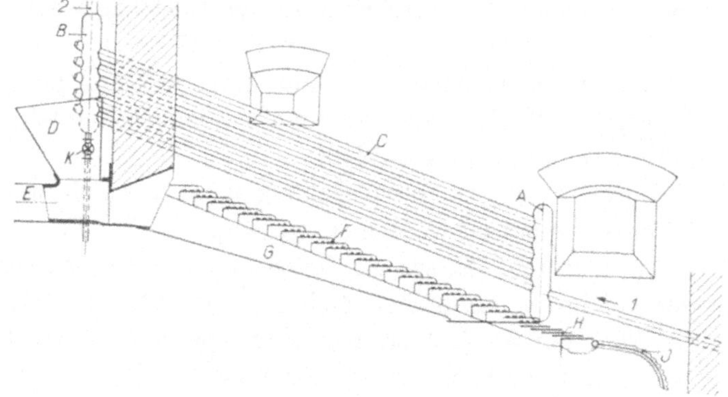

Abb. 39.   Mauerwerkkühler und Riley-Rost.

einlauf bei *1*, Auslauf des Dampfwassergemisches bei *2*. *A* und *B* sind Sammelrohre, *C* die Verbindungsrohre. Schlammabführung bei *K*. Durch die Verbindung *1* wird Wasser aus dem untern Teil des Dampfkessels dem Kühlsystem zugeführt, durch *2* gelangt das Dampfwassergemisch in den Oberkessel. Abb. 39 zeigt schräg gestellte Rohre; in den meisten Fällen sind diese lotrecht angeordnet. Durch den Mauerwerkkühler wird die Heizfläche um einen wirksamen Teil vermehrt. Der Mauerwerkkühler ist daher unter die Zubehör zum Kessel einzureihen (und im vorliegenden Leitfaden in diesem Kapitel zu behandeln). Zu hohe Temperatur im Feuerraum kann durch Mauerwerkkühler auf ein erträgliches Maß herabgemindert werden. Abb. 39 deutet an, daß im Fall dieses Beispiels zur Feuerung ein Riley-Rost, seinem Wesen nach dem Pluto-Stoker-Rost ähnlich (vergl. F 10), Verwendung findet. Kohlentrichter bei *D*, Kohlenvorschub bei *E*. *G* bedeutet die Retorte, *F* die beweglichen Roststäbe mit Luftschlitzen, *H* die festen Roststäbe, die zwar von Hand verstellt werden können, *J* die Schlacken-Klappen.

F. Die Roste von Dampfkessel-Feuerungen.

F. 1. Die Feuerungseinrichtung.

Der Rost bildet einen Teil und zwar den Hauptteil der betriebsfähigen Feuerungseinrichtung. Zu dieser gehören noch viele Einzelteile, gegebenenfalls auch Apparate und Maschinen.

Der Planrost besteht aus den Roststäben, aus der Feuerplatte (vorn) und aus der Feuerbrücke (hinten), letztere aus feuerfesten Steinen aufgebaut. Die Seitenwände werden bei Innenfeuerungen (vergl. D4) durch Heizflächen, bei Außenfeuerungen zum Teil durch Mauerwerk gebildet.

Zu den mechanischen Feuerungen gehörten neben dem Rost die Antriebseinrichtung, sodann Teile wie Kohlentrichter (Bunker), Schlackenstaupendel (Schlackenabstreifer wird man heute kaum mehr anwenden), Schlackenabfuhr-Einrichtungen u. a.

Zur Feuerung sind auch die Einrichtungen zur Beförderung der Verbrennungsluft (Gebläse und Saugzug usw.) zu rechnen (vergl. Kap. O).

F. 2. Der Rost.

Der Rost dient zur Lagerung des Brennstoffs bei der Verbrennung desselben; er muß luftdurchlässig sein. Der einfachste Rost ist ein durchlochtes Stück Eisenblech. Vorteilhafter sind Roste, die sich aus auswechselbaren Stäben zusammensetzen. Aus einem einzigen Gußstück sollte auch bei den einfachsten Dampfkesselfeuerungen ein Rost nicht bestehen.

F. 3. Die Rostsysteme.

Es gibt handgefeuerte und mechanische Roste. Zu jenen gehören Planroste, Schrägroste, Treppenroste, zu diesen die Unterschubfeuerungsroste, die Wanderroste, die Vorschub(-Stoker)roste. Jede dieser Klassen verzweigt sich in einzelne Typen, es gibt z. B. bei den Planrosten solche mit gewöhnlichen und Düsenroststäben, bei den Unterschubfeuerungen solche mit Schnecken- und mit Kolben-Vorschub usw., so daß die Kenntnis und Bewertung der Roste recht verwickelt ist. Die mechanischen Roste müssen meistens dem Brennstoff, der zu verfeuern ist, angepaßt werden.

F. 4. Material für Roststäbe.

Für Roststäbe hat sich Gußeisen am besten bewährt; Flußeisen hat eine größere Wärmedehnung und ist daher dem Rissigwerden durch Wärmespannungen mehr ausgesetzt. Unter den verschiedenen Gußeisenqualitäten bewähren sich diejenigen am besten, welche eine große Zähigkeit und möglichst fein verteilten graphitischen Kohlenstoff aufweisen. Aus Gründen der Zähigkeit müssen niedrige Gehalte an Phosphor P und Schwefel S verlangt werden, Phosphor höchstens 0,3—0,4 %, Schwefel höchstens 0,1 %. Das feinkörnige graue Gefüge ist zunächst bedingt durch den Siliziumgehalt, der entsprechend der Stabdicke innert den Grenzen von 0,8 % Si bei dicken, bis 2 % bei dünnen Stäben wechselt.

Ein weiteres Mittel, den feinkörnig grauen Bruch zu erzielen, besteht darin, daß man die Bahn des Rostes auf eine abschreckende Gußplatte (Kokille) gießt. Hiedurch entsteht auf der Rostbahn eine Schicht weiß erstarrten Eisens (vergl. Abb. 40), welcher sich ein feinkörnig graues Bruchgefüge anschließt. Die gehärtete Schicht soll nur einige mm tief sein, wesentlich ist das feine graue Gefüge, das der Roststab bei dieser Gießweise bekommt.

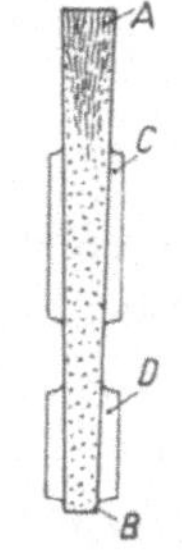

Abb. 40.

Bruchfläche eines Roststabes mit gehärteter Bahn.

Roststäbe, welche die oben erwähnten geringen Gehalte an P und S aufweisen und bei welchen durch richtige Gießweise das notwendige feine Korn erzielt worden ist, werden als Roste aus feuerbeständigem Guß bezeichnet. Sie sind naturgemäß teurer, doch wird sich der höhere Anschaffungspreis durch die längere Betriebsdauer rechtfertigen.

Werden Roststäbe aus billigeren Gattierungen hergestellt, welche einen wesentlich höheren S- und P-Gehalt aufweisen, so tritt früher Rissigkeit ein, die Stäbe verfallen schneller der Oxydation und ihren Folgen: Krummwerden (Säbelförmigwerden), Abzundern und gänzliche Zerstörung.

Natürlich hängt die Haltbarkeit eines Rostes nicht nur von seinem Material ab, sondern auch von andern Einwirkungen, denjenigen des Brennstoffes. Aus schwefelreicher Schlacke nimmt der Rost Schwefel auf, wodurch sein Material sich verschlechtert (das Krummwerden der Stäbe, das sich zeigt, wenn man dieselben von oben besieht, rührt zur Hauptsache davon her, daß die Stäbe für die Dehnung in der Längsrichtung zu wenig Spiel haben, ein Fehler der häufig vorkommt).

F. 5. Der Planrost.*)

Hat die Kohle viel flüchtige Bestandteile und ist die Asche nicht backend, so kann man den sogen. Mehlrost verwenden, einige Stäbe sind in Abb. 41 und 42 dargestellt. Länge 320—370 mm, Dicke 6—7 mm, Spalte 4—5 mm. Mehlroste haben den Vorzug großer freier Rostfläche im Verhältnis zur gesamten, den Nachteil, daß sie bei großer Hitze erglühen oder

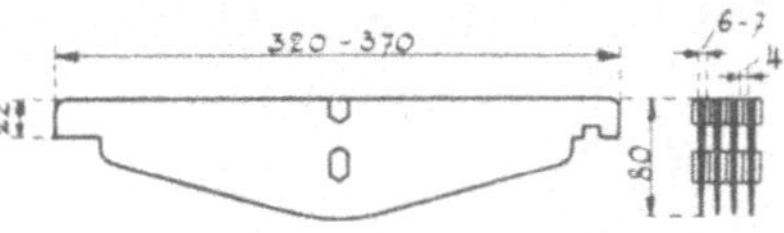

Abb. 41 und 42. Feiner „Mehlrost".

sogar schmelzen, daß bei backender Asche einzelne Roststäbe herausgerissen werden beim Abschlacken. Für Koksfeuerung taugen Mehlroste nicht. Koks und Anthrazit entwickeln bei der Verfeuerung starke örtliche Hitze, welcher dünne Stäbe nicht Stand halten, sondern abbrennen.

Bei gemischten Brennstoffen sind mittelschwere Roststäbe nach Abb. 43 und 44 die tauglichsten. Länge 500—700 mm, Stabdicke 8—12 mm, Spalte 6—8 mm. Hier kann Grobes und Feines ohne Schwierigkeit verfeuert werden, je nachdem man die Stäbe enger oder weiter verlegt.

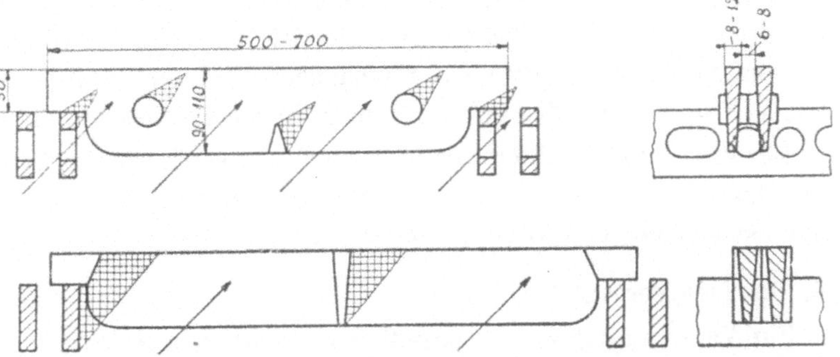

Oben: Abb. 43 und 44. Richtiger Planroststab.
Unten: Abb. 45 und 46. Mit Fehlern behafteter Roststab.

Die Stollen (Nasen, Köpfe) sollen nicht bis an die Rostbahn hinauf reichen; dort verbrennt oder schmilzt der Roststab örtlich aus Mangel an Kühlung. Die Verbrennungsluft streicht, wie in der Abb. 43 angegeben, schräg durch den Rost von unten nach oben; die kreuzweis schraffierten Stellen geben diejenigen an, die der Luft wenig zugänglich sind. Der in Abb. 45 und 46 dargestellte mit durchgehender

---

*) Vergl. Jahresbericht des Schweizerischen Vereins von Dampfkessel-Besitzern 1917: Schläpfer und Höhn, „Ersatzbrennstoffe".

Rippe und mit Köpfen versehene Stab, zeigt eine fehlerhafte Ausführung; solche Stäbe brennen in der Nähe der Köpfe und Rippen rascher ab als an den luftgekühlten Stellen. Schwerere Roststäbe als in Abb. 43 und 44 angegeben, sind nicht zu empfehlen. Abzulehnen sind ferner alle die „Phantasieroste" wie: Schlangenroste, Roste mit

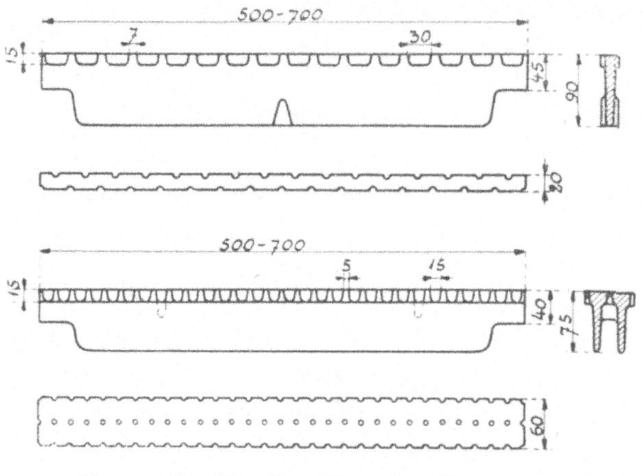

besonderen Kühlrippen für die Luft, Roste mit Querspalten etc. Der Zugwiderstand ist stets vermehrt gegenüber dem einfachen, glatten Stab, das Abschlacken in jedem Fall erschwert, namentlich beim Vorhandensein von Querspalten. Diese werden beim Abschlacken mit Asche verschmiert, wodurch die freie Rostfläche sich vermindert, den Versprechungen in den Prospekten entgegen.

Oben: Abb. 47—49. Einfacher Düsenroststab.
Unten: Abb. 50—52. Doppelter Düsenroststab.

Für grieß- und staubförmige Brennstoffe müssen Roste mit Löchern statt Spalten verwendet werden, dieselben werden Düsenroste genannt (siehe Abb. 47—49 und 50—52).

F. 6. Der Treppenrost.

Zur Verbrennung von Brennstoffen mit geringem Heizwert, Holz, Torf, Braun- und Schieferkohle, Gerberlohe usw., also solchen, von denen größere Mengen für die nämliche Kesselleistung verfeuert werden müssen als bei guter Kohle nötig wäre, verwendet man Treppenroste; diese sind in Voröfen untergebracht, wie z. B. in Abb. 53 gezeigt. Der Brennstoff, in diesem Fall Holzspäne, wird bei A zugeführt, die Späne werden durch eine mechanisch angetriebene Walze B in den Vorofen F geschoben. Die Klappen, die durch die Wirkung von Federn oder Gewichten E satt an die Walze anzuliegen kommen, verhüten unbeabsichtigten Luftzutritt. Stückige Ware wird nach Heben des Deckels C von Hand eingeschoben, Klappe D verbessert den Luftabschluß. Der Brennstoff rutscht selbsttätig auf einer schiefen Ebene auf den Treppenrost G. Dieser erhält die Verbrennungsluft (Primärluft) aus der Öffnung bei H, durch Klappen regulierbar, zum Teil wird auch Sekundärluft bei gleichzeitiger Kühlung des Mauerwerks bei M direkt in den Verbrennungsraum geblasen. Die Asche und halbverbrannte Ware rutscht auf den Planrost J. Bei K ist eine Aschen-Falltüre. Die Asche wird auf dem Karren L weggefahren.

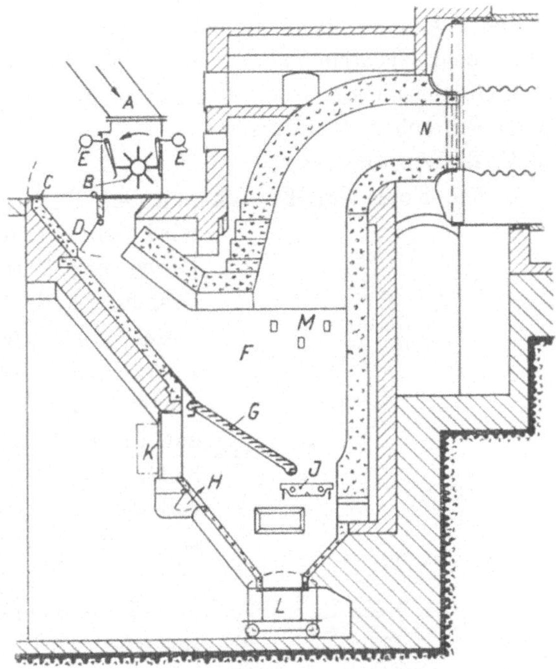

Abb. 53. Vorofen mit Treppenrost für die Verfeuerung von Holzspänen.

Die Verbrennungsgase gelangen bei N in das Kesselflammrohr.

Es gibt auch fahrbare Voröfen, die z. B. an Lokomobilkessel angeschlossen werden, wie in Abb. 54 dargestellt. Der Brennstoff gelangt aus dem Trichter A in den Vorofen B; die Zufuhr kann durch Klappe C geregelt werden. Der Brennstoff rutscht auf der Feuerplatte E selbsttätig auf den Treppenrost G, die Asche gelangt nach dem Planrost J. Durch Klappe D wird das Schürgerät eingeführt. K ist die Aschenfalltüre in geöffneter Stellung.

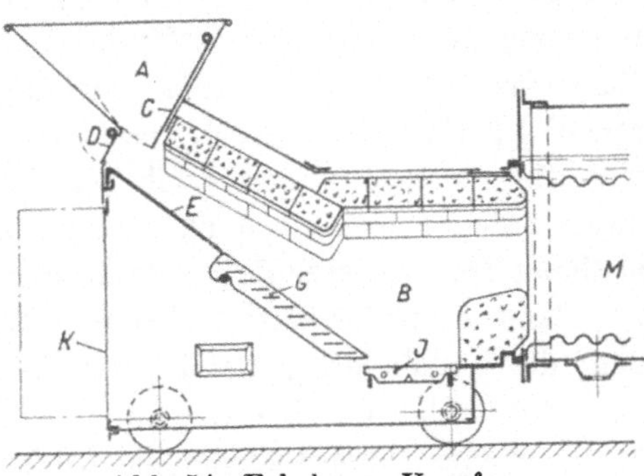

Abb. 54. Fahrbarer Vorofen.

Bei der Feuerung in Voröfen ist der Luftüberschuß erfahrungsgemäß oft zu groß. Ältere Ausführungen wiesen häufig zu lange Roststäbe auf; sind diese im obern Teil frei von Brennstoff, so gelangt viel mehr Verbrennungsluft zum Feuer als zweckmäßig. In solchen Fällen sind die Feuerplatten zu verlängern, gegebenenfalls Eisenplatten aufzuschrauben.

F. 7. Die Wurffeuerung.

Die Kohle ergießt sich aus dem Bunker in einen Trichter oder wird von Hand in diesen geschaufelt. Durch eine Verteilwalze wird sie einem Schleuder- oder Wurfgetriebe zugeführt, dieses wirft die Kohle auf den Rost. Andere als Nußkohle fällt für Wurffeuerungen außer Betracht. Es ist bis jetzt mit keiner Wurffeuerung gelungen, die Kohle so regelmäßig über den Rost zu verteilen, als es meistens bei Handfeuerung geschieht. Der Wurfmechanismus nützt sich nach einer gewissen Betriebszeit ab, so daß die Kohle nicht mehr gleichmäßig geworfen wird. Der Heizer ist daher genötigt, die auf dem Rost lagernden Kohlenhaufen mit dem Rechen (fälschlicherweise wird meistens die Krücke benützt) zu verteilen. Wird dies nicht mit dem nötigen Geschick bewerkstelligt, werden die Schlacken aufgewühlt, so wird die Verbrennung gestört, der Nutzeffekt leidet. Rauch und Ruß bilden sich jedenfalls reichlich bei Wurffeuerungen. Das einzige, was die Wurffeuerung für sich hat, ist, daß sie dem Heizer einen Teil der Arbeit abnimmt. Dabei müssen die Kohlen meistens von Hand in die Trichter geschaufelt werden; die Verminderung der Körperarbeit ist nicht groß. Die Wurffeuerung wird heute weniger berücksichtigt als früher.

F. 8. Die Unterschubfeuerung.

Bei Unterschubfeuerungen mit großen Feuerräumen, wie z. B. bei Wasserrohr-

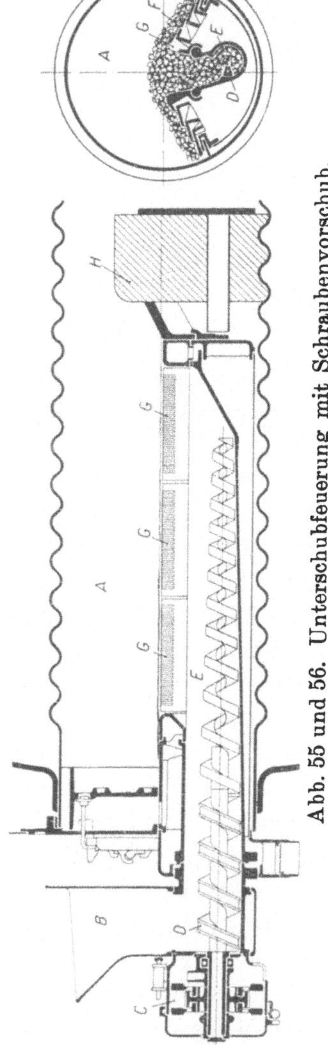

Abb. 55 und 56. Unterschubfeuerung mit Schraubenvorschub.

kesseln, vollzieht sich der Vorschub der Kohle durch einen Dampf-motor. Bei engen Feuerräumen wie bei Flammrohrkesseln wird die Kohle mit Hülfe von Schrauben vorgeschoben. Diese Unterschub-feuerung ist in Abb. 55 und 56 dargestellt (Sulzer). Verbrennungsraum bei A, Kohlentrichter bei B, Schneckenantrieb bei C. Die Schraube D schafft die Kohle in die Retorte E. Gleichzeitig nach oben zu ver-drängt, überschreitet sie die First-Roststäbe G und verteilt sich über die dachziegelartig angeordneten bei F. Die erstgenannten sind wegen größten Luftbedarfs an dieser Stelle mit Querspalten versehen. Die Kohlen werden somit von unten in die Feuerschicht geschoben, was für die Verbrennung wesentlich ist, wie in M9 c näher ausgeführt. Die Verbrennungsluft wird durch ein Gebläse zugeführt.

F. 9. Der Wanderrost.

Ein solcher ist in Abb. 57—59 dargestellt (Steinmüller). Der Ver-brennungsraum ist bei A, die Kohle wird durch einen Trichter bei B zugeführt. Die Menge kann durch Rundschieber C und Schichthöhen-regler T geregelt werden. Die Kohle fällt auf die Roststäbe D. Diese sind auf Z-förmige Träger E aufgereiht, die an die Glieder F einer Kette G befestigt sind. Die Kette wird angetrieben durch Welle H, sie geht über die Rolle J zurück. Jedes einzelne Kettenglied ruht auf Rollen K; diese laufen auf Rahmen, gebildet oben durch die U-Eisen L, unten durch die Winkel M. Der Raum unterhalb des Rostes, welcher durch die Abdeckplatten N und die gußeiserne Wand O luftdicht abgeschlossen ist, wird beim Betrieb mit Unterwind unter Luftdruck gesetzt. Diese einfache Form des Unterwindrostes wird angewandt, wenn die verfeuerte Kohle sich leicht entzünden läßt. Wenn nicht, so werden zwischen die Träger P Windkästen (1—5) gelegt, denen die Verbrennungsluft durch Kanäle zugeführt wird. Die Luftmenge für die einzelnen Kästen bzw. der Luftdruck kann durch Klappen dem Luftbedarf des Rostes entsprechend eingestellt werden.

Bei X ist der Antriebsmotor, welcher den Rost über den Räder-kasten Q mit verschiedenen nach Wunsch einstellbaren Geschwindig-keiten antreibt.

Der Abschluß am Rostende wird (rechts von Abb. 57), wie dies heute allgemein üblich ist, durch eine Feuerbrücke (Steinmüller) ge-bildet; diese besteht in der Hauptsache aus dem wassergekühlten Staukörper R und den durch die Rollgewichte S belasteten Pendeln U.

Die Staupendel U haben den Zweck, die Schlacke so lange zurück-
zuhalten, bis sie ausgebrannt ist. Wächst der gestaute Haufen, so
wächst der Druck gegen das Pendel, dieses gibt nach, die andräng-

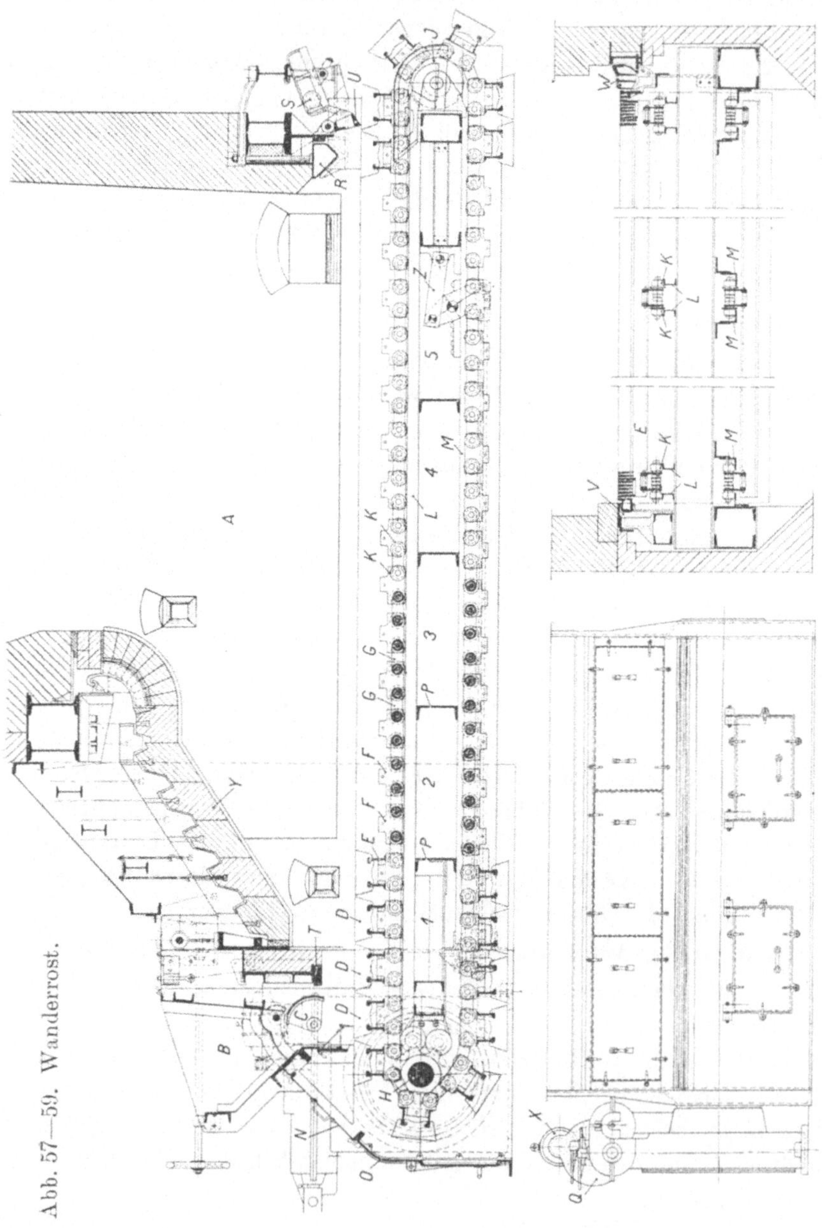

Abb. 57—59. Wanderrost.

enden Brocken werden leicht durchgelassen und das Pendel kehrt sofort in die ursprüngliche Lage zurück. Dies wird beim Steinmüller-Pendel durch das Rollgewicht erreicht. Wird das Pendel angehoben, so rollt das Gewicht in einem Rahmen in die äußerste Lage (rechts) und entlastet das Pendel für einen Augenblick.

An dem mit V bezeichneten Rostende, Abb. 59 (rechts unten), ist der Rost in normaler Weise durch eine Luftspalte vom seitlichen Mauerwerk getrennt. Erfahrungsgemäß backen die Schlacken hier leicht fest. Die angeklebten Brocken wirken wie Abstreifer und räumen den Brennstoff vom Rost weg, hinterher ist der Rost frei, was nicht sein darf. Um diesem Übelstand zu begegnen, gibt es verschiedene Mittel.

a) Bei W, Abb. 59, ist ein kippbarer Seitenrost (Steinmüller) dargestellt, in vergrößertem Maßstab in Abb. 60. Backt die Schlacke am seitlichen Mauerwerk fest, so wird der Kipprost W um den Zapfen A gedreht, die Schlackenbrocken werden auf den beweglichen Rost D niedergedrückt, der sie mitnimmt. Der Endroststab C ist fest. Der kippbare Seitenrost W wird in gleicher Weise belüftet wie der bewegliche D.

b) Schon seit Jahren verwendet man wassergekühlte Seitenwangen, eine solche ist in Abb. 61 bei A (Walther) dargestellt. Das Kühlwasser wird der Wange aus dem Kessel zugeführt, das erhitzte Wasser wieder an den Kessel abgegeben; die Wange dient also zur Vermehrung der Kesselheizfläche. Die Art der Lagerung der Wange ist ohne weiteres aus der Abbildung ersichtlich. E ist ein fester, O ein beweglicher End-

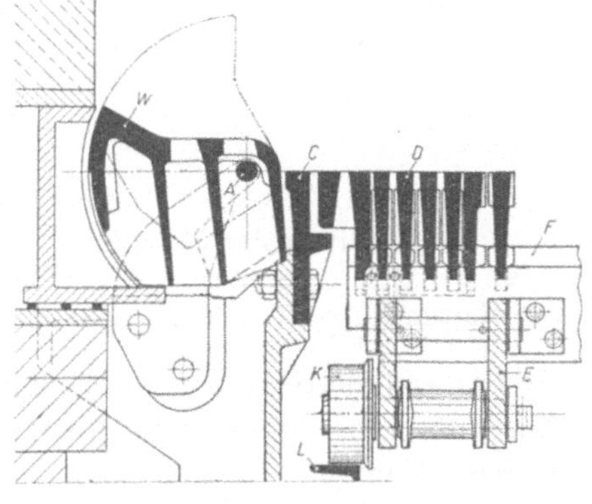

Abb. 60. Seitlicher Abschluß des Wanderrostes durch einen kippbaren Seitenrost.

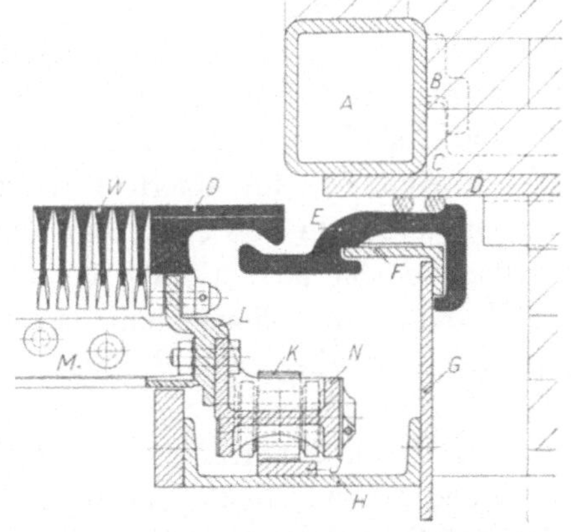

Abb. 61. Seitlicher Abschluß des Wanderrostes durch wassergekühlte Wange.

4

roststab; diese sind so geformt, daß keine Kohle durchfallen kann. K ist eine Laufrolle des Rostträgers M.

Backt trotzdem Schlacke am Mauerwerk fest, so werden Messer auf den beweglichen Rost gespannt, die das Abstreifen besorgen, doch ist dies als vorübergehende Maßnahme anzusehen.

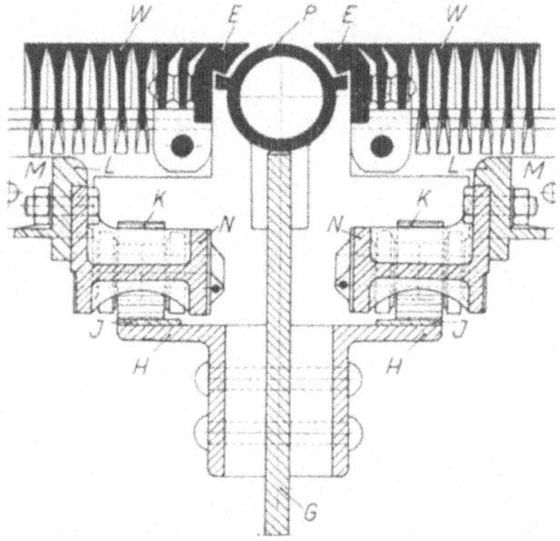

Durch das Zusammenschieben von zwei Wanderrosten kann eine Bahnbreite bis zu 10 m erzielt werden, was bei Kesseln mit Heizflächen über 1000 m² und erheblicher Entwicklung in die Breite erwünscht ist. Die zwei Roste bewegen sich mit der nämlichen Geschwindigkeit, die Fuge in der Mitte ist ausgebildet wie in Abb. 62 gezeigt. Das Rohr bei P besteht aus Stahlguß und ist wassergekühlt (Konstruktion Walther).

Abb. 62. Ausbildung der Mittelfuge zweier zu einem Gesamtrost angegliederten Einzel-Wanderroste.

Die Wanderroste sind in letzter Zeit so verbessert worden, daß nunmehr auch minderwertiger Brennstoff verfeuert werden kann, früher nur gute Nußkohle.

F. 10. Der Vorschub-(Stoker)-Rost.

Als Beispiel dieser Klasse beschreiben wir den Pluto-Stoker-Rost, Abb. 63—65 (Stok heißt schieben). Der Feuerraum ist bei A, die Roststäbe sind bei B und C gezeichnet. Kohle gelangt vom Trichter R her in den Rost, Regulierung der Schichthöhe durch Schieber S. Die Roststäbe sind im obern Teil trogförmig ausgebildet, vergl. Schnitt $W—X$ (Abb. 64), im untern Teil offen, Schnitt $Y—Z$ (Abb. 65). Sie werden durch ein Getriebe E hin und her bewegt, Motor bei F. Die Gleitbahnen der hohlen Stäbe befinden sich bei G und H, der offenen bei H und J; die offenen horizontalen Stäbe C werden von den trogförmigen schrägliegenden B mitgeschleppt. Die Verbrennungsluft wird bei den Gleitbahnen in die Tröge eingepreßt, also bei G und bei H, sie wird durch den Kanal K zugeführt. Aufgehängte Gewölbe sind bei L und M erkennbar. Ein dichter Abschluß der trogförmigen Stäbe wird bei O, Abb. 64 bewerkstelligt; die betr. Wangen werden durch Federdruck vorgetrieben.

Durch die schwingende Bewegung der Roststäbe, wobei bald die eine, bald die andere Gruppe mitgeschleppt wird, werden die Kohlen in den Verbrennungsraum vorgeschoben, das Gefälle des Rostes erleichtert das Vorrücken. Die Geschwindigkeit der Brennstoffzufuhr

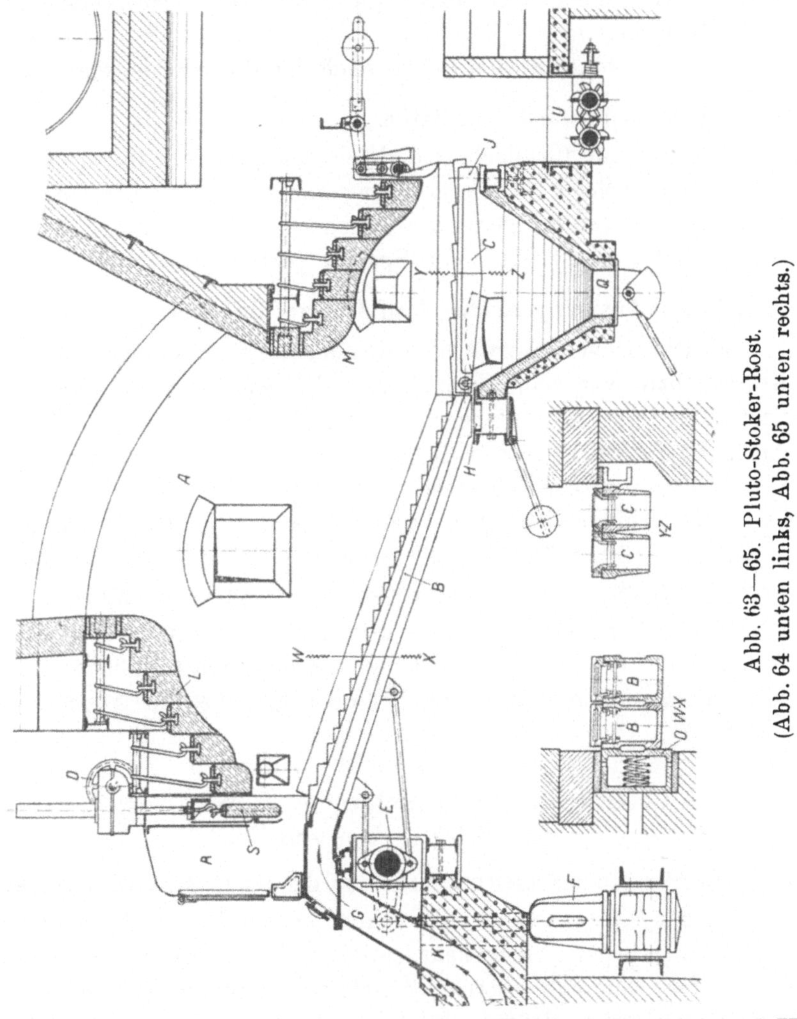

Abb. 63—65. Pluto-Stoker-Rost.
(Abb. 64 unten links, Abb. 65 unten rechts.)

kann in weitem Umfang eingestellt werden. Man kann die bei G und H zugeführte Verbrennungsluft der Menge nach beliebig regulieren. Wird die Luft bei H abgestellt, so ist die größte Gebläsewirkung in der Nähe von G vorhanden und umgekehrt. Der Heizer hat es somit in der Hand, je nach der Art des Brennstoffes an der gewünschten Stelle des Rostes die größte Gebläsewirkung eintreten zu lassen. Die Gewölbe L und M sind, weil aufgehängt, in ihrer Höhe über dem Rost leicht einstellbar, womit die Zündung des Brennstoffs beeinflußt wird. Der Pluto-Stoker-Rost eignet sich zur Verfeuerung minderwertiger Kohle.

Zu den Stoker-Rosten gehört auch der Riley-Rost, vergl. Abb. 39.

F. 11. Freie und gesamte Rostfläche.

Die gesamte Rostfläche ist gleich dem gesamten Inhalt in m² der Fläche, auf welcher die Verbrennung vor sich geht. Die freie Rostfläche ist der Teil der gesamten, welcher der Verbrennungsluft Durchtritt gestattet, somit durch die Spalten gebildet wird.

F. 12. Verhältnis der gesamten Rostfläche zur Heizfläche.

a) Die Größe der gesamten Rostfläche hängt von der Größe eines Kessels, bzw. von seiner Heizfläche und Leistung ab. Bei Flammrohrkesseln und für Kohlenfeuerung ist ein Verhältnis von $R : X$ (Rostfläche zu Heizfläche) von $1 : 30$ bis $1 : 33$ erprobt, ebenso für Doppelkessel, Umkehr-Rauchrohrkessel $1 : 35$; bei Steilrohrkesseln von $1 : 40$ bis $1 : 50$ gebräuchlich. Bei kleinen Kesseln ist das Verhältnis oft größer als $1 : 30$, sollte aber nie mehr als $1 : 25$ betragen. Bei minderwertigen Brennstoffen ist das Verhältnis entsprechend größer.

b) Bei bestehenden Kesseln bzw. Rosten wechselt das Bedürfnis bezüglich der Rostgröße; diese hängt von der augenblicklichen Kesselleistung (Dampferzeugung) ab. Man vergleiche die Ausführungen von M 10.

G. Die Kesselausrüstung und die Druckverminderungsventile.

G. 1. Einteilung der Kesselarmaturen und der Druckverminderungsventile.

Zu den Kesselarmaturen gehören die Rückschlagventile, die Wasserstandszeiger, Sicherheitsventile und Standrohre, Manometer, Speiserufer, Dampfabblaserohr, Abschließvorrichtungen, Ablaßvorrichtung, Gasexplosionsklappen.

Die Druckverminderungsventile können eingeteilt werden in solche, die durch Kesseldampf, gedrosselten Dampf und durch äußere Betriebsmittel gesteuert werden.

G. I. Die Kesselausrüstung.

G. 2. Das Rückschlagventil.

Zwischen Speiseleitung und Kessel muß ein Rückschlagventil eingebaut werden. Dieses schließt die Speiseleitung nach dem Speisen selbsttätig vom Kesselinhalt ab. Zwischen Kessel und Rückschlagventil·wird eine Abschlußvorrichtung, Hahn oder Ventil, angebracht, damit das Rückschlagventil jederzeit, auch während des Betriebes, nachgesehen werden kann.

Ist das Rückschlagventil undicht, so entsteht die Gefahr, daß der Kessel sich entleert. Das Speiserohr darf im Kesselinnern nicht tiefer als zum untersten zulässigen Wasserstand eintauchen.

G. 3. Die Wasserstandszeiger.

Man unterscheidet zur Hauptsache Probierhähne und Glas-Wasserstandszeiger. Die Gläser bei den letztern bestehen bei den einen aus Röhren, den andern aus Platten. Für die plattenförmigen ist die Bezeichnung Reflexionsgläser oder Klinger-Wasserstandsgläser gebräuchlich; der geringern Bruchgefahr halber werden sie für Kessel mit hohem Druck verwendet. Wegen der guten Sichtbarkeit des Wasserstandes werden Klinger-Wasserstandsgläser bevorzugt bei großem Abstand der Wasserstandszeiger vom Heizerstandort.

Jeder Kessel ist mit zwei Wasserstandszeigern auszurüsten. Die Wasserstandszeiger mit Glasröhren sind mit einer Vorrichtung zu versehen, welche das Bedienungspersonal beim Glasbruch vor Verletzung zuverlässig schützt. Die Reiber der Wasserstandszeiger müssen sich ringsum drehen lassen. Die Stellung der Bohrungen muß von außen stets erkennbar sein. Der Durchgangsquerschnitt darf sich beim Nachschleifen nicht verringern.

G. 4. Die Verstopfung der Wasserstandszeichen und ihre Ursachen.*)

Verstopfungen entstehen, wenn die Wasserstandszeiger nicht regelmäßig ausgeblasen werden; Schlamm und Stein setzen sich dann fest. Die häufigste Ursache der Verstopfung der Wasserstandszeiger ist jedoch zu suchen im Einquellen von Packungsmitteln aus den Stopfbüchsen in die Glasenden (bei Röhrengläsern) oder in die Anschlußrohre (bei Plattengläsern), wie in Abb. 68 bildlich dargestellt. Sind

---

*) Jahresbericht des Schweizerischen Vereins von Dampfkesselbesitzern 1915, Anhang: Wasserstandszeiger.

die Sitze der Gläser bzw. Röhren beschaffen, wie in Abb. 66 und 67 gezeigt, so sind Verstopfungen unvermeidlich; das Packungsmaterial wird unter dem Rohrende durchgedrückt.

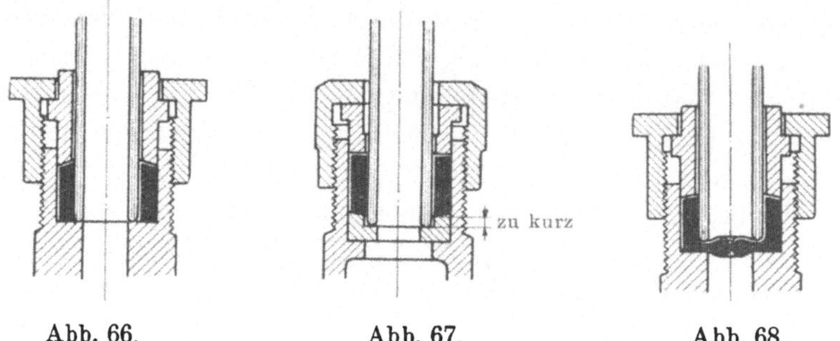

Abb. 66.   Abb. 67.   Abb. 68.

Fehlerhafte Wasserstandstopfbüchsen.

G. 5. Richtige Beschaffenheit der Stopfbüchsen der Wasserstandszeiger und richtiges Verpacken.

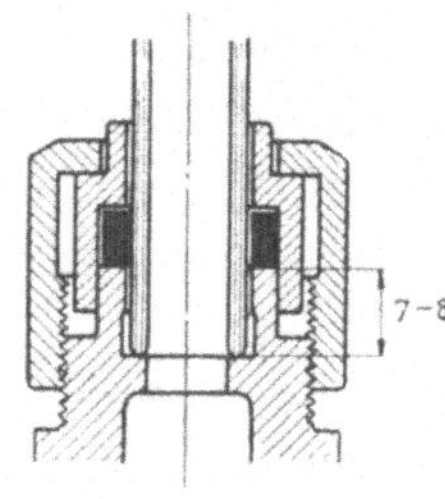

Abb. 69. Richtige Wasserstandstopfbüchse.

Die meisten Verstopfungen kommen in den untern Wasserstandsköpfen vor, von diesen wollen wir zunächst sprechen. Die Bohrung für den Rohrsitz muß so eng und so tief sein, daß Packungsmaterial nicht nachdringen kann. Die „Führung" für das Rohrende muß 6—8 mm hoch gemacht werden. Fehlerhaft konstruierte Stopfbüchsen (vergl. Abb. 66—68) müssen verbessert werden, was verhältnismäßig leicht möglich ist durch das Einsetzen (Einlöten) von gedrehten Metallringen, wie in Abb. 70 und 71 angedeutet.

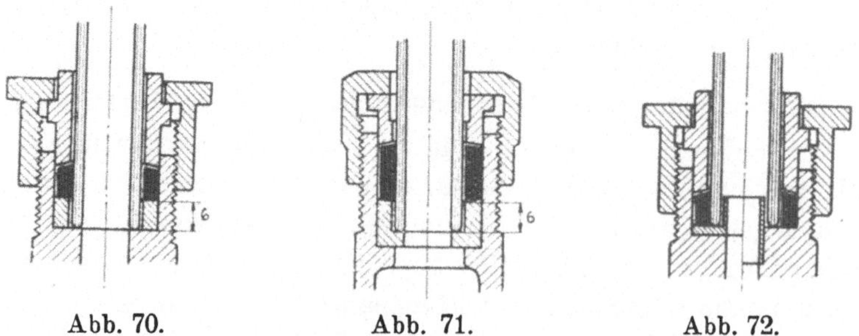

Abb. 70.   Abb. 71.   Abb. 72.

Wasserstandstopfbüchsen durch Ringe verbessert.

Hülsen nach Maßgabe von Abb. 72 werden weniger empfohlen, sie verengen die Bohrungen. Zweckmäßig ist es, unter und über der Packung

einen Drahtring um das Glasrohr zu wickeln, z. B. eine Windung
einer aufgeschnittenen Drahtspirale, wie in Abb. 73 (rechts) dargestellt.
Solche Ringe bilden ein weiteres Hindernis gegen das Vordringen
von Packungsmaterial. Das Rohr erhält zudem
eine gewisse Beweglichkeit, d. h. es erhält die
Möglichkeit, sich einigermaßen von selbst in
die richtige Lage einzustellen, sobald die Stopf-
büchsmutter angezogen wird. Fehlen die Ringe,
so spannt das eindringende Packungsmaterial
nach Maßgabe von Abb. 73 (links) das Glas
auf eine größere Länge ein, die Einspannung
wird starr, wird die Mutter nachgezogen, so
erleidet das Glasende Spannungen. Zuerst
die untere Mutter und erst dann die

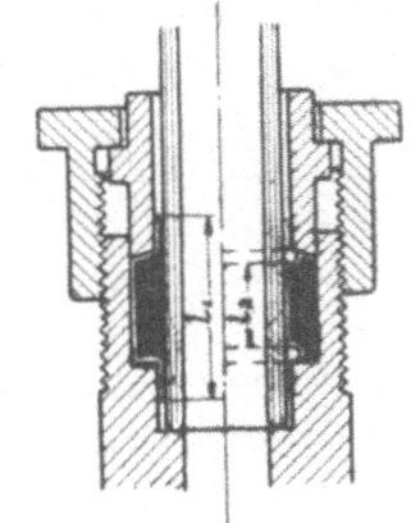

Abb. 73. Stopfbüchsen-
packung mit und ohne
Drahtring.

obere anziehen beim Verpacken der Stopfbüchsen. Als
bestes Packungsmaterial gelten Gummiringe, aber nur solche von guter
Qualität, nicht zu weich, sind zu wählen. Leider wird aus Wettbe-
werbsrücksichten nicht immer gutes Packungsmaterial angeboten.

Die Wasserstandsgläser sollten mit angeschliffenen Enden bezogen
werden; die verschmolzenen Enden führen rascher zum Bruch, besonders bei Gläsern mit Farbstreifen.

Plattengläser brechen, wie oben angedeutet, weniger häufig als
Glasröhren. Bedingung hiefür ist jedoch, daß sowohl Glassitz
als Glas vollständig eben sind. Beim Neuverpacken ist vor
allem der Packungsraum sauber zu machen. Zur Dichtung dienen
weiche Scheiben aus besonderem Dichtungsmaterial (weicher Klingerit).
Das Bestreichen derselben mit Graphit ist zweckmäßig, hiefür wird
auch ein besonderer Kitt verwendet. Die Schrauben sind allmählig
und kreuzweis anzuziehen, und, wenn der Apparat durchwärmt ist,
nochmals gleichmäßig nachzuziehen, ebenfalls kreuzweis.

Beim Zusammensetzen eines Wasserstandszeigers ist vor allem
darauf zu achten, daß beide Köpfe in die gleiche Achse zu stehen
kommen, was mit Hülfe eines Eisenstabes von rundem Querschnitt
leicht bewerkstelligt werden kann. Stehen die Köpfe nicht in der
gleichen Achse, so ist leicht einzusehen, daß die Gläser verspannt
werden und brechen müssen.

Die Ventilsitze sollen nicht bei jeder Undichtheit abgefräst
werden, wodurch ein Wasserstandskopf bald unbrauchbar ist. Zum

Einschleifen der Fläche f von Abb. 74 kann ein Holzstab dienen, wie angedeutet. Als Schleifpulver ist Glasstaub oder Bimsstein, mit Öl oder Wasser angemacht, verwendbar. Als gute Hahnschmiere kann eine Mischung von bestem Graphit, z. B. Flokkengraphit, hochsiedendem Mineralöl und gutem Kautschuk, wozu auch etwas Bienenwachs hinzukommt, empfohlen werden.

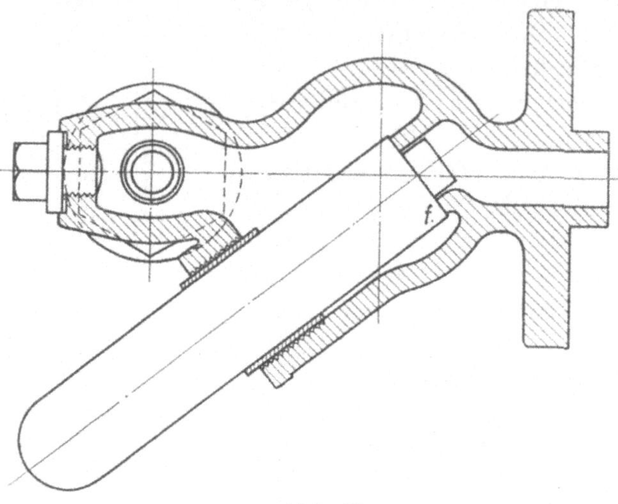

Abb. 74.
Einschleifen eines Ventilsitzes.

G. 6. Äußere Anzeichen für die beginnende Verstopfung eines Wasserstandszeigers.

Ist die Wasserstandsvorrichtung verstopft, so läßt sich dies daraus erkennen, daß der Wasserspiegel im Glas nicht mehr lebhaft spielt und sich nach dem Abblasen nur langsam in die frühere Höhe einstellt. Beim Abblasen ist das Geräusch vermindert im Vergleich zu demjenigen bei offenen Bohrungen.

G. 7. Die Kontrolle der Wasserstandsvorrichtungen.

Damit der Heizer keiner Täuschung in der Beobachtung des richtigen Wasserstandes unterliegt, ist es notwendig, die Wasserstände täglich mehrere Male auszublasen und so die einzelnen Bohrungen auf ihren freien Durchgang zu prüfen.

Zu diesem Zweck wird zuerst das obere, d. h. das Dampfventil, geschlossen, das untere, das Wasserventil, bleibt geöffnet. Sodann öffnet man den Ausblashahn. Später verfährt man in umgekehrter Reihenfolge. Beide Ventile bzw. Hähne dürfen nicht gleichzeitig geöffnet werden.

G. 8. Aufmerksame Beobachtung des Wasserstandes erste Pflicht eines Heizers.

Jährlich kommen Flammrohr-Einbeulungen und andere schwere Schäden an Kesseln in großer Zahl vor, die auf Unkenntnis der wahren Höhe des Wasserspiegels im Kessel oder auf Täuschung darüber zurückzuführen sind. Dadurch wird nicht nur der Kesselbesitzer geschädigt (Betriebsstörung und Wiederherstellungskosten), sondern auch der Heizer und seine Umgebung werden gefährdet. Die Ursache von Täuschungen bilden häufig Verstopfungen.

G. 9. Erleichterung der Beobachtung eines Wasserstandes.

Zweckmäßig wirken in dieser Richtung:

a) Richtige Beleuchtung, sei es durch Tageslicht, sei es durch künstliches.

b) Das Anbringen von Reflexschildern. Hiezu genügen einfachste Mittel, z. B. Anbringen von Streifen von festem, weißem Karton, die mit Stahlfedern oben und unten ans Glas befestigt werden, wie in Abb. 75 dargestellt.

c) Bei den Plattenwasserstandsgläsern sind Rillen eingegossen, durch welche der Wasserspiegel in verschiedener Reflexion erscheint. Eingegossene Emailstreifen haben sich nicht bewährt; solche Gläser sind öfterem Bruch ausgesetzt.

G. 10. Anfressen der Gläser durch Soda und Natronlauge.

Glas besteht aus einer Siliziumverbindung. Diese wird in der Wärme von Natronlauge, sobald diese einen gewissen Überschuß im Kesselwasser erreicht, angegriffen (vergl. R 11). Es gibt jedoch Glassorten, welche diesem Angriff verhältnismäßig gut widerstehen; diese haben einen höheren Preis.

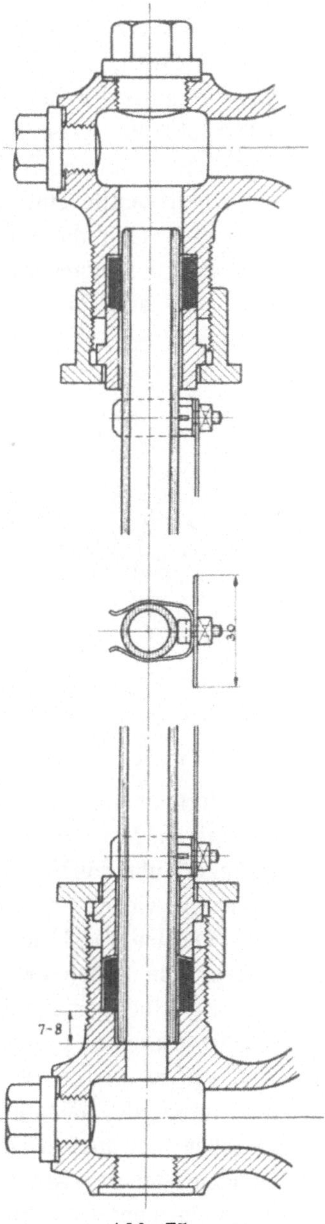

Abb. 75.
Wasserstandszeiger mit richtigen Stopfbüchsen, ausgerüstet mit Reflexschild.

G. 11. Sicherheitsvorrichtungen gegen unzulässige Drucksteigerung.

a) Die gebräuchlichsten sind die Sicherheitsventile. Diese werden mittels Federn oder an Hebeln hängenden Gewichten belastet. Übersteigt der Dampf- oder Flüssigkeitsdruck die Belastung, so bläst das Ventil ab, ein Weitersteigen des Druckes wird verhütet. Federsicherheitsventile sind bei fahrbaren Kesseln gebräuchlich, sie müssen aber gut ausgeführt sein und verlangen eine genaue Kontrolle. Bei den kleineren Federsicherheitsventilen gibt es viele, die schlecht gebaut sind. Es ist z. B. ein Fehler, wenn die Feder auf ihren beiden Auflagern nicht auf dem ganzen Umfang des Kreises aufliegt, sondern bloß auf einem Teil, welcher Fall eintritt, wenn das Drahtende abgeschnitten wird, ohne es anzurichten. Das Ventil wird dann nur einseitig belastet und klemmt. Am besten ist es, wenn die Feder an jedem Ende auf einen Teller wirkt und dieser das Ventil zentrisch belastet. Besser sind sogen. Federwagen. Solche

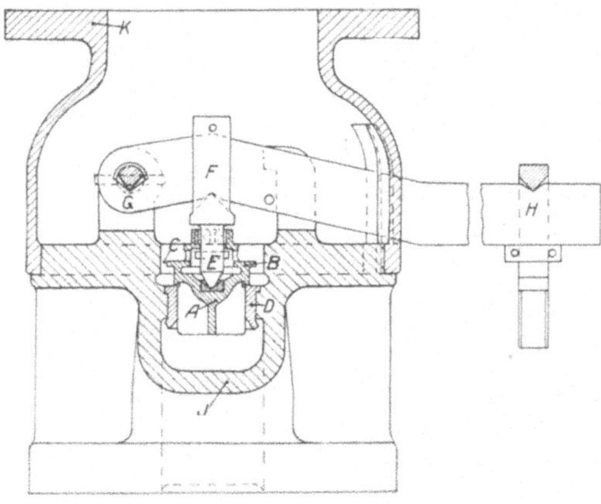

Abb. 76. Vollhub-Sicherheitsventil.

Unvollkommenheiten bestehen bei Gewichtssicherheitsventilen in weit geringerem Maß; diese sind erfahrungsgemäß zuverlässiger. Der Hebel erlaubt, das Ventil jederzeit zu lüften. Bei ortsfesten Kesseln werden daher in vielen Ländern Gewichtssicherheitsventile vorgeschrieben.*)

Bei den Vollhub-Sicherheitsventilen, Abb. 76, wirkt der Dampf wie üblich auf die untere volle Fläche des Sicherheitsventils bei A. Eine geringe Dampfmenge kann ohne weiteres entweichen; wächst dieselbe, so bietet ein am Ventil angedrehter Ring B dem entweichenden Dampf in der Ringöffnung C eine erneute Angriffsfläche; der durch die Hemmung entstehende Druck genügt, das Ventil hoch zu heben; der überschüssige Dampf entweicht dem Kessel sehr rasch. Die Gewichtssicherheitsventile, namentlich die Hochhubventile, müssen genau wagrecht montiert werden. Die Punkte $G\,F\,H$ liegen in einer Geraden.

---

*) Diese Vorschrift findet sich z. B. in der Schweiz; sie ist in die bundesrätliche Verordnung betreffend Aufstellung und Betrieb von Dampfkesseln und Dampfgefässen, vom 9. April 1925, aufgenommen.

b) Bei Kesseln mit geringem Druck sind S t a n d r ö h r e n, Abb. 77, gebräuchlich. Nimmt der Dampfdruck im Kessel zu, so drückt er den Wasserspiegel im untern Standrohrtopf nach unten, in den zwei vertikalen Röhren nach oben. Wird die untere Mündung des Überschüttrohres (des rechtsseitigen in Abb. 77) abgedeckt, so entweicht der Dampf durch dieses Rohr. Mitgerissenes Wasser wird durch das Rückführungsrohr (linksseitig gezeichnet) dem untern Topf wieder zugeführt. Dabei ist der untere Standrohrtopf über dem Kessel-Wasserspiegel anzubringen.*) Von den vielen Standrohrformen ist die dargestellte die einzige, welche zuverlässig wirkt.

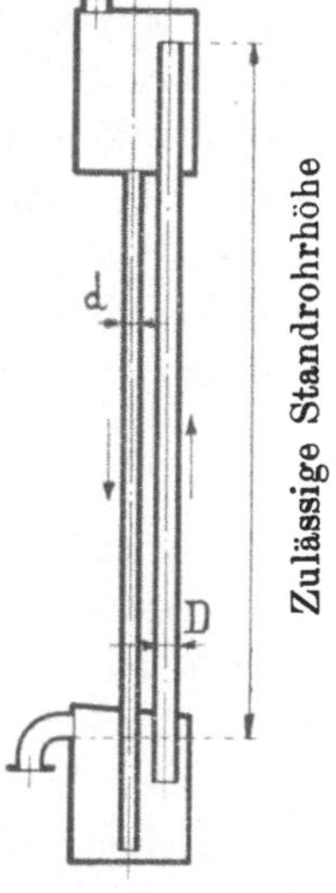

Abb. 77. Standrohr im Sinne der Dampfkessel-Verordnung.

G. 12. Die Überlastung der Sicherheitsventile.

Die willkürliche Überlastung von Sicherheitsventilen ist bei Strafe untersagt; durch eine solche Handlungsweise wird die allgemeine Sicherheit aufs schwerste gefährdet, diejenige des Heizers und seiner Umgebung ganz besonders.

Die Sicherheitsventil-Gewichte müssen, um keinen Zweifel aufkommen zu lassen, aus einem Stück bestehen; überragende Hebelenden sind abzuschneiden.

G. 13. Genaues Spielen der Sicherheitsventile.

Ist der zulässige Druck überschritten, so muß das Spiel der Ventile sogleich beginnen, der überschüssige Dampf wird abgeführt. Beim Zurückgehen des Druckes muß das Ventil von selbst in dem Punkt schließen, in welchem die zulässige Druckgrenze erreicht ist. Geschieht dies verspätet, so ist das Ventil nicht in Ordnung. Die Sicherheitsventile erfordern gute Überwachung, sie dürfen nicht undicht sein. Es darf nicht vorkommen, daß sie durch Klemmen oder Ecken in ihrer Wirksamkeit gehemmt werden. Zur Überwachung werden sie von Zeit zu Zeit gelüftet und auf dem Sitz gedreht.

Gelangt Wasser statt Dampf ins Sicherheitsventil, so wird dasselbe in seiner Wirkungsweise gestört. Sicherheitsventile müssen stets am obersten Punkt des Dampfraums angebracht werden.

---

*) In der Schweiz sind Kessel, die mit Standröhren von der dargestellten Form ausgerüstet sind, von der obligatorischen Überwachung befreit, wenn die Standrohrhöhe 10 m (entsprechend 1 at) nicht übersteigt.

G. 14. Manometer.

a) Bei Niederdruckkcsseln, d. h. solchen mit einem Druck bis rd. 1/2 at verwendet man Quecksilber-Manometer. Diese bestehen aus U-Röhren. Der Unterschied in der Höhe der Kuppen in beiden Schenkeln ist mit 13,586 (bei 4°C) zu vervielfachen, um den Überdruck in m WS (Wassersäule) zu ermitteln. 10 m Wassersäule von 4°C entsprechen 1 at bzw. 735 mm QS, vergl. A 12.—

b) Das übliche Messgerät zur Anzeige des Druckes und zwar des Überdruckes, ist das Röhrenfeder-Manometer. Es kann auch zur Anzeige von Vakuum verwendet werden (vergl. A 13 und C 11).

Der Betriebsdruck muß durch eine deutliche Marke am Teilkreis gekennzeichnet sein. Der Teilkreis muß bis zum Probedruck reichen. Die Manometerleitungen müssen direkt in den Dampfraum des Kessels münden, an Dampfleitungen angeschlossene Manometer würden nicht den vollen Druck bekommen. Der Dampf muß in der Manometerleitung kondensieren, damit nicht der heiße Dampf sondern das kühlere Kondensat auf die Manometerfeder wirkt; zu diesem Zweck ist die Manometerleitung mit einem Sack oder mit Windungen zu versehen. Das Manometer ist mit einem Kontrollflansch mit Dreiweghahn zu verbinden. Der Reiber des letztern muß sich ringsum drehen lassen. Die Stellung der Bohrungen muß von außen erkennbar sein.

G. 15. Kontrolle der Manometer.

Für den Kesseldienst ist es nötig, das Kesselmanometer von Zeit zu Zeit durch ein Kontrollmanometer auf seine Zuverlässigkeit zu prüfen.

Der zulässige Kesseldruck ist am Manometer durch eine rote Marke zu kennzeichnen. Erreicht der Zeiger diese Marke, so müssen die Sicherheitsventile zu spielen beginnen.

Die Manometerleitungen müssen alle paar Tage ausgeblasen werden. Dabei ist zu verfahren wie folgt: Stellung I, Abb. 78, ist die normale Betriebsstellung des Kontrollhahns. Bei der Kontrolle wird das Manometer zunächst entwässert, wobei der Zeiger auf die 0-Stellung zurückgeht, Stellung II; hiezu wird der

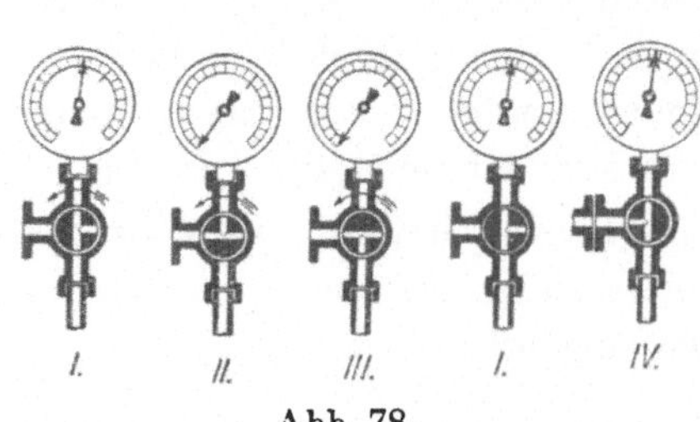

Abb. 78.

Hahnstellungen beim Ausblasen der Manometerleitung in richtiger Reihenfolge.

Hahn in der Richtung des Pfeils, d. h. links herum gedreht. Hierauf ist die Leitung auszublasen, der Hahn wird derart gedreht, daß während des Ausblasens kein Dampf in das Manometer gelangt, Stellung III. In der erneuten Stellung I des Hahns kann sodann das Kontrollmanometer angebracht werden. Bei Hahnstellung IV werden beide Manometer verglichen. Bei nicht sehr hohen Drücken bestehen die Manometerleitungen aus Kupfer. Bei eisernen Leitungen ist auch das Anschlußstück am Kessel häufig nachzusehen wegen Verstopfung, ein Fall, der ab und zu eintritt.

G. 16. Die Dampf - Abblasevorrichtungen.

Jeder Kessel ist mit einer Dampf-Abblasevorrichtung versehen, die dazu dient, den Dampf im Bedürfnisfall, namentlich in der Not, ins Freie abzublasen. Diese Vorrichtung muß jederzeit betriebsbereit sein, damit sie augenblicklich spielt, wenn Gefahr im Verzug ist. Das Abblaserohr muß ins Freie münden. Bei grössern Kesseln können die Abblaseventile mechanisch bedient werden, z. B. mittels Ketten. Eine Kontrolle ist auch hier von Zeit zu Zeit notwendig.

G. 17. Die gewöhnlichen Abschließvorrichtungen.

Man verwendet Hähne und Ventile, Schieber seltener.

a) Hähne sind nur bei geringem Druck und geringer Temperatur verwendbar, sie werden sonst undicht und ungangbar. Hähne erfordern stets großen Unterhalt. (Über die Herstellung von zweckmäßiger Hahnschmiere, siehe G5.)

b) Gebräuchlicher ist die Verwendung von Ventilen. Bei Heißdampf sind die Gehäuse aus Stahlguß, die Ventilsitze aus Nickel oder nicht rostendem Stahl.

Es gibt Ventile für alle möglichen Spezialzwecke.

Bei den Jenkinsventilen wird die Abdichtung des Ventilsitzes durch eine Weichpackung bewerkstelligt; diese wird in einen Ventilteller eingelegt. Als Packungsmaterial wird guter zäher Kautschuk verwendet, die Packungsringe werden auf der Rückseite mit Graphit bestrichen. Jenkinsventile eignen sich nicht für hochgespannten Dampf.

Bei der Bedienung von großen Ventilen (Hauptventilen) ist dringend zu beachten, dieselben nur langsam zu öffnen zur Vermeidung von Dampfstößen oder Wasserschlägen. Manches Menschenleben ging verloren, wenn das Ventilgehäuse den Stoß nicht aushielt, sondern brach.

G. 18. Die Ablaß- bzw. Abschlämmvorrichtungen.

Die Ablaß- oder Abschlämmvorrichtungen dienen dazu, den Wasserinhalt des Kessels ganz oder teilweise ins Freie abzulassen, sie befinden sich am tiefsten Punkt desselben. Verwendet werden Hähne und Ventile, zweckmässig ist es, einen Hahn und ein Ventil.in der nämlichen Leitung hintereinander zu schalten (vergl. Abschnitt d hiernach). Schieber kommen heute mehr und mehr in Gebrauch.

a) Bei den Hähnen sollen Gehäuse und Reiber aus dem nämlichen Material bestehen. Meistens wird ein Gußeisen mit Stahlzusatz verwendet. Der Konus des Reibers darf nicht zu schlank sein, damit dieser nicht festsitzt. Der Hahnreiber muß gegen Herausfallen aus dem Gehäuse gesichert werden. Das Viereck muß kräftig sein, damit es vom Schlüssel nicht abgerissen wird, wenn sich der Hahnreiber schlecht drehen läßt; diese werden in dem vom Kesselwasser und Schlamm berührten Teil leicht angefressen. Unter den verschiedenen Hähnen haben sich die in Abb. 79 und 80 dargestellten gut bewährt. Zur Dichtung dienen die Stopfbüchsen C,

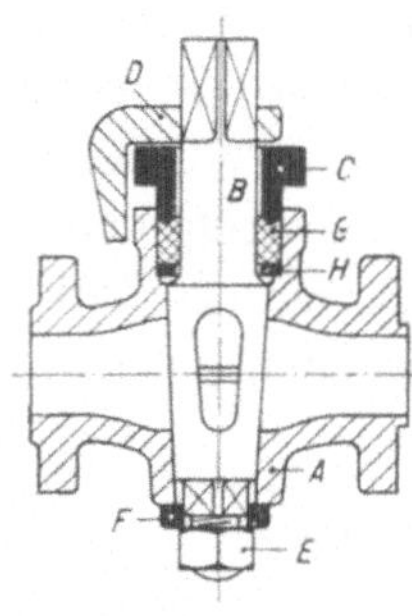

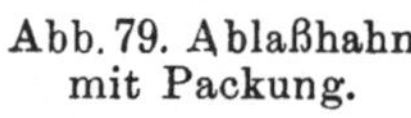

Abb. 79. Ablaßhahn mit Packung.

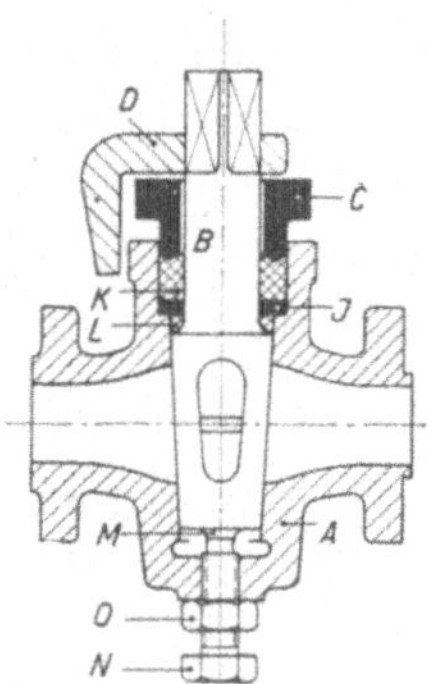

Abb. 80. Ablaßhahn mit Packung und Gegenschraube.

der Druck des Stopfungsmaterials wird durch den Ring H bzw. J abgefangen. Damit der Reiber nicht festsitzen kann, weist das Modell gemäß Abb. 80 eine Druckschraube N auf, die gegen die Warze M am Reiber vorgetrieben wird, wenn der Reiber schwer geht. In diesem Fall ist neben dem Stopfungsraum K noch derjenige bei L nötig, der mit nachgiebigem Stopfungsmaterial ausgefüllt wird, damit der Reiber satt im Gehäuse liegt. Es ist unerläßlich, die Hähne oft nachzusehen und sie zu schmieren. Der Raum bei M, Abb. 80, kann mit Fett ausgefüllt werden (über die Beschaffenheit von Hahnschmiere vergl. G 5). Bei hohem Kesseldruck sind Hähne nicht mehr verwendbar.

b) Von den Ablaßventilen seien zwei Muster erwähnt und in Abb. 81 und 82 dargestellt. Das Ventil nach Abb. 81 mit einem schwachen Konus hat sich insofern bewährt, als der Kesselstein, der

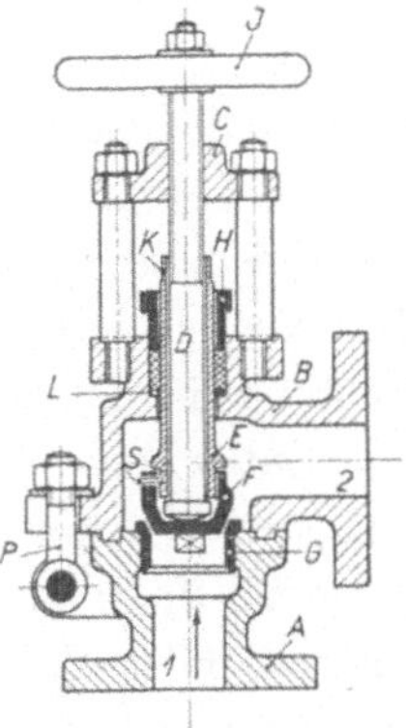
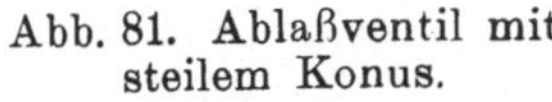

Abb. 81. Ablaßventil mit
steilem Konus.

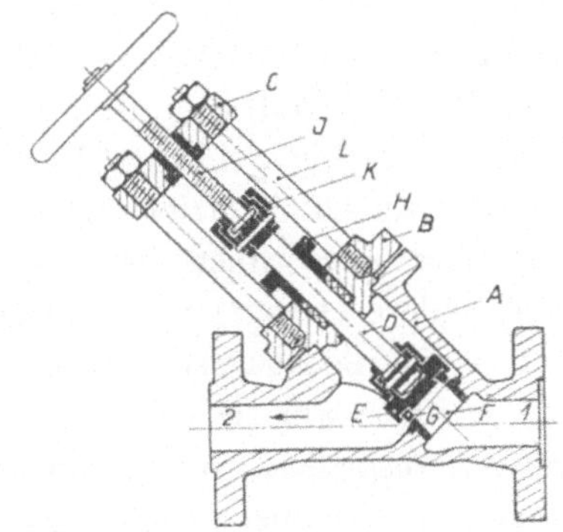

Abb. 82. Ablaßventil mit schräg
gestellter Spindel.

sich zwischen Ventil und Sitz festsetzt, leicht zerrieben werden kann,
hiezu kann das Ventil F durch die Hülse E mittels des Sechsecks K
gedreht werden. Ventil und Hülse sind mittels des Stiftes S gekuppelt.

Bei schlechter Zugänglichkeit der Ablaßventile ist es manchmal
zweckmäßig, die Spindel schräg zu stellen, wie beim Ventil der Abb. 82
der Fall. Sowohl Ventilsitz F als auch Ventil E und Einsatz G sind
aus nicht rostendem Metall.

Für höheren Druck sind Stahlgußgehäuse vorzuschreiben.

c) In Abb. 83 und
84 ist ein Abschlämm-
schieber dargestellt.
Dieser hat gegenüber
dem Hahn den Vorteil
nicht festzusitzen, er läßt
sich anstrengungslos be-
wegen. Der Schieber D
dreht sich um den Zapfen
C; er ist mittels des
Zapfens E und eines
Zwischengliedes an die
Schraubenspindel F ge-
kuppelt; die Mutter G ist
geschlossen zum Schutz
vor Schmutz. Durch
Drehen des Handrades H

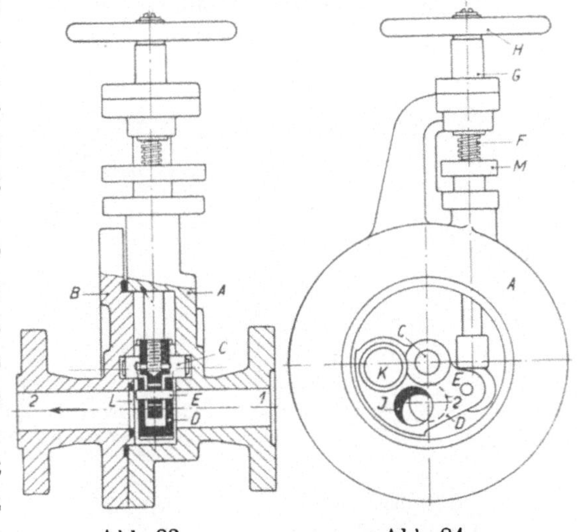

Abb. 83. Abb. 84.
Ablaßschieber (Abschlämmschieber).

wird der Schieber in zwei Endstellungen gebracht, so daß entweder die Bohrung J Wasser und Schlamm durchströmen läßt (Richtung 1—2) oder die Platte K auf dem Bronzesitz L den Abschluß besorgt.

d) In sorgfältig geführten Kesselbetrieben wendet man vorsorglicherweise zwei Ablaßvorrichtungen bei jedem Kessel an; diese werden hintereinander angeordnet. Die eine Vorrichtung ist in Bereitschaft, wenn die andere versagt; eine unbeabsichtigte Entleerung eines Kessels ist dann soviel als ausgeschlossen. Es kann keine Regel dafür angegeben werden, welche von den Vorrichtungen: Hahn oder Ventil, vom Kessel ausgehend, zuerst anzubringen sei. (Bei Schiebern erübrigt sich eine Doppelvorrichtung meistens.) Es gibt Heizer, die den Hahn vor dem Ventil anordnen, den Hahn aber stets offen lassen und nur schließen, um das Ventil nachzusehen.

e) Die Abschlämmvorrichtungen, welcher Art sie auch sein mögen, müssen aus bestem Material hergestellt, einfach und solid konstruiert sein, namentlich darf in der Dicke der Flanschen, der Hälse und in der Verschraubung nicht gespart werden, es darf nicht vorkommen, daß man einen Hahn abreißt, was früher leider oft genug der Fall war. Komplizierte Konstruktionen versagen; es ist z. B. bei sogen. Tretventilen vorgekommen, daß der Kessel leer lief, weil das Ventil versagt hat. Manch schwerer Unfall ist auf Mängel in der Beschaffenheit der Abschlämmvorrichtungen zurückzuführen, jedoch auch auf Unvorsichtigkeit in der Bedienung. Größte Vorsicht ist geboten.

G. 19. Die Gasexplosionsklappen.

Die Gasexplosionsklappen wirken wie Rückschlagventile; entsteht eine Explosion im Innern des Mauerwerks, so wird die Klappe aufgeschlagen, der Druck, der das Mauerwerk gefährdet, verschwindet. Gas-Explosionen entstehen, wenn Gemische

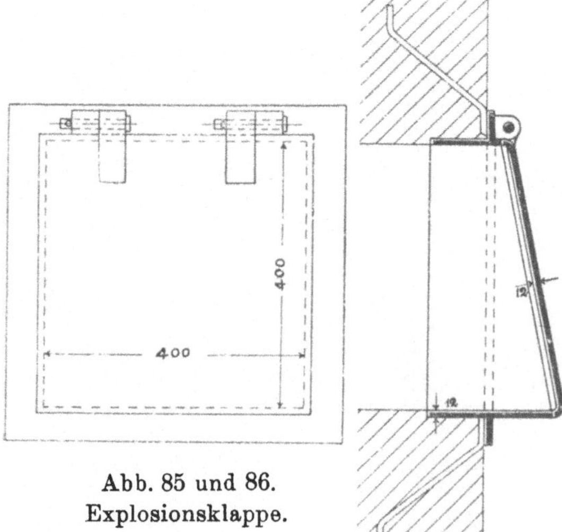

Abb. 85 und 86.
Explosionsklappe.

unverbrannter Gase und Luft sich entzünden. Solche Explosionen haben glücklicherweise nicht die Kraft brisanter Sprengstoffe.

Eine Gasexplosionsklappe ist in Abb. 85 und 86 dargestellt. Vorübergehend kann man auch Einsteigtüren als Explosionsventile ausbilden, indem die Vorreiber oder Nasen weggeschnitten werden. In diesem Fall darf man nicht vergessen, die lose aufsitzenden Teller mit Ketten an ihrem Rahmen bzw. am Mauerwerk zu befestigen, um zu verhindern, daß sie weggeschleudert werden und dann Unheil stiften.

Explosionsklappen sind am Platz bei der Verfeuerung von Brennstoffen mit viel flüchtigen Bestandteilen, namentlich bei fein-körniger Kohle, sowie bei flüssigen Brennstoffen. Grießkohlen geben die flüchtigen Bestandteile sehr rasch, schon kurz nach dem Auflegen, ab. Da die unverbrannten Gase leichter sind als die verbrannten, so sammeln sie sich an den höchsten Stellen der Feuerzüge an. Die Explosionsklappen sind daher in den toten Ecken an den höchsten Stellen des ersten, zweiten und auch dritten Rauchgaszuges anzubringen.

G. II. Die Druckverminderungsventile.

G. 21. Das Wesen der Druckverminderungsventile (Reduzierventile).

Diese Ventile dienen dazu, den Druck strömenden Dampfes zu vermindern, was durch Drosselung desselben erreicht wird. Die Dampfteilchen werden beim Durchgang durch verengte Querschnitte durchgewirbelt, dabei findet Reibung derselben aneinander statt; diese wird sogleich in Wärme umgewandelt.

Zur Betätigung (Steuerung) der Drossel-Einrichtung dient in der Regel der gedrosselte Dampf (Entnahme hinter dem Ventil), selten Kesseldampf (vor dem Ventil), auch kann als fremdes Antriebsmittel Druckwasser oder Drucköl verwendet werden.

Das Reduzierventil hat weiterhin die Aufgabe, den Druck des gedrosselten Dampfes konstant zu halten, und zwar in den zwei Fällen (die gleichzeitig eintreten können), daß der Kesseldruck schwankt oder aber gedrosselter Dampf in ungleicher Menge gebraucht wird. Ist das Ventil vermöge seiner Beschaffenheit diesen Anforderungen nicht gewachsen, so wird der reduzierte Druck schwanken.

G. 22. Aus der Theorie der Drosselung.

Das Urteil ist gang und gäbe, dem Reduzierventil komme die nämliche Wirkung zu wie der Dampfmaschine oder Dampfturbine, diejenige der Druckverminderung gemeinhin. Der Unterschied ist aber erheblich. Mit dem Sinken des Druckes von im Druckverminderungsventil gedrosseltem Dampf sinkt zwar seine Temperatur, der Wärmeinhalt aber bleibt der nämliche. Die gesenkte Temperatur bleibt über derjenigen des Sattdampfes, der dem gesenkten Druck entspricht. Der gedrosselte Dampf ist also theoretisch überhitzt. Praktisch geht die geringe Überhitzung allerdings verloren durch Wärmeverluste und Trocknung nasser Teilchen im Dampf (Nachverdampfung von Wasser). Ist auch der Wärmeinhalt des Dampfes vor und nach der Drosselung der nämliche, so ist doch die Arbeitsfähigkeit vermindert (theoretisch ausgedrückt wegen Entropiezunahme).

Bei der Dampfmaschine dagegen wird Wärme in Arbeit umgewandelt, der Wärmeinhalt des Dampfes vermindert sich nach Maßgabe der geleisteten Arbeit (vergl. C7 und Kap. X). Damit ist natürlichweise eine Temperatursenkung verbunden. Auch ohne Wärmeverluste durch Leitung usw. in der Maschine sondern lediglich infolge der Umwandlung von Wärme in Arbeit kondensiert Sattdampf teilweise während der Expansionsperiode im Zylinder; der aus der Maschine austretende Dampf enthält also Wasser.

G. 23. Druckverminderungsventil durch Hochdruckdampf gesteuert.

Abb. 87 zeigt ein Ventil, das auf Dampflokomotiven angetroffen werden kann und zur Druckeinstellung des Dampfes für die Zugsheizung dient. Dieser Druck braucht nicht sehr gleichförmig zu sein; dagegen ist der Kesseldruck stets Schwankungen unterworfen. Hochdruckdampf gelangt vom Kessel her bei 1 in die Kammer A und unter den Kolben G. Wächst der Kesseldruck p_1, so hebt sich der Kolben bis zum Ausgleich mit dem Gegendruck durch die Feder F, das Ventil E dabei schliessend. Wächst der Heizungsdruck bzw. der Druck p_2 des gedrosselten Dampfes in der Kammer B bei gleichbleibendem Kesseldruck p_1, so wirkt vermehrter Druck von unten her auf das Ventil E und unterstützt die Wirkung des Kolbens G. Bei

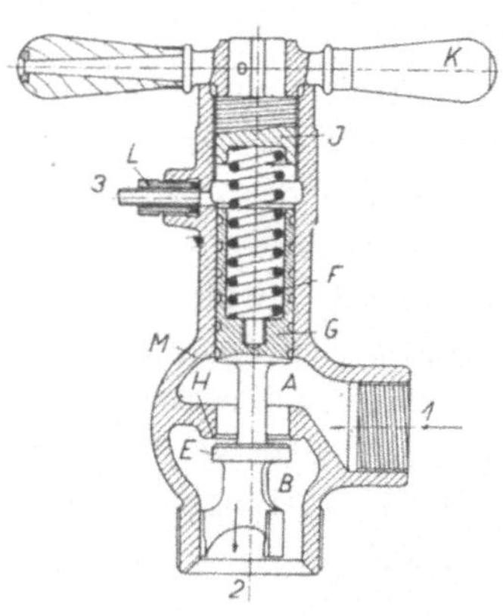

Abb. 87.
Druckreduzierventil f. d. Dampfheizung von Eisenbahnzügen.

L wird das Kondenswasser abgeführt und der Kolben geschmiert. Wenn diese Ventile, wie oben bemerkt, den Druck des gedrosselten Dampfes auch nicht in gleicher Höhe zu halten vermögen, so sind sie doch einfach und zuverlässig.

G. 24. Reduzierventil, durch gedrosselten Dampf betätigt (Kolbensteuerung).

Beim Ventil gemäß Abb. 88 (Sulzer) dient ein Doppelsitzventil A zur Drosselung. Der Dampf bewegt sich in der Pfeilrichtung; es kann Heißdampf sein, die Bauart läßt diesen zu. Das Ventil wird vom Kolben B mittels des Hebels C gesteuert. Auf den Kolben und somit auf die Feder F wirkt gedrosselter Dampf; diese ist durch Mutter G einstellbar. Bei H ist eine Schmiervorrichtung, bei 4 der Wasserablauf.

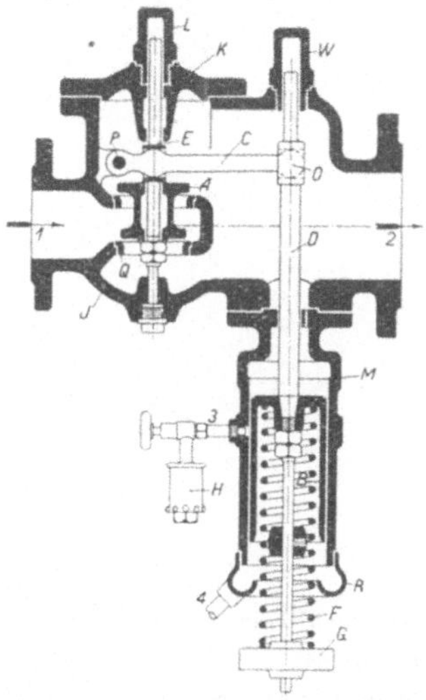

Abb. 88. Reduzierventil, durch Kolben und Feder betätigt.

Die Ventileinstellung wird hier, wie übrigens bei den meisten Reduzierventilen, durch den Überdruck p_2 des gedrosselten Dampfes über den äußern Luftdruck herbeigeführt, denn auf die Kolbenrückseite wirkt neben der Feder der Luftdruck ein; dieser ist praktisch konstant. Das Drosselventil wird nur gesteuert, wenn sich die Federlänge ändert. Soll das Drosselventil mehr Dampf durchlassen, so muß der Kolben angehoben werden, was nur geschieht, wenn der auf ihm lastende Druck abnimmt. Der Druck des gedrosselten Dampfes ist somit bei dieser Konstruktion nicht absolut konstant, sondern von der Elastizität der Feder abhängig.

G. 25. Reduzierventil, durch gedrosselten Dampf gesteuert.

Dieses Reduzierventil (Salzmann) beruht, wie das unter G 24 beschriebene, auf der Wirkung des Überdruckes p_2 des gedrosselten Dampfes über den Luftdruck. Die Stelle des Kolbens nimmt ein durch Quecksilber gedichteter Stahlschwimmer ein. Gespannter Dampf (Druck p_1) gelangt in der Richtung 1—2 ins Drosselventil V (Abb. 92), gedrosselter (Druck p_2) durch die Bohrung P über den Spiegel des Kondensates, das den Hohlraum A ausfüllt. Die Räume A und B

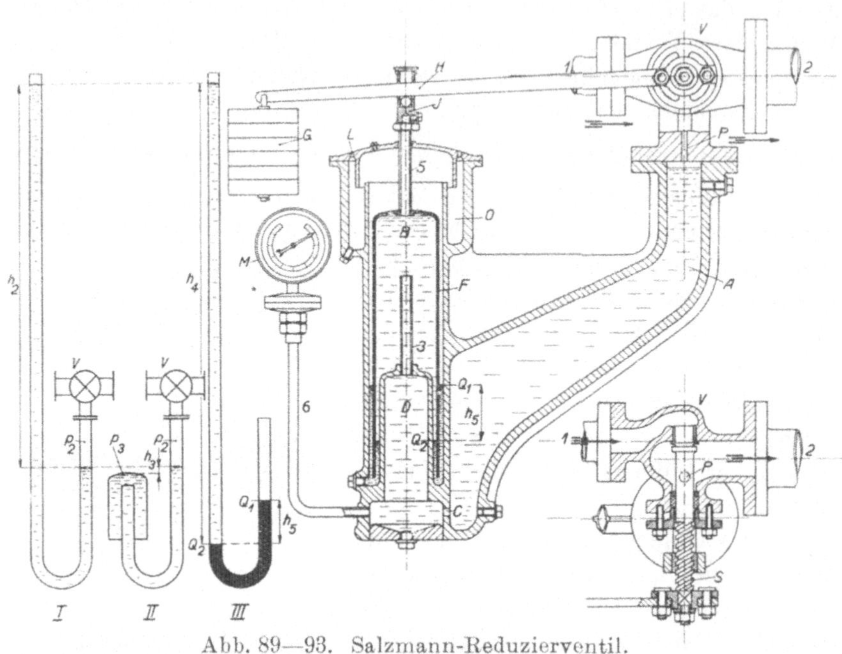

Abb. 89—93. Salzmann-Reduzierventil.

kommunizieren miteinander durch das Loch bei C und das Rohr 3 hindurch. Die Glocke F, die durch Eigengewicht und den Druck des Hebels H (Zusatzgewicht G) belastet ist, wird durch Wasserdruck gehoben, sobald der reduzierte Dampfdruck steigt, den Hebel H dabei hebend; dieser nimmt die Ventilspindel S mit, das Ventil wird gegen den Sitz geschraubt, wodurch der Kesseldampf gedrosselt wird. Im Gehäuse O herrscht Luftdruck, Belüftung durch das Loch bei L. Die Glocke F ist durch ein Quecksilberbad mit den Spiegeln Q_1 und Q_2 gegen außen abgedichtet.

Zum bessern Verständnis der Wirkungsweise des Apparates sind in Abb. 89—91 (links) drei kommunizierende Röhren gezeichnet. Bei I wird der Hohlraum im rechten Schenkel angefüllt durch gedrosselten Dampf vom Druck p_2 vom Ventil V, Raum A, her. Diesem Druck hält links eine Wassersäule von der Höhe h_2 das Gegengewicht: h_2 entspricht p_2, dieser Druck kann auch am Manometer M abgelesen werden. Im Reduzierventil kommt diese Wassersäule jedoch nicht zur Geltung, da das Wasser von einem Stahlschwimmer umschlossen ist, wie bei II angedeutet. Im Scheitel des Stahlschwimmers stellt sich ein Druck $p_3 = h_2 + h_3$ ein, p_3 dem Schwimmergewicht entsprechend. Endlich drückt bei III eine Wassersäule von der Höhe h_4 auf den Quecksilberspiegel Q_2, welchem bei Q_1 eine Quecksilbersäule von der Höhe h_5 das Gegenwicht hält, wobei $h_4 = \gamma\, h_5$ und das spezifische Gewicht von Quecksilber $\gamma = 13{,}58$ bei 4°.

Das Salzmann-Druckverminderungsventil drosselt den Dampf auf fast genau konstanten Druck, jedoch kommen bloß kleine Drücke, solche bis höchstens 3 at in Frage, da sonst die Quecksilbersäule h_5, die für jede at bekanntlich 735 mm mißt, zu lang würde.

G. 26. Regler mit Druckwassersteuerung.

Beim Arca-Regler werden die Ventile weder durch Kessel- noch gedrosselten Dampf gesteuert; hiezu dient als besonderes Treibmittel Drucköl oder Druckwasser. Die Flüssigkeit tritt dauernd durch die Leitung 3 (Abb. 94) in das Gehäuse N des Membran - Steuerkolbens M ein. Durch eine Bohrung des Steuerkolbens fließt ein kleiner Teil in die durch eine Membran J abgeschlossene Druckkammer F des Gehäuses des Membran-Steuerkolbens. Von hier gelangt die Druckflüssigkeit zum Mundstück D des Relais bei C (C ist der Relaishebel) und aus der Relaiskammer durch die Ableitung 5 frei ab oder zu einer Umlaufpumpe zurück, sofern die Betriebsflüssigkeit wieder verwendet wird.

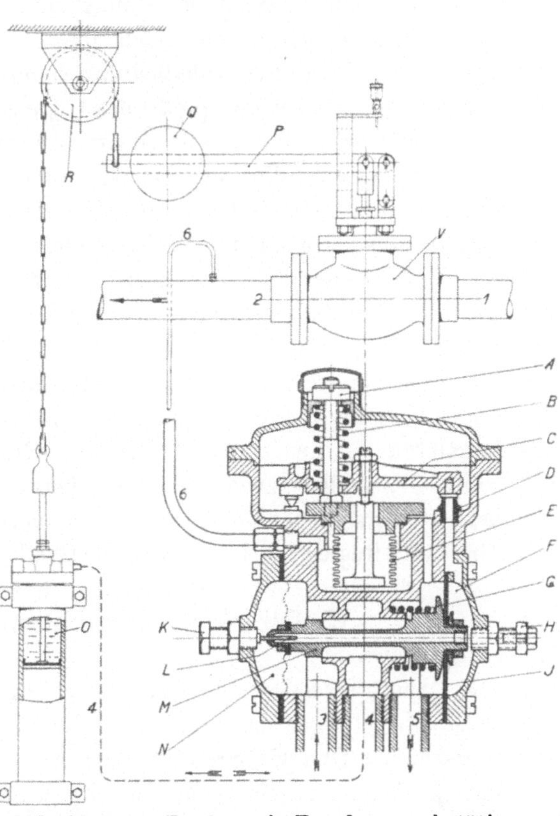

Abb. 94. Arca-Regler mit Druckwasserbetätigung.

Der Stoff, dessen Druck zu vermindern ist, z. B. Dampf wird durch Leitung 6 zugeführt und wirkt auf den Membranbalg E. Jede kleinste Druckveränderung des Dampfes bewirkt eine Längenänderung des Balges und damit eine Veränderung der Lage des durch eine verstellbare Feder B belasteten Relaishebel C. Durch die jeweilige Stellung des Hebels C wird aber der Austritt der Druckflüssigkeit aus dem Mundstück D bald gehemmt, bald freigegeben. Hiedurch entstehen Druckschwankungen in der Druckkammer F des Gehäuses des Membran-Steuerschiebers, die auf die Membran J wirken. Steigt oder fällt der Druck in der Kammer, so wird durch die Membran J der Steuerkolben M derart verschoben, daß seine Steuerkante den Zufluß 3 bzw. den Abfluß 5 mit der zum Druckzylinder O führenden Leitung 4 verbindet. Wird der Zufluß zum Druckzylinder O freigegeben, so sinkt dessen Kolben nach unten, und das Gegengewicht Q wird gehoben. Wird die Abflußleitung 5 mit dem Druckzylinder O in Verbindung gebracht, so preßt das Gegengewicht Q die Flüssigkeit aus dem Druckzylinder O unter gleichzeitigem Heben des Kolbens. Dieses Heben und Senken des Druckzylinderkolbens und des Gegengewichtes wird unter Zwischenschaltung eines Hebels P zur Verstellung des Regelventils V benutzt. Bei Mittelstellung des Membran-Steuerkolbens M ist weder die Zu- noch Abflußleitung mit dem Druckzylinder O in Verbindung, eine Verstellung des Regelorganes V findet nicht statt.

Der Regelbereich jedes Reduzierventils läßt sich durch Verstellung der Feder B verändern, ebenso kann die Geschwindigkeit, mit welcher das Regelorgan in der einen oder andern Richtung verstellt werden soll, durch Einstellen zweier kleiner Schrauben K und H an dem Membran-Steuerschieber-Gehäuse N verändert werden.

Die Arca-Regler weisen einen hohen Grad der Empfindlichkeit auf.

H. Die Speisevorrichtungen.

H. 1. Allgemeines.

Die Dampfkessel-Verordnungen aller Länder schreiben vor, daß die Speisevorrichtungen mehr Wasser in die Kessel zu fördern imstande sein müssen, als Dampf abgeführt werden kann; in der Regel wird das Doppelte vorgeschrieben. Zudem müssen Speisevorrichtungen doppelt vorhanden sein, die eine in Bereitschaft für die andere; jede muß unverzüglich in Betrieb gesetzt werden können.

Der D r u c k , den das Wasser in der Speisevorrichtung (Pumpe) erreichen muß, ist höher als der Kesseldruck, weil außer diesem noch Strömungswiderstände zu überwinden sind. Die manometrische Förderhöhe ist

$$h = 10\,p + h_w \qquad \text{(m WS)}$$

p ist der zulässige Kesseldruck, $10\,p$ die Höhe einer Wassersäule von 4^0 C in m, die diesem Druck entspricht, h_w die Widerstandssäule in m.

Bei warmem Wasser wächst h für den nämlichen Druck p, weil der Faktor > 10.

Die L e i s t u n g N der Pumpe richtet sich nach der Größe des Ausdrucks Kraft $\times$ Weg : Zeit. Ist Q die sekundliche Fördermenge, also das Gewicht, und h die Förderhöhe, so ist ohne Berücksichtigung von Widerständen

$$N' = Q\,h : 75 \qquad \text{(PS)}$$

und der Wirklichkeit entsprechend, d. h. einschließlich der Widerstände

$$N = Q\,h : 75\,\eta \qquad \text{(PS)}$$

worin η (sprich Eta) der Gesamtwirkungsgrad.

Die S a u g l e i t u n g e n aller Speisevorrichtungen, Pumpen wie Injektoren, müssen möglichst weit, kurz und gradlinig sein; nur wenn die Strömungswiderstände in der Saugleitung gering sind, werden Störungen im Ansaugen vermieden, vollständige Dichtheit wird vorausgesetzt.

Die S a u g h ö h e darf das praktisch Zulässige nicht überschreiten, sie liegt weit unter der theoretischen, wegen der

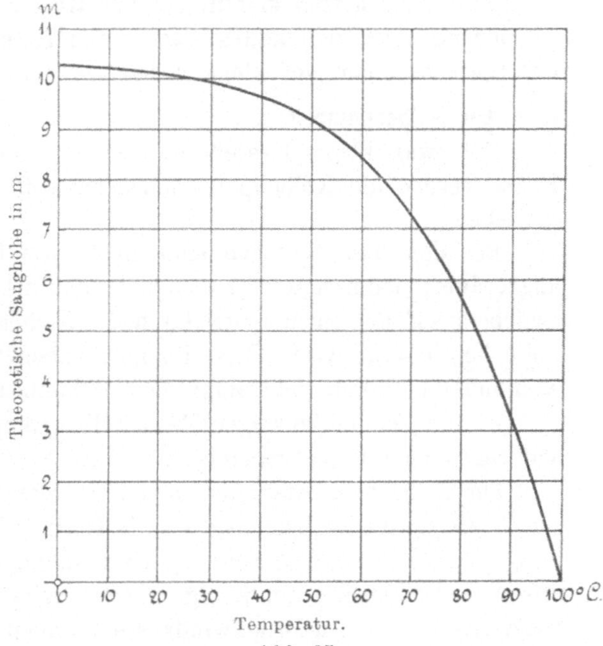

Abb. 95.

Theoretische Saughöhe in m von warmem Wasser bei 760 mm Barometerstand (d. h. auf Meeresgleiche).

Strömungswiderstände. Bei vielen Pumpen findet sich der Fehler, daß sie zu hoch saugen müssen. Die theoretische Saughöhe entspricht dem Barometerstand, d. h. 760 mm Q S auf Meeresgleiche für Wasser von 4^0 C, bzw. $760 \times 13{,}586 = 10{,}32$ m in Wassersäule (WS) ausgedrückt. Bei 100^0 C ist die Saughöhe $= 0$ m. Abb. 95 gibt die theoretische Saughöhe in Abhängigkeit der Wassertemperatur an (vergl. A 22).

Die Pumpen müssen so aufgestellt werden, daß ihnen das heiße Wasser von oben her oder mindestens horizontal zufließt.

H. 2. Die Einteilung der Speisevorrichtungen.

Man unterscheidet:

a) Druckwasserleitungen; b) Kolbenpumpen;
c) Schleuder-(Zentrifugal-)Pumpen; d) Strahlpumpen (Injektoren).

H. 3. Druckwasserleitungen.

Sofern der Druck den Kesseldruck um mindestens 1 at übersteigt und der Zufluß konstant ist, gilt es als zulässig, Druckwasser aus Rohrleitungsnetzen unmittelbar zur Kesselspeisung zu verwenden. Zu bedenken ist, daß kaltes Wasser den Kesseln schadet. Diese Art des Speisens bleibt auf kleine Kessel beschränkt.

H. 4. Die Kolbenpumpen.

Für ganz kleine Kesselleistungen genügen Handpumpen; in der Regel werden die Kolbenpumpen mechanisch oder durch Dampf angetrieben.

Bei den Dampfpumpen sind stets zwei Pumpen nebeneinander angeordnet; dadurch wird es möglich, daß die Steuerung des Dampfschiebers auf der einen Seite durch die Kolbenstange von der andern Seite her besorgt wird. Diese Pumpen haben sich bewährt, brauchen aber außerordentlich viel Dampf. Der Abdampf sollte verwertet werden.

Abb. 96, 97 und 98 zeigen Tauchkolbenpumpen verschiedener Bauart, sogenannte Plungerpumpen.

Die Stöße beim Ansaugen oder Fortdrücken des Wassers werden durch die elastische Wirkung von Luft in Windkesseln aufgehoben. Saugwindkessel sind nur bei langen Saugleitungen nötig. Bei den Saugwindkesseln vermehrt sich infolge der Saugwirkung der Pumpe die Luft fortwährend, bei den Druckwindkesseln nimmt diese im Gegenteil ab.

Um das Unwirksamwerden der Druckwindkessel zu vermeiden, muß die Luft von Zeit zu Zeit ergänzt werden. Dies geschieht mittels

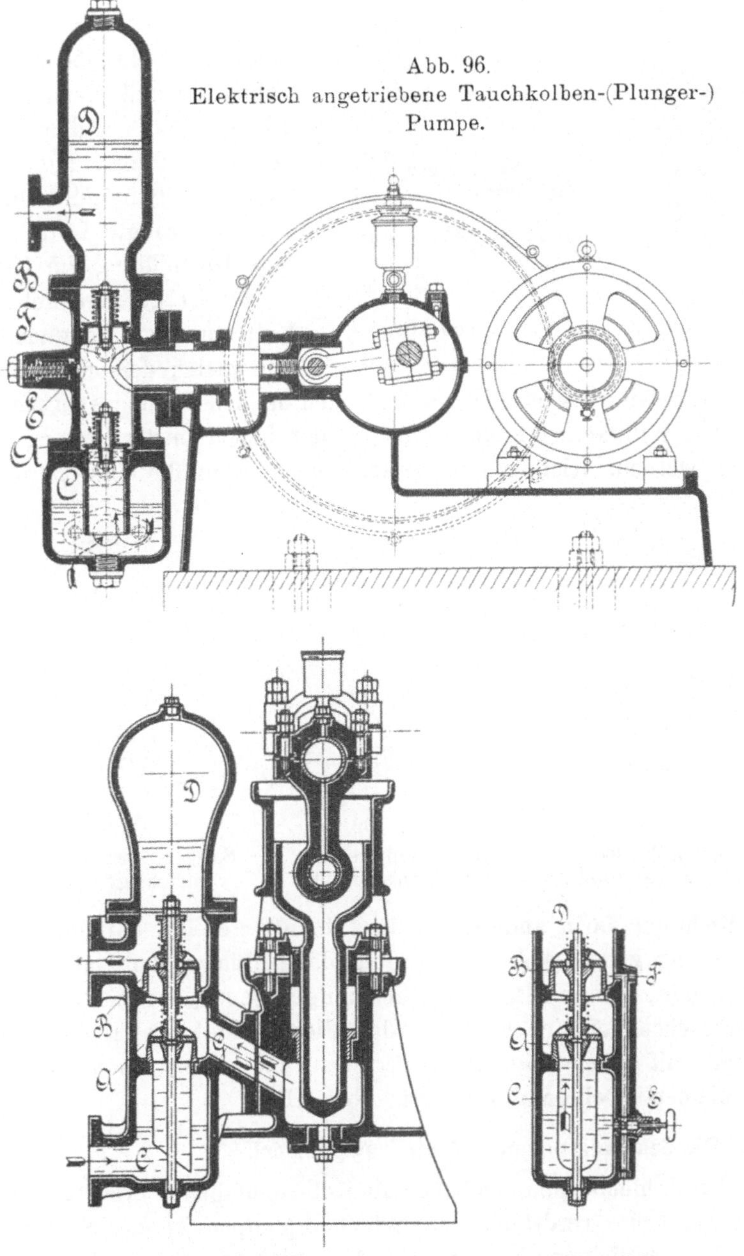

Abb. 96.
Elektrisch angetriebene Tauchkolben-(Plunger-)
Pumpe.

Abb. 97.   Abb. 98.
Tauchkolben-(Plunger-)Pumpe mit Riemenantrieb.

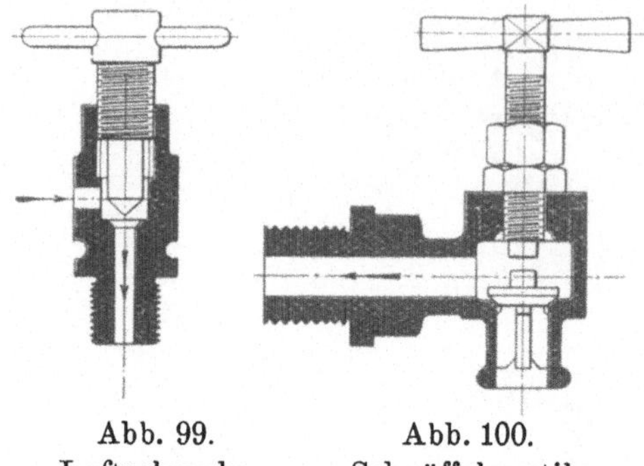

Abb. 99.
Luftschraube.

Abb. 100.
Schnüffelventil.

der in Abb. 99 veranschaulichten Luftschraube bzw. dem Schnüffelventil gemäß Abb. 100, die stets v o r dem Druckventil der Pumpe angebracht werden; z. B. bei F in Abb. 96. Die eingesaugte Luft veranlaßt Rostbildung im Kessel.

Es ist gebräuchlich, den Luftraum von Saugwindkesseln gleich dem 6 — 8 fachen, von Druckwindkesseln bis zum 20 fachen des Hubvolumens zu machen.

Die Windkessel können richtig oder falsch in der Leitung angeordnet werden. Richtig sind sie angeordnet, wenn die Wasserströmung

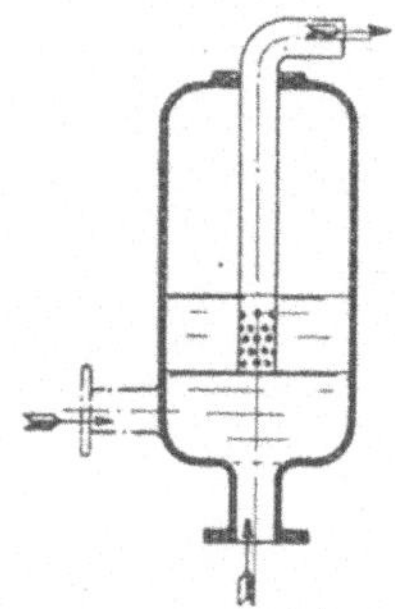

Abb. 101.
Saugwindkessel
richtig angeordnet.

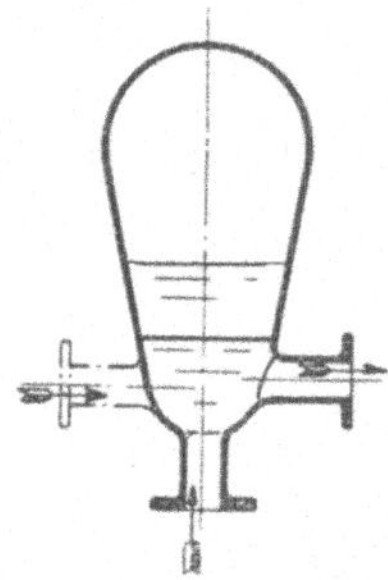

Abb. 102.
Druckwindkessel
richtig angeordnet.

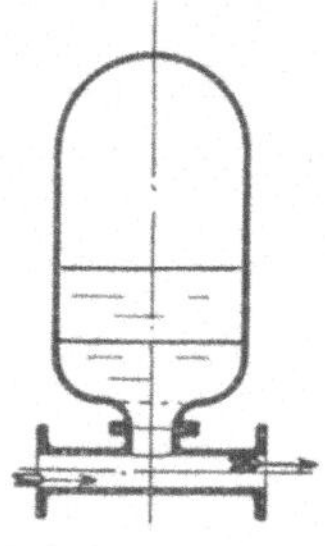

Abb. 103.
Saug- u. Druckwindkessel,
unrichtige Anordnung.

die Richtung darin ändert, wie in Abb. 102 gezeigt, unrichtig ist die Anordnung gemäß Abb. 103. Damit das Abführen der Luft aus den Saugwindkesseln nicht in plötzlich mitgerissenen Mengen sondern ununterbrochen vor sich geht, werden diese Windkessel lotrecht angeordnet, mit einem Tauchrohr versehen und dieses am untern Ende mit kleinen Löchern durchbohrt, Abb. 101.

H. 5. Die Schleuderpumpen (Zentrifugalpumpen).

Die Schleuderpumpen haben die Kolbenpumpen in größeren Kesselbetrieben heute verdrängt, mit Schleuderpumpen ist das Speisen der Kessel wesentlich vereinfacht. Abb. 104 zeigt eine 4 stufige Zentrifugalpumpe für elektrischen Antrieb.

Im Laufrad A der ersten Stufe wird das Wasser beschleunigt; eine Energiezunahme ist damit verbunden; im Leit-Apparat B mit Richtungsumkehrung wird die Geschwindigkeit vermindert, sie setzt sich dabei in Druck um. Jede der 4 Stufen erteilt dem Wasser einen entsprechend höheren Druck, die Summe aller Stufendrücke entspricht der manometrischen Förderhöhe. Mehr als 10 Stufen werden zur Zeit nicht angewandt, die Pumpenwelle würde zu lang. Der achsiale Druck auf die Laufräder wird durch eine Entlastungsscheibe D, auf die der Wasserdruck im entgegengesetzten Sinne wirkt, aufgenommen.

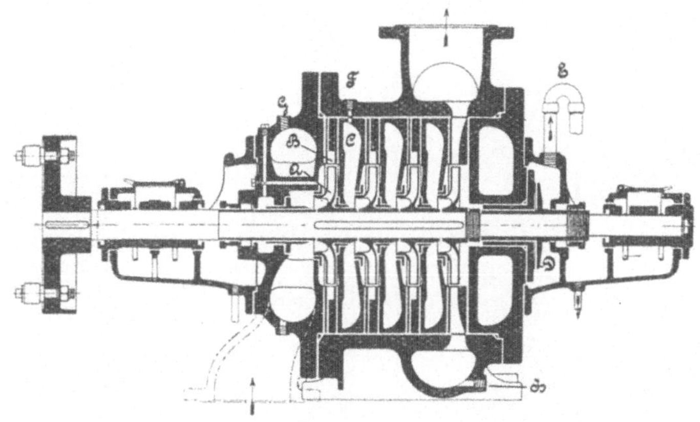

Abb. 104. Vierstufige Zentrifugalpumpe für elektrischen Antrieb.

Das am Rand der Entlastungsscheibe austretende Wasser wird durch Rohr E der Saugleitung bzw. dem Speisewasserbehälter wieder zugeführt. Lauf- und Leiträder bestehen gewöhnlich aus Phosphorbronze.

An Ausrüstungsteilen müssen vorhanden sein: 1 Saugkorb mit Rückschlagventil am Fuß der Saugleitung, wenn die Pumpe saugen muß, 1 Schieber in dieser Leitung, wenn ihr das Wasser zufließt, 1 Entlüftungshahn F, 1 Füllvorrichtung G usw.

Eine Zentrifugalpumpe kann bei geschlossenem Druckstutzen mit Wasser gefüllt, einige Zeit ohne Wasserförderung laufen, die Pumpenarbeit wird dann in Wärme umgewandelt. Es ist üblich, die Schleuderpumpen ununterbrochen laufen zu lassen und die Speisewassermenge mittels des Speiseventils nach Bedarf einzustellen. Vor der Inbetriebsetzung ist der Entlüftungshahn F, Abb. 104, zu öffnen, Pumpe und Saugleitung sind mit Wasser zu füllen. Es gibt auch Schleuderpumpen, die mit Umlaufleitungen für den Leerlauf versehen sind.

Der elektrische Antrieb der Speisepumpen hat das Zweckmäßige, daß die Pumpe nicht im Kesselhaus bzw. nahe bei den Kesseln aufgestellt werden muß; erfolgt die Aufstellung in einiger Entfernung, so kann dennoch mittels einer elektrischen Fernsteuerung anstandslos gespeist werden. Der Kondenswasserbehälter, in dessen Nähe die Speisepumpe stehen sollte, kann daher fern vom Kesselhaus angeordnet werden, an der für die Kondensatsammlung zweckmäßigen Stelle.

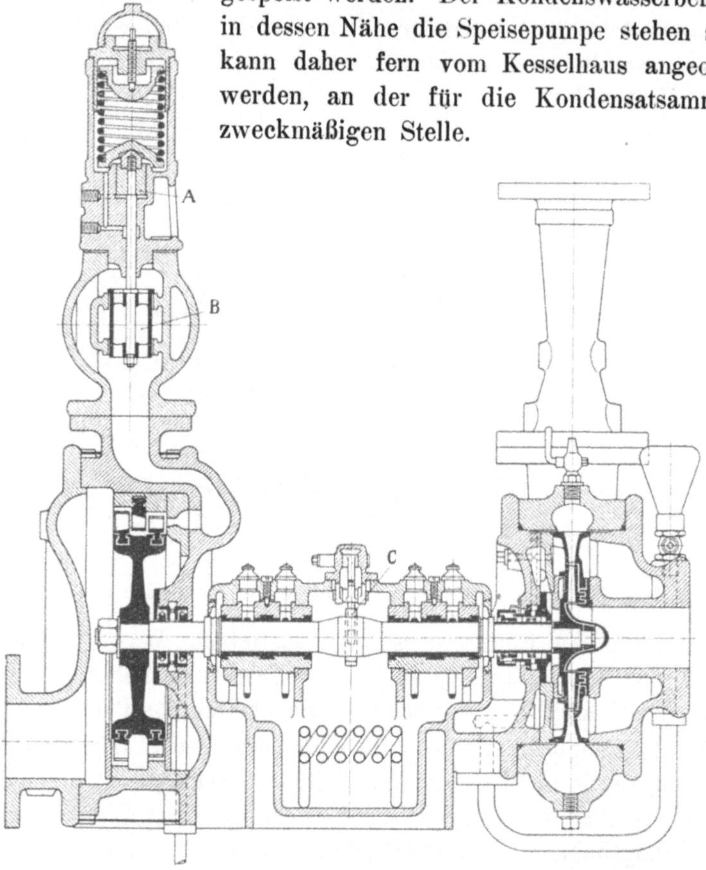

Abb. 105. Schleuder-Speisepumpe, von einer Dampfturbine angetrieben.

Abb. 105 zeigt eine mit Dampfturbinenantrieb ausgerüstete Speisepumpe. Nur in größeren Kesselanlagen benützt man solche. Die hier verwendete Aktionsdampfturbine hat zwei Geschwindigkeitsstufen, die Zentrifugalpumpe ist der hohen Umfangsgeschwindigkeit des Schleuderrades halber einstufig (Umlaufgeschwindigkeiten bis 50 m/sec). Die selbsttätige Einstellvorrichtung auf konstanten Druck besteht aus dem

Kolben A, auf dessen Unterfläche der Druck des Speisewassers einwirkt. Bei der Inbetriebsetzung der Pumpe geht infolge des steigenden Druckes der Kolben A hoch, der Schieber B drosselt den Betriebsdampf bis sich bei einer je nach Fördermenge höheren oder niedrigeren Drehzahl Gleichgewicht zwischen Federbelastung und Pumpendruck eingestellt hat. Die Pumpe ist mit einem Sicherheitsventil C versehen. Der Abdampf der Turbine muß verwertet werden.

H. 6. Die Injektoren.

Die Injektoren ermöglichen es, das Speisewasser auf den Druck zu bringen, der zur Überwindung des Kesseldruckes nötig ist.

Kesseldampf wird bei M, Abb. 106, zugeführt und mit einem Ventil reguliert, er wird in der Dampfdüse A beschleunigt. Der Kesseldampf wird in der Mischdüse B im kalten Speisewasser niedergeschlagen, wobei diesem eine sehr hohe Geschwindigkeit erteilt wird.

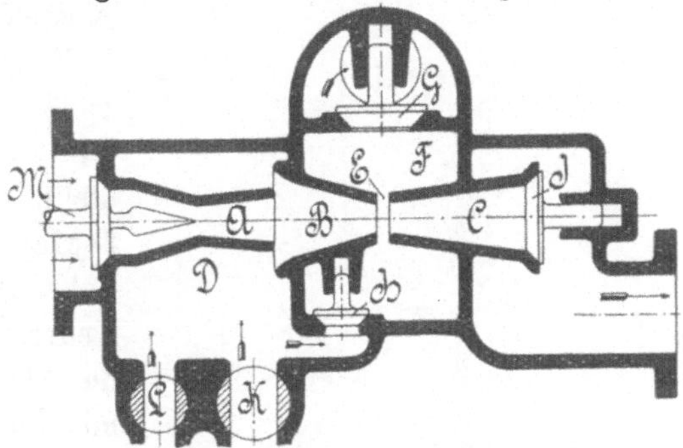

Abb. 106. Schema für Injektoren.

Im Gegenkonus C (Diffusor) wird die Geschwindigkeit vermindert, sie setzt sich dabei in Druck um, dieser ist höher als derjenige des dem Injektor zugeführten Kesseldampfes. Es wäre möglich, einen Kessel mit nicht sehr hohem Betriebsdruck sogar mit Abdampf aus einer Dampfmaschine zu speisen, bzw. den Injektor damit im Gang zu halten. Die Strömungsenergie des Speisewassers wird um so höher, d. h. der Injektor „zieht" um so besser, je rascher der Betriebsdampf kondensiert, d. h. je kälter das angesaugte Wasser ist. Die Injektoren versagen beim Versuch, warmes Wasser anzusaugen; nur größere und gut konstruierte Injektoren saugen Wasser über 40° C.

Das Wasser wird bei K, Abb. 106, angesaugt; um laues Wasser wenigstens so lang bis der Injektor im Gang ist abzukühlen, wird bei L kaltes Wasser zugeführt (das nämliche kann auch in einem Gabelstück zum Zuleitungsrohr bewerkstelligt werden). Tritt eine Störung in der Kondensation des Dampfes in der Mischdüse B (zu wenig oder zu warmes Wasser, Dampfmenge zu groß) ein, so „schlägt der

Injektor ab." Fließen Wasser und Dampf nicht im richtigen Mengenverhältnis zu, so „schlabbert" der Injektor; Wasser tritt durch die Spalte E in den Schlabberraum F und durch Öffnung des Überlaufventils (Schlabberventils) G ins Freie. Wird der Wasserzufluß mittels des Hahns K richtig eingestellt, so hört das „Schlabbern" auf. Bei einigen Injektoren entsteht im Schlabberraum Unterdruck; um diesen zu zerstören, muß Wasser nachgesaugt werden; Nachsaugeventil H (Abb. 106) ermöglicht dies. J ist das Rückschlagventil (gegen den Kesseldruck gerichtet).

Es gibt offene (selbst anspringende oder Restarting-)Injektoren. Ein solcher ist in Abb. 107 dargestellt. Das Kennzeichen dafür ist ein freies, einem Rückschlagventil ähnliches Schlabberventil; eine leichte Feder bewirkt den Schluß. Das in der Abbildung dargestellte Modell ist mit einer aufgeschnittenen Mischdüse (sog. Klappdüse) versehen. Diese läßt den andrängenden Dampf leicht nach dem Schlabberraum austreten. Da kein Rückstau nach der Dampfdüse stattfindet, so erlangt der Dampf seine saugende Wirkung wieder; der Injektor springt von neuem an.

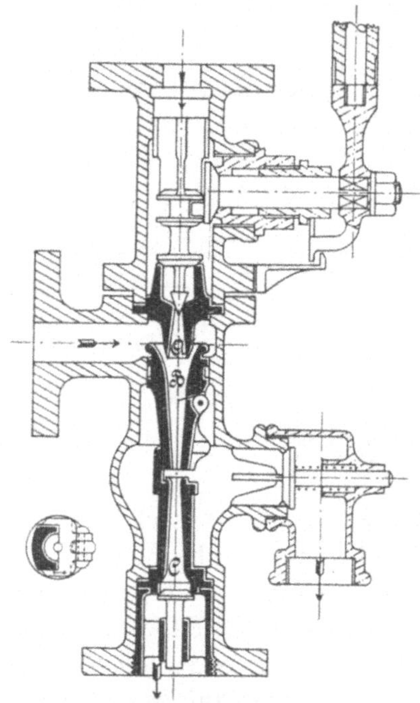

Abb. 107. Offener (selbst anspringender oder Restarting-) Injektor.

Der Restarting-Injektor wird am besten stehend angebracht. Dampfanschluß oben und Speisestutzen unten. Bei liegender Anordnung ist darauf zu achten, daß die Düsenklappe nach oben oder seitwärts aber nicht nach unten gestellt ist. Die Stellung der Klappe ist erkennbar, wenn man das Überlaufventil entfernt.

Eine weitere Klasse bilden die geschlossenen (nicht selbst anspringenden, also nicht Restarting-) Injektoren. Ein solcher ist in Abb. 108 wiedergegeben. Das Schlabberventil ist hier verriegelt (bei D). Entsteht Unterdruck im Schlabberraum, so öffnet sich das Nachsaugeventil, das angesaugte Wasser wird bei den Schlitzen C vom Strahl

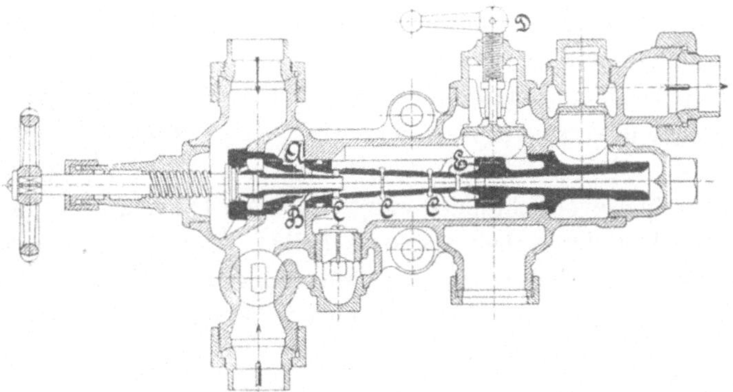

Abb. 108. Geschlossener (nicht selbst anspringender) Injektor.

aufgenommen. Diese Injektoren speisen meistens wärmeres Wasser als diejenigen von Restartingtypus. — Mit zunehmender Ansaugetemperatur sinkt die Fördermenge jedes Injektors. Für jeden Injektor gibt es einen bestimmten Dampfdruck, bei dem er die höchste Fördermenge erreicht.*)

Die Rohrleitungen der Injektoren dürfen nicht enger sein als die Injektoranschlüsse. Über den Sauganschluß vergl. H 1.

Muß der Injektor nicht saugen, so muß die Wasserzuführung regulierbar sein, z. B. mittels eines Hahns.

Bei langen Dampfleitungen ist das im Dampfrohr angesammelte Wasser abzulassen, bevor man den Injektor zum Speisen anstellt. Man öffnet ein wenig das Dampfventil und läßt das Kondenswasser aus dem Überlaufstutzen abfließen. Erst wenn trockener Dampf in den Injektor gelangt, ist er betriebsbereit zum Speisen (Wasser im Dampf vermindert die Geschwindigkeit in der Düse, der Injektor schlägt ab).

Kleine Injektoren sind wenig zuverlässig, treten auch erst bei über 2 at in Tätigkeit.

Viele Injektoren müssen öfters von Kesselsteinansatz gereinigt werden, wofür man verdünnte Salzsäure verwendet.

Erfinder des Injektors ist der Franzose Giffard.

H. 7. Selbsttätige Speisevorrichtungen.

Es ist zweifelhaft, ob es für einen Kesselbesitzer zweckmäßig sei, Vorrichtungen zu beschaffen, durch deren Wirkung die Kessel selbst-

---

*) Literatur: Forschungsarbeiten des V. D. I., Heft 77: Schrauff, Untersuchungen über den Arbeitsvorgang im Injektor. Heft 256: Heinl, Untersuchungen an Dampfstrahlapparaten (Berlin, V. D. I. - Verlag).

tätig gespeist werden, wenn der Wasserstand sinkt. Der Heizer verläßt sich dann auf den Automaten, kümmert sich nicht mehr ernstlich um Wasserstand und Speisung. Man erlebt es oft genug, daß die Automaten versagen. Dann entsteht die Frage nach der Verantwortlichkeit. Der Verfasser ist nicht für die Verwendung von automatischen Speisevorrichtungen eingenommen. Da sich diese in großen Kesselbetrieben der Arbeitsersparnis halber doch einführen, sei hier eine Konstruktion besprochen, die sich einigermaßen bewährt hat; es betrifft den „thermostatischen Speisewasserregler Copes". Ein Metall-

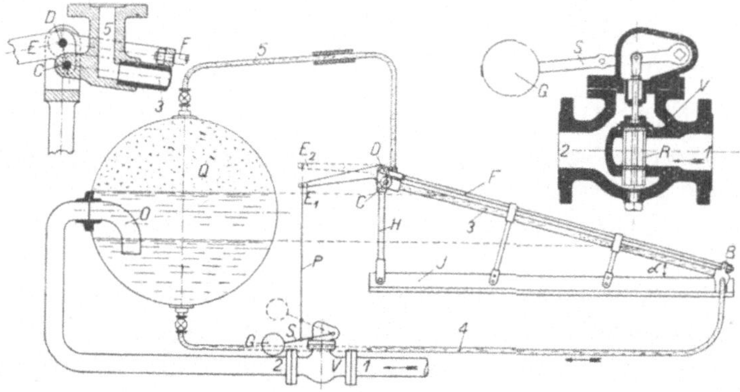

Abb. 109—111. Thermostatischer Speisewasserregler Copes.

rohr 3 wird in der Höhe des Wasserstandes beim Kessel so angebracht, daß dasselbe bei hohem Wasserstand mit Kesselwasser, bei gesenktem mit Dampf gefüllt ist. Durch die A u s d e h n u n g d e s R o h r s 3 wird ein Winkelhebel CDE bewegt, dessen Drehpunkt D in einem Eckpunkt eines starren Dreiecks, gebildet durch die Stangen F, H u. J, gelagert ist. Der Hebel DE verstellt mittels Zugstange P und Hebels S einen Kolbenschieber R des Ventils V (Abb. 111), welches den Durchfluß reguliert.

Die dampfseitige Verbindungsleitung des Kessels mit dem Thermostatrohr, bestehend aus dem Stahlrohr 5 soll, um den Zufluß von Kondensat zum Thermostatrohr zu vermindern, kurz sein und isoliert werden (in der Abbildung nur angedeutet); Gefälle gegen den Kessel hin. Dagegen soll die wasserseitige Verbindung 4 lang sein und nicht isoliert werden; durch Wärmeabgabe des Verbindungsrohrs 4 wird die Wassertemperatur tief gehalten, der Temperaturunterschied von Dampf und Wasser erhöht. Das im Thermostatrohr durch Kondensation anfallende Wasser fließt durch Rohr 4 dem Kessel wieder zu.

Die Empfindlichkeit des Reglers ist abhängig von der Neigung des Rohres gegen die Horizontale, also vom $\sphericalangle\,\alpha$; sie wird erhöht durch Verkleinerung von $\sphericalangle\,\alpha$ (wodurch das Thermostatrohr verlängert wird).

J. Wassermesser und Dampfmesser.

J. 1. Die Wassermesser.

Von einem Wassermesser ist zu verlangen, daß er innerhalb gewisser Grenzen genau zeigt und daß auch warmes Wasser, solches bis zu mindestens 100° C gemessen werden kann, ohne daß der Messer schon in kurzer Zeit ungenau (undicht) oder unbrauchbar wird.

Zur Wassermessung in Kesselhäusern werden Apparate benützt, die sich in folgende Systeme einordnen lassen.

a) Flügel- oder Schraubenwassermesser. (Woltmann-Wassermesser.) Diese werden üblicherweise bei der Abgabe von Wasser aus Wasserversorgungen zur Verbrauchkontrolle benützt. Zur Messung von Kesselspeisewasser sind sie weniger zweckmäßig, hauptsächlich weil sie durch heißes Wasser bald zerstört werden.

b) Flüssigkeitswagen. Diese zeigen genau, sind aber, weil offen, weder für heißes noch für Druckwasser verwendbar, beanspruchen auch viel Platz.

c) Kolben-Wassermesser. Diese sind sehr gut eingeführt, namentlich das System Schmid (Zürich), das erste dieser Art. Es soll hiernach beschrieben werden. Sie werden für Drücke bis über 20 at gebaut und für Temperaturen über 100° C verwendet. In diesem Fall muß der Wassermesser mit einer besonderen Starrschmiere geschmiert werden.

Ein solcher Wassermesser ist in verschiedenen Schnitten und bei verschiedenen Kolbenstellungen in Abb. 112—117 dargestellt. In einem geschlossenen Gehäuse bewegen sich 2 Kolben, sie sind unter 90° gekuppelt, wobei die Geschwindigkeit jedes Kolbens relativ zu der des andern stets wechselt, im Totpunkt tritt ein Augenblick der Ruhe ein. Dies ermöglicht schluckweises Durchlassen des Wassers durch den Apparat; das Wasser wird dabei gemessen. Jeder Kolben bewegt sich innerhalb eines Systems von Kammern, diese füllen sich zuerst mit Flüssigkeit, sie sind bei der Totpunktlage des betr. Kolbens, nach außen abgeschlossen, in der nächsten Viertelsumdrehung wird die betr. Menge ausgestoßen. Zur Erläuterung der Wirkungsweise

6

nehmen wir an, das Wasser fließe in der Richtung 1—2 durch den Apparat und der Kolben I stehe in der unteren Totpunktlage, vergl. Abb. 112. Vom Einlaufstutzen 1 her durchfließt das Wasser den

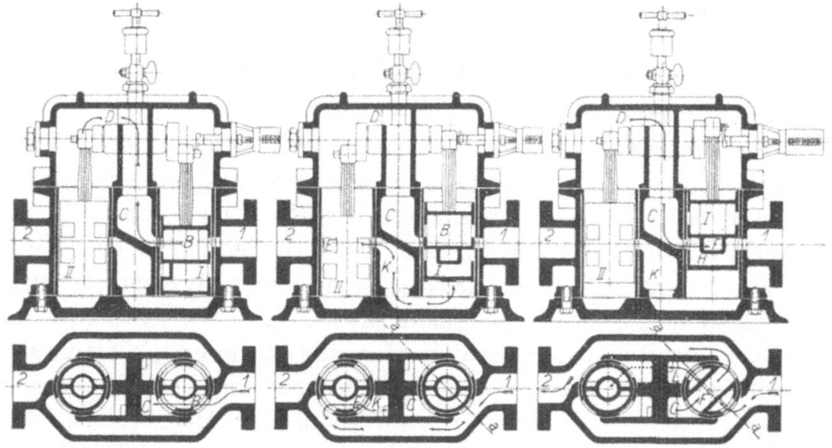

Abb. 112.	Abb. 114.	Abb. 116.
Kolben I durch die Mitte geschnitten.	Unterer Teil des Kolbens I nach a—a geschnitten.	Unterer Teil d. Kolbens I nach a—a geschnitten.
Abb. 113.	Abb. 115.	Abb. 117.
Zugehöriger Querschnitt.	Zugehöriger Querschnitt.	Zugehöriger Querschnitt.

Kolbengang B des Kolbens I (Kolben II ermöglicht dem Wasser von 1 her keinen Durchgang, siehe Querschnitt Abb. 113) und von da durch den Zylinder-Durchlaß C in die Oberteil-Kammer D über den Kolben II. Dieser bewegt sich nach unten, Kolben I aus der Totpunktlage nach oben. So füllt sich Kammer D, bis Kolben II in der unteren Totpunktlage angelangt ist, wobei Kolben I in der Mittelstellung steht, Abb. 114. Das Wasser wird vom Einlaufstutzen 1 her durch Kolben I nicht mehr durchgelassen, dagegen ist bei Kolben II der Kanal E geöffnet. Das Wasser fließt durch diesen und den Zylinder-Kanal K unter den Kolben I, denselben hebend. Die Kammer über dem Kolben II ist in seiner Totpunktlage vollständig angefüllt.

Wir betrachten nun Abb. 116 (rechts). Kolben I steht im oberen Totpunkt, dabei ist Kolben II in die Mittellage zurückgelangt. In Kolben I ist nunmehr der Gang H, der unter dem Gang F durchgeht, für den Zufluß von 1 her geöffnet. Das Wasser, das bei Kolben II keinen Durchgang mehr findet, tritt durch Gang H und den Zylinder-Kanal L, unter den Kolben II. Im Kolben I ist gleichzeitig der Kanal F

geöffnet. Durch diesen fließt nun das in der Kammer D befindliche Wasser durch die Kanäle $C\,F\,2$ ab (Abb. 117). Der Raum K unter dem Kolben I ist nun vollständig angefüllt, so daß bei der nächsten ·Viertelsdrehung die Portion K ausgestoßen wird, wie es vorhin mit der Portion D geschah.

Der Zähler des Wassermessers gibt das Volumen des durchgeflossenen Wassers an. Für die Bestimmung der Verdampfungsverhältnisse (Kap. Q) muß aber das Gewicht bekannt sein; die Zählerablesung ist entsprechend zu berichtigen.*)

d) Scheibenwassermesser. Das Wasser läuft in Hohlräume des Wassermessers ein, die infolge der Beweglichkeit einer Scheibe veränderlich sind. Dem Wasser ist beim Durchfluß durch den Meßraum ein Weg vorgeschrieben, auf welchem es die Scheibe in oszillierende Bewegung bringt und bewirkt, daß bei jeder Einzelbewegung der Scheibe eine Wassermenge gleich dem Nutzinhalt der Scheibenkammer abfließt. Der Vorgang ist zu vergleichen mit demjenigen einer Kolbenpumpe, wo sich bei dem Hin- und Hergang eines Kolbens im Zylinder je eine Zylinderfüllung entleert.

Die Scheibenwassermesser sind imstande, sehr heißes Wasser zu messen, leiden aber daran, nach verhältnismäßig kurzem Betrieb undicht zu werden; sie zeigen dann ungenau.

e) Der Venturi-Wassermesser. Dieser eignet sich hauptsächlich für die Messung großer Wassermengen; er ist grundsätzlich gleich beschaffen wie der Venturi-Dampfmesser (vergl. J 4).

Das Venturirohr, siehe Abb. 118, ist ein sich konisch verengendes Rohr 1, welches durch ein Halsstück mit einem längeren, allmählich sich erweiternden konischen Rohre 2 verbunden ist. An der Verengung des Rohres entsteht durch die hier erzielte höhere Wassergeschwindigkeit

---

*) Vor der Ablieferung wird jeder Wassermesser geeicht, wobei die Zahl C_1 (Gewichtsberichtigungskoeffizient) bestimmt wird, mit der die Ablesung zu multiplizieren ist, um das Gewicht zu erhalten. C_1 ist zutreffend bei der Temperatur, bei der der Wassermesser geeicht wurde. Weicht die Speisewassertemperatur hievon ab, und dies dürfte die Regel bilden, so ist noch eine Zahl C_2, der Temperaturberichtigungskoeffizient, zu berücksichtigen. Neben der Ausdehnung des Wassers fällt auch die des Wassermessers in Betracht, es handelt sich um eine Differenz. Wir haben gefunden, daß diese Verhältnisse genügend berücksichtigt sind, wenn gesetzt wird
$$C_2 = 1{,}004 - 0{,}0004\,t.$$
t ist die Wassertemperatur. Das Wassergewicht G ist somit, wenn N die Ablesung, $G = C_1\,C_2\,N$.

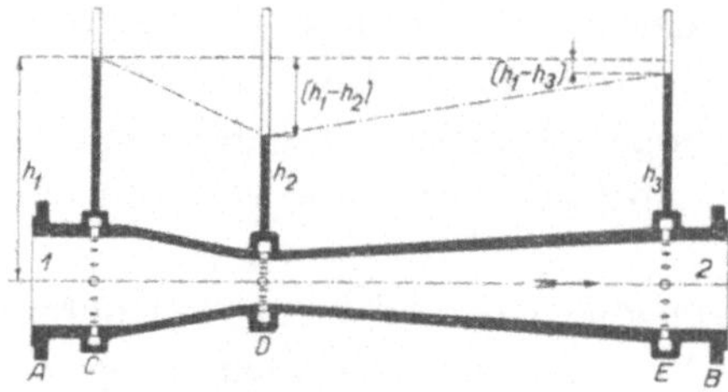

Abb. 118.
Venturirohr für die Wassermessung.

ein Druckabfall $(h_1—h_2)$, der es ermöglicht, die durchgehende Wassermenge zu messen. Der Querschnitt des Auslaufrohrs 2 ist allmählich vergrößert, wodurch der Druckabfall an der engsten Stelle zum größten Teil ausgeglichen, d. h. die anfängliche Druckhöhe wieder erreicht wird. Der von dem Venturirohr im ganzen hervorgerufene Druckverlust ist daher gering, er ist mit $(h_1—h_3)$ in der Abbildung angegeben. Die Druckentnahme erfolgt durch Ringkanäle an den Stellen bei C, D u. E. Die Ringkanäle stehen mit dem Innern des Rohres durch Öffnungen in Verbindung, welche über den ganzen Umfang verteilt sind, der Druck in den betr. Kammern ist daher der nämliche wie im Rohr selbst.

Die Drücke werden vermittels Kupfer- oder Bleiröhrchen zu den Anzeige-Apparaten übertragen; der einfachste von diesen ist ein mit Quecksilber halbgefülltes U-Rohr.

J. 2. Die Dampfmesser-Systeme.*)

Unter den Dampfmessern (genauer „Dampfmengenmessern") gibt es im wesentlichen 3 Systeme:
1. Der Scheibendampfmesser (J 3).
2. Der Düsendampfmesser (J 4).
3. Der Schwimmerdampfmesser (J 5).

J. 3. Der Scheibendampfmesser.

a) Scheibendampfmesser allgemeiner Bauart. Das Grundsätzliche des Scheibendampfmessers ist in Abb. 119 erläutert.

Man kann den durch ein Rohr fließenden Dampf der Menge nach bestimmen, wenn man seinen Zu-

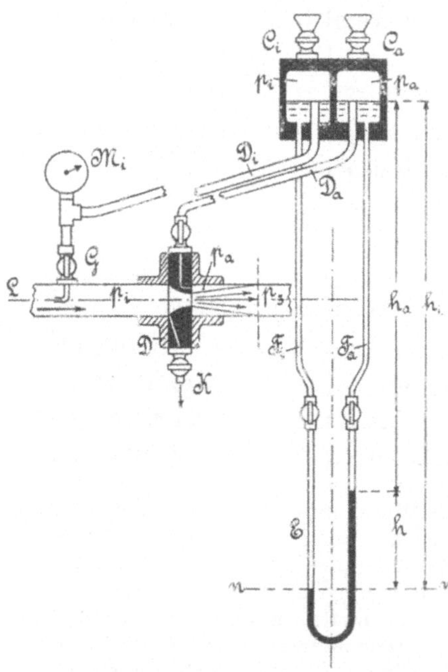

Abb. 119. Schema eines Dampfmessers allgemeiner Bauart (Scheibendampfmesser).

---

*) Vergl. Jahresbericht 1920 des Schweizerischen Vereins von Dampfkesselbesitzern: Höhn, Über Dampfmesser.

stand mit Bezug auf Druck und Temperatur kennt, auch die Geschwindigkeit muß bekannt sein, diese kann man aber selbst nicht messen sondern nur indirekt bestimmen, was zu den schwierigsten Aufgaben der Meßtechnik gehört. Zur Bestimmung wird künstlich ein Druckabfall hervorgerufen, indem man den Dampf durch eine Scheibe mit vermindertem Querschnitt treten läßt, ihn „drosselt“. Die Drosselscheibe muß in der Mitte einer ungefähr 2 m langen geraden Rohrstrecke liegen, zur Vermeidung von Wirbelungen. Es sei vorweggenommen, daß leicht überhitzter Dampf praktisch mit der nämlichen Genauigkeit wie Sattdampf gemessen werden kann. Eine Drosselscheibe ist gezeigt in der Abb. 119, in größerem Maßstab in Abb. 120. Der Querschnitt L der Dampfleitung ist in der Scheibe auf den Querschnitt F vermindert. Der Meridian der Öffnung ist ein Kreisbogen, dessen Mittelpunkt in der hintern Scheibenebene (A) liegt, wie bei Abb. 120 gezeichnet. Infolge der Drosselung sinkt der Druck p_i vor der Scheibe auf p_a hinter der Scheibe; je größer die Dampfgeschwindigkeit, desto größer der Druckabfall $(p_i - p_a)$. Der Druck p_i wird durch ein Manometer M_i (Abb. 119) gemessen. Der Druckunterschied vor und hinter

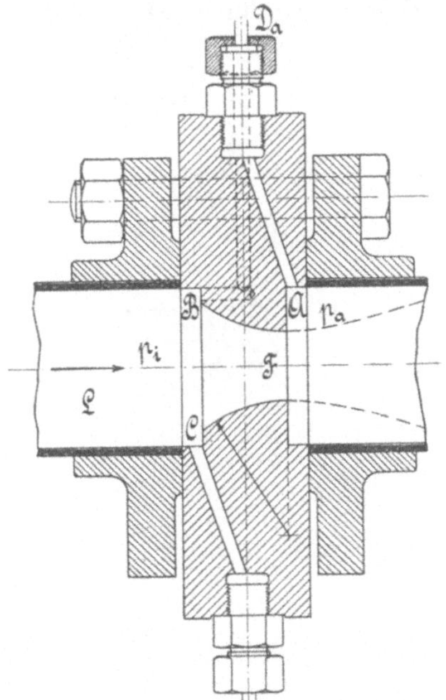

Abb. 120. Drosselscheibe (Stauscheibe).

der Scheibe kann durch ein Quecksilber-Manometer E (Abb. 119) gemessen werden; dabei werden die Drücke p_i und p_a durch die Wassersäulen F_i und F_a übermittelt. Jede dieser Wassersäulen steht in Verbindung mit einer abgeschlossenen Hälfte C_i oder C_a eines Kondenstopfes; die Dampfleitungen D_i bzw. D_a besorgen die Übertragung der Dampfdrücke p_i und p_a. Die Bohrung B (Abb. 120) steht mit der Dampfleitung D_i, A mit der Dampfleitung D_a in Verbindung. Der Druckunterschied ist, weil 13,586 das spezifische Gewicht von Quecksilber ist (bei 4 ° C)

$$p_i - p_a = 13{,}586\,h - h$$

Die Wassersäule von der Höhe h muß nämlich von der Queck-silber-Säule der gleichen Höhe abgezogen werden. Genauer ist der untenstehende Ausdruck, in welchem γ_t das spezifische Gewicht des Quecksilbers und γ_t' dasjenige des Wassers bei der Ablesetemperatur t bedeutet

$$p_i - p_a = h\,(\gamma_t - \gamma_t')$$

b) **Der Gehredampfmesser.** Der Druckunterschied $p_i - p_a$ kann automatisch auf einem Papierstreifen aufgezeichnet werden. Die Einrichtung hiezu ist in Abb. 121 dargestellt.

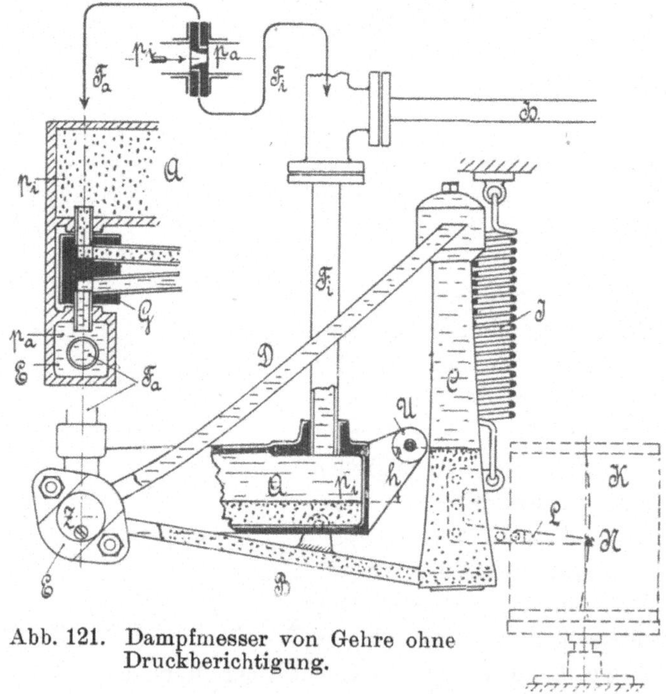

Abb. 121. Dampfmesser von Gehre ohne Druckberichtigung.

Die Drosselscheibe ist oben in der Abbildung ersichtlich. Der Druck p_i vor der Drosselscheibe wird durch Leitung F_i in den Kasten A, der mit Quecksilber und Kondenswasser gefüllt ist, über-tragen. F_a für die Übertragung von p_a ist an den Kasten E ange-schlossen. Der Überdruck $p_i - p_a$ verdrängt das Quecksilber aus A in das bewegliche Rohrdreieck BCD so lange, bis im Rohr C der Spiegel um h über dem des Kastens steht. Das in C vorhandene Kondenswasser wird durch Rohr D, Kasten E, Leitung F_a nach der Drosselscheibe zurückgedrängt. Das Quecksilbergewicht in C dreht das Rohrdreieck um die Achse Z und C senkt sich solange, bis seine Überlast durch den Zug zweier kalibrierter Federn J ausgeglichen ist. Das veränderte Gewicht in C und damit der Überdruck $p_i - p_a$ wird somit vermittels Federwagen gewogen. Die Stellung von C wird durch einen Schreibstift N auf einer Trommel K aufgeschrieben. Der Papierstreifen ist so eingeteilt, daß die Durchflußmenge direkt abgelesen werden kann. Das Gelenk G besitzt keine Stopfbüchsen; die letztern werden vermieden, indem man für die Verbindungen von G nach A und nach E hin Weichgummirohre verwendet. Diese Schlauchstücke werden bei der Drehung des Rohrdreiecks leicht tordiert.

Das Rohrstück C besitzt eine eigenartige Form; diese wird dem Stück erteilt, damit der Papierstreifen in gleiche Abstände eingeteilt werden kann. Der Grund hiefür wird im folgenden noch angegeben.

Dieser Dampfmesser zeigt bloß im Falle genau, daß der Kesseldruck bzw. Leitungsdruck p_i konstant bleibt, da ja das Dampfgewicht in weitem Maß vom Dampfdruck abhängig ist, siehe Tafel C 10, letzte Spalte. Um die Zeigerstellung des Dampfmessers zu berichtigen, wenn der Kesseldruck schwankt, ist der Dampfmesser mit folgender Einrichtung, dargestellt in Abb. 122, versehen.

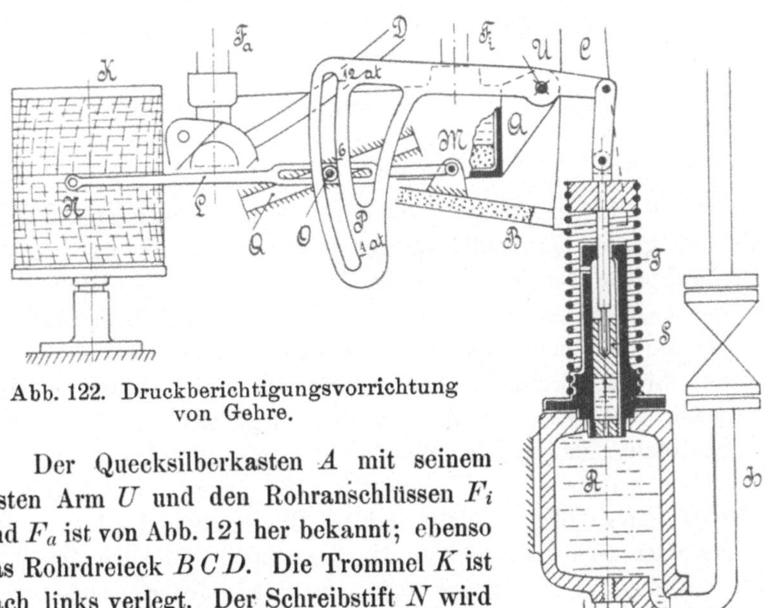

Abb. 122. Druckberichtigungsvorrichtung von Gehre.

Der Quecksilberkasten A mit seinem festen Arm U und den Rohranschlüssen F_i und F_a ist von Abb. 121 her bekannt; ebenso das Rohrdreieck BCD. Die Trommel K ist nach links verlegt. Der Schreibstift N wird von einem Doppelhebel L bewegt. Sein rechtes Ende ist mit dem Rohrdreieck im Punkt M gekuppelt; Drehzapfen bei O. Der letztere wird längs einer Gradführung Q verschoben vermittels einer Kulisse P; ihr fester Drehzapfen bei U. Die Kulisse P wird eingestellt vermittels eines Kolbens S, auf den der Kesseldruck p_i wirkt, denn aus der Leitung H gelangt Dampf p_i nach dem Ölbehälter R und unter den Kolben. Kolbendruck und Zug der Feder T halten sich das Gleichgewicht. Wächst p_i, so wird Kulisse P gesenkt und dadurch der Drehzapfen O des Zeigerhebels nach rechts oben verschoben. Dadurch wird der Schreibstift N gehoben, der Zeigerausschlag vergrößert.

c) Der Dampfmesser von Klinkhoff-Zelenka. Er gehört ebenfalls zu den Scheibendampfmessern. Der Druck vor der Stauscheibe wird durch das Rohr 1 (+), derjenige hinter der Stauscheibe durch 2 (—) einem Quecksilber-Differenzmanometer, Abb. 123, übermittelt, dieses besteht aus zwei konzentrisch ineinander geschobenen

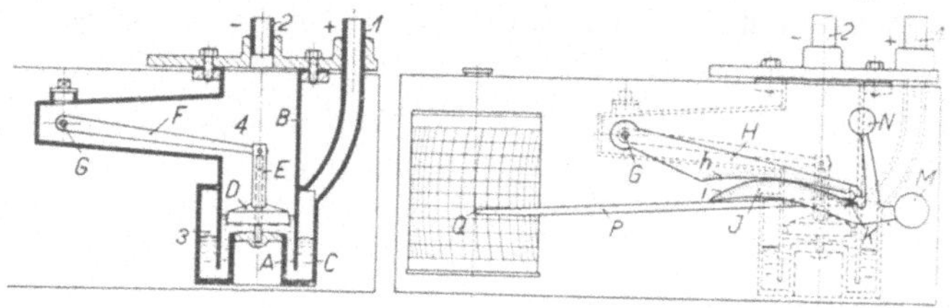

Abb. 123 und 124. Dampfmesser von Klinkhoff-Zelenka.
Links (Abb. 123). Quecksilbermanometer mit Schwimmer.
Rechts (Abb. 124). Schreibhebelmechanismus und Schreibtrommel.

Rohren A und B. Im Raum 4, der Seite des schwächeren Dampfdruckes, steigt der Quecksilberspiegel entsprechend dem Unterschied des Dampfdruckes vor und hinter der Stauscheibe, der Schwimmer D wird gehoben, die Stange E nimmt den Hebel F mit. Mit der kleinen Welle G, die mit einer Stopfbüchse versehen ist, ist der Hebel H, Abb. 124, direkt gekuppelt, dieser dreht sich frei und hat auf der untern Seite eine Wälzbahn h. An diese legt sich ein Punkt der Gegen-Wälzbahn i des zweiten Wälzhebels J an. Hebel J dreht sich um den festen Zapfen K; durch die Gegengewichte M und N wird Hebel J angehoben, er folgt frei den Bewegungen des Hebels H, wobei die untere Wälzbahn sich an die obere anlegt. Mit dem Hebel J ist der Schreibhebel P fest gekuppelt, die Schreibfeder Q steht über dem Papierstreifen der Trommel R.

Mit diesem Wälzhebel-Mechanismus hat es folgende Bewandtnis. Die Dampfmenge G, die gemessen werden soll, kann nach der Formel berechnet werden:

$$G = k \cdot F \sqrt{(p_1 - p_2)\, \gamma}$$

k ist ein Koeffizient, F der Durchgangsquerschnitt der Drosselscheibe, p_1 bzw. p_2 der Druck vor bzw. hinter der Drosselscheibe, γ ist das spezifische Gewicht des Dampfes. Die Menge G, die in kg/sek gemessen werden soll, ist also einer Wurzel proportional, währenddem der Ausschlag des Hebels H dem Radikanden (Ausdruck unter der Wurzel) proportional ist. Der Wälzhebel-Mechanismus ist so eingerichtet, daß der Hub des Schreibstiftes schon von 0 an der Wurzel proportional wird („er besorgt das Wurzelziehen"). Der Papierstreifen kann daher über die ganze Breite in gleiche Abschnitte, die eine proportional zunehmende Dampfmenge darstellen, eingeteilt werden.

J. 4. Der Düsendampfmesser.

Als Repräsentant dieses Dampfmessers beschreiben wir den Venturi-Dampfmesser.

Professor Stodola hat in seiner Arbeit über die Dampfturbinen darauf aufmerksam gemacht, daß die eigentümlichen Strömungserscheinungen an kegelförmig erweiterten, sogen. De Lavaldüsen, zur Dampfmessung besonders geeignet erscheinen. Wie nämlich durch Messung von ihm zuerst nachgewiesen wurde, sinkt der Dampfdruck unmittelbar hinter dem engsten Querschnitt einer solchen Düse (Abb. 125) erheblich unter den Gegendruck p_a herab und steigt erst im erweiterten Teil wieder angenähert bis zum Einströmungsdruck, sei es durch Diffusorwirkung bei Unterschallgeschwindigkeit, sei es durch Verdichtungsstoß bei Überschallgeschwindigkeit. Das Mittel, das sich auf diese Weise bietet, den so schwierig zu messen-

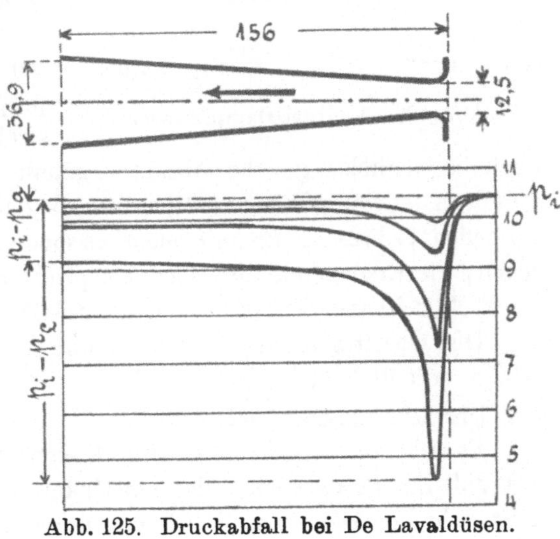

Abb. 125. Druckabfall bei De Lavaldüsen.

den Druckunterschied vorübergehend stark zu vergrößern, ohne den schließlichen Spannungsverlust zu erhöhen, ist benützt beim Venturi-Dampfmesser, Abb. 126.

Statt also eine Drosselscheibe gemäß früherem in die Dampfleitung einzuschalten, wird beim Venturi-System ein Doppelkonus, $A_1 A_2$ in Abb. 126, eingebaut und der Druckunterschied zwischen Einlauf A_1 und Einschnürungsstelle L gemessen. Die Druckentnahme erfolgt aus ringförmigen Druckkammern, also am ganzen Umfange.

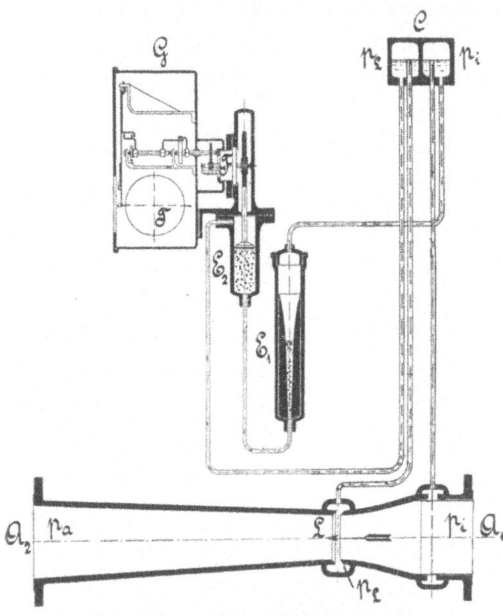

Abb. 126. Venturi-Dampfmesser.

Wie üblich wird der Dampf in Kondensationsgefäßen C, die über dem Dampfmesser liegen, niedergeschlagen und von da einem Quecksilber-Manometer E_1 (Hochdruckseite) und E_2 (Niederdruckseite) zugeleitet. Das letztere (E_2) ist zylindrisch ausgebaut und enthält einen Schwimmer (Bauart Siemens-Halske). Der Dampfmesser berücksichtigt die Schwankung des Kesseldruckes nicht. Die Dampfmenge ist gemäß Formel

$$G = Fk \sqrt{(p_i - p_a)\, \gamma}$$

der Wurzel des Druckabfalles proportional. Damit der Papierstreifen auf der Trommel jedoch in möglichst gleiche Abstände geteilt werden kann und damit dieselben der Dampfmenge entsprechen, ist das Gefäß E_1 des kommunizierenden Rohres $E_1 E_2$ mit einem besonders geformten Einsatz versehen; die Erzeugende desselben entspricht annähernd einem Parabelstück. Für kleine Dampfmengen ist die Teilung jedoch enger.

Die Übertragung der Schwimmerbewegung auf den Schreibstift erfolgt vermittels der Magnete F.

J. 5. Der Schwimmer-Dampfmesser.

Es gibt verschiedene derartige Konstruktionen; wir beschränken uns auf die Beschreibung des amerikanischen Dampfmessers Emery & St. John, in Deutschland bekannt unter dem Namen Claassen; er

ist in Abb. 127—129 dargestellt. An Stelle der bei Scheibendampfmessern verwendeten Drosselscheibe mit konstantem Durchgangsquerschnitt stellt hier ein Konus, der sich hebt und senkt, eine ringförmige
und in ihrer Größe veränderliche Durchgangsöffnung für den Dampf
her. Dabei findet eine gewisse Drosselung statt; der Kesseldruck p_i
(unten) wird auf den Gegendruck p_a (oben) reduziert. Der Unterschied
$(p_i—p_a)$ genügt, den Konus zu tragen, bzw. das Gleichgewicht gegenüber der Schwerkraft herzustellen. Da das Konusgewicht konstant

ist, ergibt sich die be-
merkenswerte Tatsache,
daß der Spannungsabfall
$p_i—p_a$ für verschiedene
Dampfmengen konstant
bleibt.

Soll der Konus eine
seinem Hub proportio-
nale Dampfmenge durch-
lassen, so darf er nicht
als Kegel, d. h. nicht
mit einer gradlinigen
Erzeugenden ausgeführt
werden. Der Konusme-
ridian wird als parabo-
lische oder unter Berück-
sichtigung noch anderer

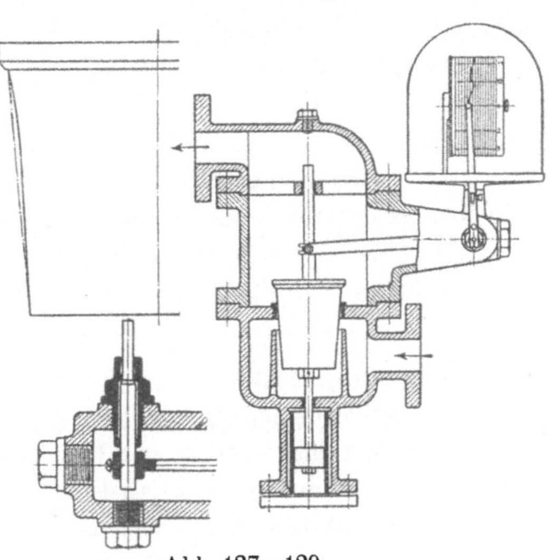

Abb. 127—129.
Dampfmesser von Claassen (St. John).

Einflüsse als ein Stück einer parabelähnlichen Kurve ausgeführt, siehe
Abb. 127 (links oben). Damit wird erreicht, daß die Dampfmenge dem
Hub proportional ist. Die Erfüllung dieser Bedingung ist das Wesent-
liche dieser Konstruktion.

Die Hubbewegung wird vermittels eines Hebels und einer Welle,
versehen mit einem Dichtungskegel (Abb. 128), also unter Vermeidung
einer eigentlichen Stopfbüchse auf eine Schreibtrommel übertragen.
Eine Flüssigkeitsbremse (unten in Abb. 129) soll die Schwingungen
des Konusses dämpfen (was erfahrungsgemäß nicht immer geschieht,
so daß die Claassen-Dampfmesser häufig hämmernde Bewegungen aus-
führen und bisweilen daran zu Grunde gehen).

Die Einteilung des Papierstreifens wird bei verschiedenem Druck
durch Eichung bestimmt; jeder Kesseldruck bedingt einen anderen

Streifen. Soll ein in gleiche Abstände geteilter Papierstreifen verwendet werden, so muß vor das Schreibwerk eine Druckberichtigungsvorrichtung eingeschaltet werden.

K. Die Brennstoffe.*)

K. 1. Einteilung der Brennstoffe.

Wir unterscheiden

a) feste, b) flüssige, c) gasförmige Brennstoffe.

K. 2. Die festen Brennstoffe.

Die festen Brennstoffe werden eingeteilt in:

a) natürliche: Holz, Torf (Turben), verschiedenartige Braun- und Steinkohlen, z. B. mulmige Braunkohle, Pechglanzkohle, lang- und kurzflammige Steinkohlen, Anthrazit.

b) künstliche: Koks aus Steinkohlen, Holzkohle, Torfkohle, Petrolkoks und Briketts aus Stein- und Braunkohlen.

c) Abfälle, z. B. Schlacken, Rauchkammerlösche, Kohlen-Staub und -Schlamm, Holzklein, Sägemehl, Gerberlohe usw.

K. 3. Die Kohlengattungen.

Man unterscheidet Braunkohlen und Steinkohlen.

Die Steinkohlen werden zur Hauptsache eingeteilt nach der Art der Flammenbildung in kurz- und langflammige Kohlen, ferner, weil sie beim Erhitzen mehr oder weniger schmelzbar sind, und sich im Feuer verschieden verhalten, in backende und nicht backende Kohlen. Nicht backende Kohlen können langflammig und kurzflammig sein, z. B. sind junge Saarkohlen (La Houve) und junge polnische (schlesische) Kohlen oft nicht oder kaum backend, ebenso Magerkohle und Anthrazite. Diese nicht backenden Kohlen unterscheiden sich aber in der Brenngeschwindigkeit. Gasreiche Kohlen brennen schnell, gasarme langsam. Die backenden Kohlen schmelzen auf dem Rost.

Geht man in der Unterteilung weiter, so werden die Steinkohlen nach folgendem Schema klassifiziert (nach Gruner).

---

*) Literatur: Jahresbericht des Schweizerischen Vereins von Dampfkesselbesitzern, 1917, Schläpfer und Höhn: Ersatzbrennstoffe. Jahresbericht 1918, Schläpfer: Über Brennstoffe für den Dampfkesselbetrieb.

Grahl: Wirtschaftliche Verwertung der Brennstoffe (Verlag Oldenbourg).

Aufhäuser: Vorlesungen über Brennstoffkunde (Boysen & Maasch, Hamburg).

Kukuk: Unsere Kohlen (B. G. Teubner, Leipzig).

Zahlentafel II.

Klassifikation der Kohlen mit Angaben über die wasser- und aschenfreie Kohlensubstanz.

Kohlentypen	Elementarzusammensetzung der wasser- und aschenfreien Kohlensubstanz			Gehalt an flüchtigen Bestandteilen	Aussehen des Koksrückstandes
	Kohlenstoff %	Wasserstoff %	Sauerstoff und Stickstoff %	%	
1. Flammkohlen (trock. Steinkohlen mit lang. Flamme)	75—80	5,5—4,5	19,5—15,0	40—45	Pulverförmig, höchstens zusammengefrittet oder gesintert
2. Gaskohlen (fette Steinkohlen mit langer Flamme)	80—85	5,8—5,0	14,2—10,0	32—40	geschmolzen od. geflossen, stark aufgebläht
3. Schmiedekohlen (eigentliche fette Kohlen) . . .	84—89	5,0—5.5	11,0— 5.5	26—32	geschmolzen od. geflossen, wenig aufgebläht
4. Kokskohlen (fette Steinkohlen mit kurzer Flamme)	88—91	5,5—4,5	6,5— 5,5	18—26	geschmolzen od. zusammen gebacken und hart, meist wenig aufgebläht
5. Magerkohlen u. Anthrazite . .	90—93	4,5—4	5,5— 3,0	10—18	zusammengefrittet oder pulverförmig.

K. 4. Die Zusammensetzung der Rohkohlen.

Die Rohkohle besteht aus brennbaren Anteilen (Kohlensubstanz) und nicht brennbaren Anteilen (Feuchtigkeit, Asche). Der größere Teil des in den Kohlen enthaltenen Schwefels, der normalerweise $2\frac{1}{2}\%$ nicht übersteigt, ist in der brennbaren Substanz enthalten.

Der Elementarzusammensetzung nach besteht die wasser- und aschenfreie (brennbare) Kohlensubstanz aus Kohlenstoff [chemisches Zeichen (C)], Wasserstoff (H), Sauerstoff (O), Stickstoff (N) und Schwefel (S). Der Wasserstoffgehalt bewegt sich gewöhnlich innerhalb der Grenzen 3 und 5,8 %; der Kohlenstoff wiegt vor, wie es in Tafel II ersichtlich ist. Den Rest zu 100 % bilden Sauerstoff, Stickstoff und Schwefel.

K. 5. Die flüchtigen Bestandteile.

Sie sind kennzeichnend für das Verhalten eines Brennstoffes beim Erhitzen und sind in der Rohkohle in gebundener, fester Form enthalten; sie werden erst beim Erhitzen der Kohle auf höhere Temperatur frei. Der Gehalt verschiedener Kohlengattungen an flüchtigen Bestandteilen ist in Tafel II ersichtlich. Wird Kohle eingefeuert, so erhitzt sie sich auf dem Rost; eine Folge der Erhitzung ist das Entweichen der flüchtigen Bestandteile als brennbares Gas, ein Vorgang ähnlich demjenigen des Austreibens von Leuchtgas aus den Kohlen in den Retorten der Gasfabriken. Die festen Bestandteile werden teilweise in flüchtige umgewandelt, sie sind zum Teil dampfförmig (Wasser-, Teerdampf) und zum Teil gasförmig.

Die flüchtigen Bestandteile sind verhältnismäßig reich an Verbindungen, die nur aus den Elementen Kohlenstoff und Wasserstoff zusammengesetzt sind und deren einfachster Vertreter das Sumpfgas CH_4 ist.

Die flüchtigen Bestandteile verbrennen im Herd mit langer Flamme. Viel flüchtige Bestandteile, bis $45\,{}^0/o$, haben durchwegs die Saarkohlen, die Ruhrkohlen sind in der Beziehung verschieden. Bei den Steinkohlenbriketts trachtet man danach, auf rund 20 % flüchtige Bestandteile zu kommen, sie werden daher oft aus verschiedenen geeigneten Kohlensorten unter Zusatz von Steinkohlenteerpech als Bindemittel hergestellt (vergl. K 10). Wenig flüchtige Bestandteile haben Koks und Anthrazit, Zechenkoks bloß $1—3\,{}^0/o$, Anthrazit bis zu $10\,{}^0/o$. Holz hat $80—85\,{}^0/o$ flüchtige Bestandteile, daher rührt die lange Flamme. Flüssige Brennstoffe haben bis $100\,{}^0/o$ flüchtige Bestandteile. Über die Größe der Verbrennungskammer in Abhängigkeit des Gehaltes an flüchtigen Bestandteilen des verfeuerten Brennstoffs (vergl. L 14).

Die flüchtigen Bestandteile bilden das belebende Element eines Brennstoffes, sie bilden neben dem Heizwert die wichtigste Kennzeichnung einer Kohle; jeder Kohlenverbraucher muß diese zwei Werte bei seiner Kohle kennen.

K. 6. Der Wassergehalt eines Brennstoffes.

Je mehr Wasser ein Brennstoff enthält, desto schwerer ist er brennbar; das Wasser wird im Feuer zu Dampf verwandelt und dieser wirkt kühlend.

Jeder Brennstoff enthält eine gewisse charakteristische Menge Wasser, die er auch bei langem Stehen an der Luft nicht abgibt. Diese Wassermenge ist die sogen. hygroskopische Feuchtigkeit. Wird ein Brennstoff benetzt, sei es schon in der Grube, sei es durch Regen, so kann er noch mehr Wasser aufnehmen, das er aber beim Stehenlassen an der Luft wieder abgeben kann. Diese Feuchtigkeit nennt man die Nässe oder grobe Feuchtigkeit. Sie ist keine charakteristische Größe, sondern von äußern Umständen abhängig. Bei der Bestimmung des Wirkungsgrades einer Feuerung fällt die gesamte Feuchtigkeit des Brennstoffs in Betracht.

Ein normaler Anthrazit enthält rund 1%, eine junge Flammkohle bis 10% hygroskopische Feuchtigkeit, auch wenn sie sich trocken anfühlt. Bei ältern Steinkohlen übersteigt die Gesamtfeuchtigkeit selten 10%; sie drückt, wie oben begründet, den Heizwert der Rohkohle herunter.

Holz enthält lufttrocken rund 20%, frisch geschlagen bis 50% Wasser, vergl. Zahlentafel V.

K. 7. Die Asche eines Brennstoffes.

Gute Steinkohlen enthalten nicht über 7% Asche, 10% sind schon verhältnismäßig hoch. Holz hat 1% Asche.

Bei der Asche fällt in Betracht, wie hoch sie schmilzt und wie sich der Schmelzvorgang abspielt. Wenn sie dabei zähflüssig wird, so hat sie besondere Neigung zum Backen. Schlacken sind geschmolzene Asche mit mehr oder weniger eingeschlossenen brennbaren Anteilen. Backen kommt vor, wenn die Temperatur im Feuerraum den Schmelzpunkt der betreffenden Asche übersteigt. Allgemein liegt der Aschenschmelzpunkt zwischen 1100° und 1700° C. Als Temperatur in steinkohlengeheizten Feuerräumen können wir 1200° bis 1500°C rechnen, bei sehr starkem Feuer, namentlich bei der Kohlenstaubfeuerung, bis 1600° C. Die Schlackenbildung hängt auch mit der Korngröße und Brenngeschwindigkeit zusammen. Bei kleinen Körnungen kann der Brennvorgang lokalisiert sein, es entstehen örtlich hohe Temperaturen, die das Schmelzen der Asche einleiten können, z. B. mit Koks als Brennstoff bei Zentralheizungskesseln bei zu kleinem Korn. Schiefer-Einschlüsse können zur Verschlackung Veranlassung geben.

Zahlentafel III.

Schmelzpunkte einiger Kohlenaschen.

Belgische und französische Anthrazite	15 Proben	1220—1600° C
Ruhrmagerkohlen	7 „	1250 - 1380° C
Ruhrkohlen	14 „	1250—1670° C
Ruhrfettkohlen	22 „	1250—1580° C
Saarfettkohlen	18 „	1300—1470° C
Saarflammkohlen . . .	31 „	1330—1670° C
Oberrheinische Briketts . .	18 „	1125—1440° C
Ruhrzechenbriketts . . .	15 „	1260—1470° C
Französische Briketts . .	13 „	1350 —1600° C

Über die Entfernung backender Schlacken vom Rost (vergl. M 7).

K. 8. Der Heizwert.

Der Heizwert ist die wichtigste Kennzeichnnng für einen Brennstoff. Er gibt die Wärme von 1 kg bei der Verbrennung in reinem Sauerstoff zu Kohlensäure und Wasserdampf an; die Wärme wird in kcal (Kilokalorien gleichwertig mit WE, Wärmeeinheiten, vergl. A 15) gemessen. Über das Vorgehen, den Heizwert zu bestimmen, vergl. K 16.

Man unterscheidet den obern und den untern Heizwert. Der obere ist identisch mit der absoluten bei der Verbrennung des Kohlenmusters in der Bombe erzielten Wärmezunahme. Beim untern Heizwert ist der Wärmeinhalt des Verbrennungswassers (vergl. L 1) vom obern Heizwert abgezogen. In Amerika rechnet man mehr mit dem oberen Heizwert, auf dem europäischen Kontinent mit beiden. Bei Kesselfeuerungen ist es praktisch, mit dem untern Heizwert zu rechnen; bei technischen Feuerungsanlagen wird das Verbrennungswasser nicht kondensiert und daher dessen Wärmeinhalt auch nicht ausgenützt. Ein namhafter Unterschied besteht übrigens bloß bei Brennstoffen, bei denen viel Verbrennungswasser entsteht., z. B. bei flüssigen Brennstoffen, wegen ihres Wasserstoffgehalts auch bei sehr feuchten Brennstoffen. Der Unterschied macht dann einige hundert WE aus (bei Ölen bis gegen 700 kcal, bei Steinkohlen etwa 200—250 kcal).

Bei wasser- und aschenfreien Heizölen beträgt der obere Heizwert bis zu 10 700 kcal, bei Steinkohlen bewegt er sich zwischen 7700 und

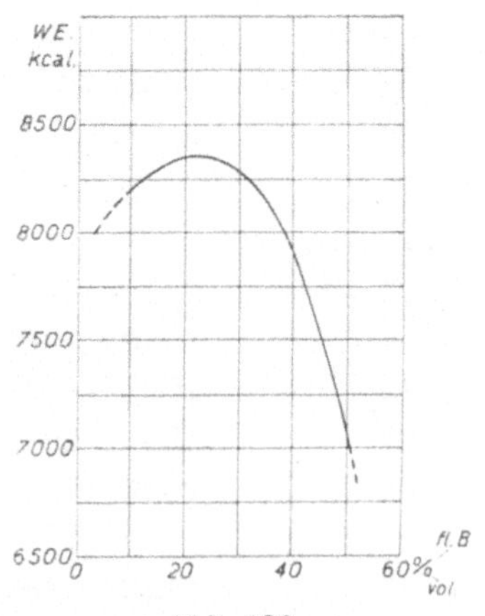

Abb. 130.
Heizwert in Abhängigkeit der flüchtigen Bestandteile von Kohlen und Koks.

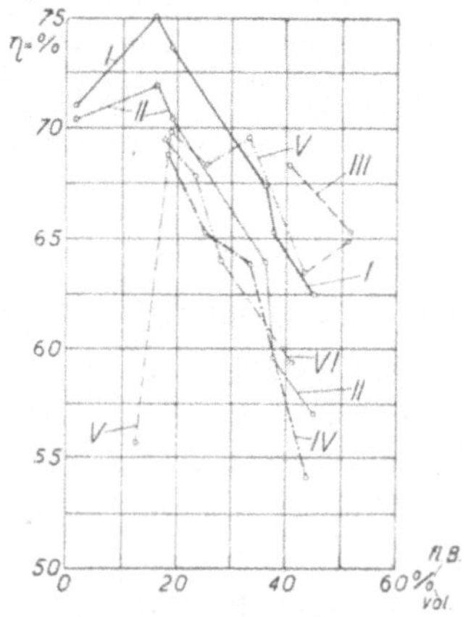

Abb. 131.
Kessel-Wirkungsgrad in Abhängigkeit der flüchtigen Bestandteile der verfeuerten Brennstoffe (Kohlen und Koks).

8700 kcal, am heizkräftigsten ist die brennbare Substanz derjenigen Steinkohlen, welche 20—25 % flüchtige Bestandteile enthalten. Er sinkt nach beiden Seiten, insbesondere gegen die mit mehr flüchtigen Bestandteilen. Dies geht aus Abb. 130 und 131 hervor. In Ordinaten-Richtung bewegen sich die Heizwerte, in derjenigen der Abszisse die flüchtigen Bestandteile verschiedener

Zahlentafel IV.

Zusammensetzung und Heizwert der üblichen Brennstoffe.[1]

Brennstoff	Zusammensetzung des rohen Brennstoffes			Vergleichswerte für die „Reinkohle", d. i. wasser- und aschefreier Brennstoff			Flüchtige Bestandteile der wasser- und aschefreien Substanz
	Wassergehalt %	Aschegehalt %	Heizwert kcal	Kohlenstoff %	Wasserstoff %	Verbrennungswärme kcal	%
Feste Brennstoffe.							
Holz (trocken) . .	7—22	0,3—1,2	3400—4100	50—52	5,9—6,4	4700—5100	80—85
Torf (lufttrocken) .	14—29	1—8	3000—4800	55—63	5,3—6,1	5300—6100	68—75
Erdige Braunkohle u. Lignite:							
Sachsen . . .	42—56	2—10	2000—3200	63—73	4,7—7,3	6000—7700	50—60
Niederlausitz . .	46—58	2— 7	1800—2500	64—68	4,5—5,3	6000—6500	50—60
Briketts:							
Sachsen	11—18	7—11	4500—5300	67—71	5,3—6,3	6400—7200	40—50
Niederlausitz . .	11—17	4—8	4300—5000	65—67	5,0—5,4	6100—6400	40—50
Böhmische Braunkohlen:							
Lignite	35—45	3—10	3200—3800	71—73	5,2—6,0	6900—7400	40—60
Gewöhnliche . .	18—36	2—8	4000—5600	71—78	5,4—7,4	7100—7900	50—60
Bessere Sorten, ferner Pechglanz- u. Gaskohlen . . .	5—18	3—10	5500—7200	76—78	7,3—8,8	8300—8700	40—50
Steinkohlen:							
Sachsen	6—15	2—8	5900—7400	78—85	0,4—5,8	7900—8400	35—45
Schlesien u. Polen	2—6	2—8	6600—7600	79—88	4,3—5,5	7900—8300	35—45
Ruhrgebiet . . .	1—4	2—8	7300—8000	82—89	4,3—5,4	8400—8700	15—40
Saargebiet . . .	1—4	3—10	6500—7600	81—84	5,1—5,6	8000—8400	34—48
Großbritannien .	1—9	2—12	6800—8200	79—87	4,3—5,8	7700—8700	15—45
Anthrazite:							
Gewöhnliche Anthrazite . .	1—3	3—8	7500—8100	89—94	3,0—4,7	8300—8700	5—10
Walliser Anthrazit[2]	5—20	25—45	3100—5300	—	—	—	7—13
Koks (lufttrocken)	1—5	6—12	6700—7400	93—96	0,4—1,2	7800—8200	1— 4

[1] Aus „Die Auswahl der Kohlen für Mitteldeutschland" von Dr. H. Langbein, Leipzig, Joh. Ambros. Barth, 1905, S. 9.

[2] Nach Professor Dr. Schläpfer.

Zahlentafel V. **Häufig gebrauchte Brennstoffe.**

Brennstoffe	Wasser	Asche	Heizwert pro kg	Flüchtige Bestandteile der wasser-u. asche-freien Substanz
A. Künstliche Brennstoffe.[1]	%	%	kcal	%
Koks:				
Zechenkokse	2,0—15,0	7,0—12,0	5900—7100	4,0 — 8,0
Gaskokse	2,0—20,0	10,0—18,0	5000 - 7000	6,0—12,0
Koksgrieß	5,0—25,0	15,0—25,0	4300—6300	10,0—15,0
Holz- und Torfkohlen:				
Holzkohlen	2,0—30,0	6,0—10,0	4600—7100	7,0—10,0
Torfkohlen	3,0—20,0	10,0 - 70,0	1450—6750	10,0—18,0
Briketts aus diversen Brennstoffen:				
Sägemehl	10,0—15,0	8,0 - 15,0	3200—3800	80,0—85,0
Torf und Sägemehl	10,0—20,0	6,0 - 10,0	3250—4100	75,0—80,0
„ „ Walliser Anthrazit .	3,0—30,0	25,0—35,0	2750—4900	25,0—40,0
Walliser Anthrazit	3,0—18,0	30,0 - 40,0	3600—5200	12,0—15,0
Koksgrieß	2,0—15,0	15,0—30,0	4500—5450	15,0—20,0
Lokomotivlösche, Schlacken etc.	2,0— 8,0	35,0—45,0	3750—4900	12,0—15,0
Kohle, Koks, Lösche, Torf etc.	5,0—15,0	18,0—25,0	4100—5150	30,0—55,0
B. Abfälle a. Feuerungsanlagen u. industriellen Betrieben.[1]				
Kohlenfeuerungs-Rückstände:				
Schlacken	2,0—25,0	40,0—80,0	800—4450	5,0—10,0
Lokomotivlösche	2,0—20,0	30,0—50,0	2900—5300	8,0—10,0
Flugstaub	2,0—20,0	40,0—50,0	2800—4350	8,0—10,0
Abfälle aus Fabrikationsbetrieben:				
Holzklein, Sägemehl	20,0—55,0	2,0—3,0	1600—3350	80,0—85,0
Gerberlohe	20,0—50,0	5,0—7,0	1700—3200	80,0—85,0

Zahlentafel VI. **Mittlere Heizwerte von Ruhr- und Saarkohlen.**[2]

Brennstoffe	Wasser	Asche	Heizwert pro kg	Flüchtige Bestandteile der wasser-u. asche-freien Substanz
	%	%	kcal	%
Ruhrmagerkohlen	2,0— 8,0	5,0—11,0	6800 7700	15 —20
Ruhrfettkohlen	2,0— 8,0	5,0—11,0	6700—7600	25 —35
Ruhrflammkohlen	4,0—12,0	6,0—15,0	6100—7300	35 —40
Ruhrbriketts	2,0— 8,0	7,0—10,0	6900—7600	16 —25
Saarfettkohlen	2,0— 8,0	5,0—12.0	6700—7400	34 —39
Saarflammkohlen	4,0—12,0	8,0 - 15,0	5900—6900	39—48

[1] Nach Professor Dr. Schläpfer.
[2] Auszug aus einer Statistik d. Schweiz. Vereins v. Dampfkesselbesitzern.

Brennstoffe in $^0/_0$. Dabei handelt es sich von links nach rechts um Kokse, Steinkohlenbriketts, Ruhrkohlen, Saarkohlen, Braunkohlen. **Die höchsten Heizwerte erreichen die Steinkohlenbriketts mit 20—25%, flüchtigen Bestandteilen.***) Die Kurve von Abb. 130 muß als Mittelwertkurve angesehen werden, wobei einzelne Werte um $\pm$ 150 kcal abweichen können. Dagegen gelten diese Beziehungen für die Kohlenvorkommen der ganzen Welt.

Abb. 131 gibt noch Kessel-Wirkungsgrade in Abhängigkeit der flüchtigen Bestandteile der verfeuerten Brennstoffe (Kohle und Koks). Der höchste Wirkungsgrad dieses Kessels wurde mit Steinkohlenbriketts mit 18—25 % flüchtigen Bestandteilen erzielt. Die römischen Zahlen beziehen sich auf verschiedene Kessel, I und II auf einen Schiffskessel, III—V auf einen Zweiflammrohrkessel (III und IV Planrost, V Unterschubfeuerung), VI auf einen Einflammrohrkessel mit Planrost.

Wasser- und Aschengehalt beeinflussen die Güte eines Brennstoffes. Ungefähr proportional mit ihrer Zunahme sinkt der Heizwert. Als Beispiel vergleiche man K 12 über Holz. Es ist üblich, daß man den Gehalt an Wasser und Asche zusammenzählt und die Differenz dieser Summe zu 100 % als brennbare Substanz bezeichnet. Je höher diese im Vergleich zur unverbrennbaren ist, desto höher liegt der Heizwert.

Zahlentafel IV bis VI enthalten die Heizwerte der meisten Brennstoffe.

K. 9. Waschen und Sortieren der Kohle.

1. Soll es sich lohnen, eine Kohle auf weite Strecken zu verfrachten, so müssen die **minderwertigen Bestandteile aus ihr entfernt werden.** Dies geschieht durch Sortieren, gegebenenfalls auch durch Waschen der Kohle. Aus der Grube wird Kleines und Großes, durchmischt mit Steinen und Schiefern, an die Oberfläche gefördert. Verkauft man die Kohle wie sie anfällt ohne Sortierung, so wird von Förderkohle gesprochen. Meistens wird die Kohle gesiebt, sie passiert mechanisch bewegte Siebe und wird dann in Handelssorten zerlegt. An der Ruhr unterscheidet man z. B.:

Fördergruskohlen   .   .   .   .   mit zirka   10 % Stücken

Förderkohlen .   .   .   .   .   „   „   25—35 %   „

Melierte (gemischte) Kohlen   .   .   „   „   40 %   „

---

*) Der Forschungsarbeit 103 (Constam und Schläpfer) entnommen: Über den Einfluß der flüchtigen Bestandteile usw. (Verlag Julius Springer, Berlin).

Bestmelierte Kohlen . . . mit zirka 50 % Stücken
Stückkohle (gesiebt) I . . mit 4—5 cm Durchmesser
   „   „   II . . „ 3—4 „   „
   „   „   III . . „ 2—3 „   „

2. Oft genügt diese Aufbereitung nicht, da die Kohlensorten noch zu aschenhaltig sind, aber für bestimmte Zwecke verwendet werden müssen, z. B. für die Kokerei. Die Kohle wird dann gewaschen, dabei werden die schweren Schieferbestandteile von den leichtern Kohlenanteilen durch strömendes Wasser getrennt. Man bringt beispielsweise an der Ruhr folgende gewaschene Kohlensorten in den Handel:

Gewaschene Nußkohle I . . mit 4,5—8,0 cm Durchmesser
   „   „   II . . „ 3,0—4,5 „   „
   „   „   III . . „ 2,0—3,0 „   „
   „   „   IV . . „ 1,0—2,0 „   „
Ungewaschene Nußkohle: Nußgruskohle über 3,0 „   „
                       „ bis 3,0 „   „

Kohlenstaub für Kohlenstaubfeuerungen wird durch Mahlen aus den verschiedensten, meistens mittelmäßigen Kohlensorten gewonnen.

K. 10. Die Steinkohlenbriketts.

Die Steinkohlenbriketts werden fast ausschließlich nach dem Heißpreßverfahren unter Zusatz von 5 — 8 % Steinkohlenteerpech aus Kohlengrieß hergestellt. Für hochwertige Briketts gelangt gewaschener Kohlengrieß zur Verwendung. Durch Mischung verschiedener Grieße wird darauf hingewirkt, daß lufttrockene Steinkohlenbriketts 18—25 % flüchtige Bestandteile enthalten. Aschengehalt 8—10 %. Der Heizwert guter Steinkohlenbriketts erreicht 7500—7800 kcal. Sind die Brikette aus mageren Kohlen hergestellt, so können sie im Feuer zerfallen, selbst wenn viel Pech beigemischt wird; das Pech brennt heraus und auf dem Rost bleibt ein sandiger Rückstand, der die Luft nur schwer durchläßt. Solche Brikette müssen oft beanstandet werden. Gute Brikette sollen blumenkohlartig aufgehen. Die Brikette lassen sich bequem aufstapeln, ergeben wenig Lagerverluste und neigen nicht zur Selbstentzündung.

K. 11. Die Braunkohle und die Braunkohlenbriketts.

1. Die Braunkohle ist geologisch viel jünger als die Steinkohle (die älteste Steinkohle ist der Anthrazit). Die Braunkohlenlager kommen oft an der Oberfläche vor; die Braunkohle wird dann, wie man sagt,

im Tagbau gewonnen. Der Wassergehalt grubenfeuchter Braunkohlen bewegt sich zwischen 15 % und 60 %. Asche 2—15 %. Heizwert 2000—6000 kcal. Flüchtige Bestandteile bezogen auf wasser- und aschenfreie Substanz 45—60 %.

2. Die **Braunkohlenbriketts** werden aus vorgetrockneter und gemahlener Braunkohle, jedoch ohne Bindemittel gepreßt. Sie besitzen andere Brenneigenschaften als die Steinkohlenbriketts; sie brennen weniger rauchend und mit Flammentemperaturen, die um rund 200° C niedriger sind als diejenigen der Steinkohlenbriketts. Im allgemeinen finden Braunkohlenbriketts für den Hausbrand Verwendung, weniger für Dampfkesselfeuerung.

K. 12. Holz und Torf.

1. Man unterscheidet **Weichholz** und **Hartholz**. Frisch geschlagenes Holz hat bis 50 % Feuchtigkeit, lufttrockenes Holz rund 20 %. 1 kg lufttrockenes Holz hat einen Heizwert bis 3400 kcal, gleichgültig ob Hartholz oder Weichholz (größeres Volumen des Weichholzes) vorliegt. Der Heizwert **pro Ster** beträgt bei Weichholz rund 1 000 000 kcal, bei Hartholz rund 1 500 000 kcal. Weichholz und Hartholz unterscheiden sich nicht nur hinsichtlich des Volumengewichtes, sondern auch hinsichtlich der Brenngeschwindigkeit und Flammenbildung. Harzreiches, trockenes Tannenholz brennt rascher und mit längerer Flamme als harzarmes, trockenes Buchenholz. Daher rührt es, daß man Hartholz als heizkräftiger bewertet. Wenn das Holz „erstickt" ist, so geht nicht der Heizwert, wohl aber die Brenngeschwindigkeit zurück. Ersticktes Holz wird daher weniger hoch geschätzt. Vor seiner Verfeuerung in Dampfkesseln sollte das Brennholz in armlange Knüppel zerkleinert werden.

2. Wenn **Torf als Brennstoff** in Frage kommen soll, so muß er vor allem ausreichend getrocknet sein. Ein brauchbarer Torf sollte nicht über ca. 30 % Wasser enthalten. Ist dies der Fall, so ist der Heizwert in weitem Maß von den erdigen Bestandteilen abhängig. Maschinentorf ist dichter und hat daher pro Volumeneinheit einen höhern Heizwert als Handstichtorf, der demselben Feld entstammt. Die Heizwerte pro Ster sind folgende, trockene Ware vorausgesetzt: Leichter Torf 500 000 bis 900 000 kcal, mittelschwerer 900 000 bis 1 800 000 kcal, schwere Qualität 1 800 000 bis 2 300 000 kcal. Holz und Torf verbrennen mit langer Flamme, Holz mit der längsten (die z. B. bei einer Flammrohrkesselanlage durch alle Züge bis in den Economiser reichen kann).

K. 13. Koks und Anthrazit.

1. **Koks** wird in Kokereien oder Gaswerken durch Glühen unter Luftabschluß (trockene Destillation) der Kohle gewonnen; dabei werden die flüchtigen Bestandteile ausgetrieben. In der Regel werden sie gekühlt, gereinigt und als Teer, Ammoniakwasser und Leuchtgas oder Heizgas gewonnen. Bei der Glühhitze schmilzt die Kohle zu Koks zusammen; dieser enthält nur noch wenig flüchtige Bestandteile. Der Koks wird nach dem Ausstoßen aus der Retorte mit Wasser abgeschreckt („gelöscht"), wobei er solches aufnehmen kann. Er kann auch in Rückkühlanlagen gekühlt werden, wobei er **vollständig trocken** bleibt. Die Güte des Kokses richtet sich nicht nur nach der Güte der Kohle, aus der er gewonnen wird, sondern auch nach dem Herstellungsverfahren. Am härtesten ist der Zechenkoks, die Kohle wird in der Retorte dicht gelagert. Auch Vertikalretortenkoks ist hart. Weicher und brüchiger ist der Horizontalretortenkoks. Da Koks langsam und fast ohne Flammenbildung brennt, dient er nicht für Dampfkesselfeuerungen, sondern mehr für Anlagen, wo er in hoher Schicht verbrannt werden kann (Zentralheizungskessel, Kupolöfen, Hochöfen usw.). Es ist sehr wichtig, ihn in einer der betreffenden Feuerstelle angepaßten Körnung zu verwenden. Die Hitze ist beim Koks hauptsächlich im Feuerbett konzentriert (Schmelzen der Roststäbe).

2. **Anthrazit** ist die älteste Steinkohle. Er enthält 5—10 % flüchtige Bestandteile, brennt mit kurzer Flamme und rauchfrei und schmilzt nicht auf dem Rost. Er ist das edelste kurzflammige Brennmaterial, wenn er nicht aschenreich ist, und dient heute vorzugsweise zu häuslichen Feuerungszwecken (Füllöfen). Mischungen von $^1/_4$ Anthrazit und $^3/_4$ Koks eignen sich sehr gut für Füllofenheizung.

K. 14. Die Lagerung fester Brennstoffe.

1. Die Brennstoffe sollten unter Dach gelagert werden. Die Benetzung der Kohlen durch Regen vermehrt die grobe Feuchtigkeit je nach Stückgröße der Kohle bis rund 5 %, bei Koks bis rund 8 %. Nasse Kohle und namentlich Koks verwittern bei Frost. Anderseits verliert Kohle mit viel flüchtigen Bestandteilen bei der Bestrahlung durch die Sonne etwas an Heizwert infolge einer, wenn auch nur geringen Verminderung des Gasgehaltes. Am wenigsten empfindlich sind in jeder Hinsicht Steinkohlenbriketts.

2. Die Kohlenstapel dürfen **nicht zu große Höhe** erreichen, 3—4 m dürfte für Steinkohle die obere Grenze bilden. Je höher

der Druck, je feinkörniger und nässer die Kohle, desto größer ist die Gefahr der Selbstentzündung in den untern gepreß en Schichten. Diese erfolgt aus noch nicht ganz abgeklärten Gründen infolge Sauerstoffaufnahme.

Frisch geförderte Kohle ist der Selbstentzündung mehr ausgesetzt als länger gelagerte, feinkörnige mehr als grobkörnige. In den untern Schichten nimmt, sofern die Wärme nicht genügend abgeführt wird, die Temperatur langsam zu. Entzündung tritt bei 200 bis 250° ein, bei Braunkohlen früher, bei Koks später. Gefahr ist da, sobald weißliche Dämpfe dem Kohlenhaufen entsteigen. Die Entzündung kann direkt verursacht werden durch Holzstücke, Putzfäden oder -lappen, namentlich ölgetränkte, die im Haufen eingebettet sind. Bei Neubelegung von Lagerplätzen muß der vorhandene Abrieb vollständig entfernt werden, weil dieser vielfach zur Selbstentzündung Anlaß gibt.

3. Zur Vermeidung der Übertragung der Entzündung dürfen die Wände der Stapel nicht aus Holz, sondern müssen aus Beton oder Eisen hergestellt werden, Zur Kontrolle können eiserne Rohre horizontal oder vertikal in die Stapel eingelassen werden, in welche man Thermometer einführt. Die Rohre müssen an dem einen Ende geschlossen werden (durch Luftdurchzug würde das Rohr gekühlt, die richtige Temperatur nicht ermittelt werden können).*)

K. 15. Die flüssigen Brennstoffe.**)

Unter den flüssigen Brennstoffen unterscheidet man: 1. Rohöle und ihre Destillate, 2. Teere und ihre fraktionierten Bestandteile. 3. Aus Kohle durch Verflüssigung gewonnene Öle.

1. Rohöle. Diese dringen als braune Flüssigkeit in den Bohrlöchern aus dem Erdinnern an die Oberfläche. Sie werden meistens destilliert, d. h. in geschlossenen Behältern mit Abzugsrohr erhitzt und dabei zerlegt nach folgendem Schema:

---

*) Literatur: Zweckmäßige Lagerung von Kohle (A. W. F. 45). Beuth-Verlag, Berlin.

**) Genaueres vergl. Höhn: „Die Verfeuerung flüssiger Brennstoffe". Jahresbericht des Schweizerischen Vereins von Dampfkesselbesitzern.

Schläpfer-Zürich: „Mitteilungen über flüssige Brennstoffe".

Schmitz: „Die flüssigen Brennstoffe" (Berlin, Julius Springer).

Essich: „Die Ölfeuerungstechnik" (Berlin, Julius Springer).

Zerlegung von Rohöl.

bis 150° Benzin

150 bis 300° Petroleum

250 bis 360° Gasöl (auch Treiböl und Heizöl genannt)

über 360° Rückstände (Schmieröl, Mazut, Pacura, liquid fuel).

Ihrem elementaren Aufbau nach bestehen Rohöle und Destillate aus Kohlenstoff (im Mittel 84—87%), Wasserstoff (11—14%), Sauerstoff + Stickstoff (höchstens 3%) und oft auch Schwefel. Das Charakteristische dabei ist der hohe Gehalt an Wasserstoff. Da einem kg Wasserstoff ein Heizwert von 34200 kcal zukommt, erreichen die flüssigen Brennstoffe sehr hohe Heizwerte (Heizöle bis 10700 kcal oberer Heizwert). Solche Öle haben bis zu 100% flüchtige Bestandteile, d. h. bei der Erhitzung verwandelt sich das Öl restlos in brennbare Dämpfe und Gase.

2. **Teere.** Der Steinkohlenteer entsteht als Nebenprodukt bei der trockenen Destillation von Steinkohle. Er wird in Gaswerken zu 3,5—6%, in Kokereien zu 2,5—4% der zu entgasenden Steinkohle gewonnen. Wie die Öle lassen sich auch die Teere in ihre einzelnen Bestandteile zerlegen (Fachausdruck: fraktionieren). Die Zerlegung erfolgt etwa nach folgendem Schema:

Zahlentafel VII.
Fraktionierung von Teer.

			Horizontal-ofenteer	Vertikal-ofenteer	Schrägre-tortenteer
0 bis 170°	Gaswasser und Leichtöl		0,5— 6%	1—10%	Die Werte liegen in der Mitte der angeführten.
170 bis 230°	Mittelöl .	allgemein	5—15%	12 - 24%	
230 bis 270°	Schweröl .	als Teeröl	8—13%	8—18%	
270 bis 350°	Anthrazenöl	bezeichnet	9—22%	19—25%	
über 350°	Pech		49—67%	31—47%	

Hohe Temperaturen und freie glühende Flächen begünstigen die Bildung von Naphtalin ($C_{10}H_8$). Horizontalofenteer enthält mehr Naphtalin als Vertikalofenteer.

Die Verfeuerung von Rohteer und auch teilweise der fraktionierten Bestandteile ist schwieriger als diejenige der Heizöle; bei der Verfeuerung scheiden sich Naphtalin und Anthrazen, bei Rohteer auch Pech aus, welche Substanzen die Brenner verstopfen können.

Das Wesentliche über flüssige Brennstoffe ist in folgender Zahlentafel angegeben.

Zahlentafel VIII.

Übersicht über die wichtigsten flüssigen Brennstoffe.*)

	Heizwert kcal	Wasser- gehalt %	Verhalten bei 0° C	Flammpunkt ° C	Flüchtige Bestand- teile %	Zusammensetzung	
						C	H
Roböl . . .	8500—10200	0—10	fest bis flüssig	{ — 15 bis	nahezu		
Gasöl . . .	8900 – 10350	0—2	id.	über 150 }	100 }	84—87	11—14
Rückstände (Schmieröl, Mazut, Pacura, liquid fuel) .	9500—10000	fast 0	id.	{ meistens über 100 }	88—99	ca. 87	ca. 13
Horizontal- ofenteer . .	8060—8750	0—8	id.	67—88	66—85	90 – 93	4—6
Vertikalofen- teer . . .	8610—8830	0,7—3	{ zähflüssig bis dünnflüssig }	54—100	89—96	87—98	6—7
Teeröl aus Steinkohlen	8840—9130	0—2	{ fest bis dünnflüssig }	47—121	96—99	87—91	6—8

Über Viscosität Flammpunkt usw. vergl. W 6.

3. Aus Kohle verflüssigtes Öl. Die Kohlenverflüssigung tritt heute als selbständige neue Ölindustrie auf, welche Kohle als Ausgangsmaterial braucht. Der Ölbedarf ist dermaßen gesteigert, daß die Chemie Wege gesucht und auch gefunden hat, Öl aus Kohle herzustellen, die Verbraucher also unabhängig von den natürlichen Ölquellen zu machen.

Die vielen Verfahren der Schwelung oder Tieftemperaturverkokung gehören in dieses Gebiet, und sie beruhen auf der Entdeckung, daß die Teerausbeute aus geeigneten Kohlen gesteigert werden kann, wenn man die Kohlendestillation bei tiefer Temperatur vornimmt. Wenn auch bei diesen Prozessen das prozentuale Ausbringen an Öl etwas größer ist als bei der Kokerei, so liegt hier die wirtschaftliche Schwierigkeit vor, daß der Hauptteil der Kohle in Form von Halbkoks entsteht, der zu günstigen Preisen abgesetzt werden muß, wenn die Prozesse wirtschaftlich sein sollen. Daraus ergibt sich aber, daß das Problem der Gewinnung flüssiger Brennstoffe auf diese Weise nicht gelöst werden kann, weil eben die anfallenden Mengen an Halbkoks viel zu groß sind.

---

*) Grenzwerte nach Constam und Schläpfer.

Der zweite Weg der chemischen Kohlenveredlung benutzt das aus Koks und Wasserdampf gewinnbare Wassergas und stellt mit besonderen Hilfsstoffen, die man in der Chemie Katalysatoren (Kontaktstoffe) nennt, und Wasserstoff, der auch aus Koks gewinnbar ist, chemische Stoffe her, welche bei bestimmter Führung des Prozesses Erdöl-Kohlenwasserstoffen entsprechen oder nahekommen.

Der dritte und jetzt industriell in großem Maßstabe aufgenommene Weg der Kohlenveredlung ist (nach Bergius) ein Prozeß, der darauf beruht, daß Steinkohle oder Braunkohle mit Wasserstoff unter hohem Druck und hoher Temperatur zur chemischen Reaktion gebracht wird. Die Produkte dieser Reaktion sind Benzin, Gasöl und andere Ölsorten, deren gegenseitiges Mengenverhältnis weitgehend geregelt werden kann. Bei diesem Prozeß, der im Jahre 1913 im Laboratorium von Bergius (Hannover) gefunden und „Kohlenverflüssigung" genannt wurde, wird die Kohle praktisch restlos in Öle umgewandelt. Es bleibt im wesentlichen die Kohlenasche zurück und außerdem ein gewisser Anteil der Kohlensubstanz, der in Form von Gas entsteht, das entweder dem Gasverbrauch zugeführt oder im Prozeß selbst zu Heiz- und Kraftzwecken verwendet werden kann. Bei der Kohlenverflüssigung also entsteht kein Koks und kein anderes Nebenprodukt, das den Absatz des Hauptproduktes, des Öles, belasten würde.

K. 16. Die Probenahme von Brennstoffmustern und die Bestimmung des Heizwertes.

1. Von jedem Schubkarren Kohlen, die dem Haufen oder dem Eisenbahnwagen entnommen wird, ist eine Schaufel voll in eine geschlossene Kiste einzuwerfen. Am Schlusse wird die Kiste auf den saubern Boden geleert, der Inhalt gemischt und in ein Quadrat ausgebreitet. Die eine Hälfte wird übers Kreuz entfernt, der Rest gemischt und neuerdings ausgebreitet, dabei die Kohlenstücke immer weiter zer-

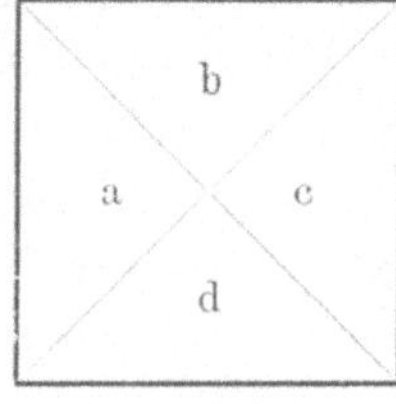

Abb. 132

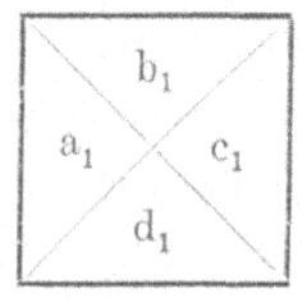

Abb. 133.

Ausbreiten der Kohle zur Entnahme eines Heizwertmusters.

kleinert. Der verbleibende Rest von 2—3 Liter wird in eine Blechbüchse eingefüllt, ihr Deckel hernach verlötet, damit an Wasser und flüchtigen Bestandteilen auf dem Transport nichts verloren geht.*)

2. Die Prüfungsanstalt trocknet die Kohle und bestimmt dabei den groben Feuchtigkeitsgehalt. Sodann wird die Kohle fein gemahlen und in der geringen Menge von rund 1 gr in reinem Sauerstoff in einer sogen. Bombe verbrannt. Die entwickelte Wärme wird an eine gewogene Menge Wasser übertragen, dessen Temperatur-Erhöhung genau gemessen wird. Auf diese Weise kann die entwickelte Wärmemenge und damit der Heizwert berechnet werden, wobei die Wärmekapazität der Apparate durch besondere Versuche ermittelt werden mußte.

L. Aus der Theorie der Verbrennung.

L. 1. Der Verbrennungsvorgang.

In K 4 und K 5 wird mitgeteilt, daß in den Brennstoffen als brennbare Substanzen zur Hauptsache Kohlenstoff C, sodann Wasserstoff H_2, endlich wenig Schwefel S_2 enthalten sind.

1. Der Kohlenstoff C verbindet sich bei der Verbrennung mit dem Sauerstoff O_2 der Luft, er verbrennt zu Kohlenmonoxyd CO oder zu Kohlensäure CO_2.

2. Der Wasserstoff H_2 verbrennt mit dem Sauerstoff O_2 der Luft zu Wasser H_2O (Verbrennungswasser). In den Rauchgasen findet sich also Wasserdampf, welcher aus dem Verbrennungswasser herrührt, dazu auch solchen aus der groben und hygroskopischen Feuchtigkeit des Brennstoffes; dieser Teil macht bei grubenfeuchten Braunkohlen den Hauptteil aus, bei Steinkohlen dagegen entsteht mehr Verbrennungswasser durch die Verbrennung des Wasserstoffs.

3. Der Schwefel S_2 verbrennt in gleicher Weise zu Schwefeldioxyd SO_2, vergl. S 16.

4. Bei allen diesen chemischen Umsetzungen wird Wärme frei und zwar nach Maßgabe des Heizwertes des Brennstoffes, vergleiche Zahlentafeln IV bis VIII.

L. 2. Die Zusammensetzung der Luft.

1 m³ trockene Luft von 0° C und 760 mm Barometerstand wiegt 1,29 kg. 21 Volumprozent der Luft bestehen aus Sauerstoff O_2 und 79 Volumprozent aus Stickstoff N_2 (teilweise wiederholt von B 1).

---

*) Prüfungsstelle für die Schweiz: Eidgenössische Materialprüfungsanstalt, Abt. für Techn. Chemie und Brennstoffe, in Zürich.

L. 3. Der Luftbedarf für die Verbrennung von Kohlenstoff, Wasserstoff und Schwefel.

1. Der Sauerstoffbedarf ist in Zahlentafel IX angegeben. Da die Luft zum größern Teil aus Stickstoff besteht, braucht es zur Verbrennung eines Brennstoffes bedeutend mehr kg Luft als kg Sauerstoff; die Zahlentafel X besagt das Nähere.

Zahlentafel IX.

Verbrennung von 1 kg des brennbaren Elementes in Sauerstoff.

```
                                                    Wärmeentwicklung
  1 kg C     + 2,667 kg O₂  zu  3,67 kg CO₂           8 000 kcal
  1  „ C     + 1,33   „ O₂   „  2,33  „ CO             2 400  „
  1  „ CO    + 0,571  „ O₂   „  1,57  „ CO₂            2 400  „
2,33 „ CO    + 1,33   „ O₂   „  3,67  „ CO₂            5 600  „
  1  „ H     + 8      „ O₂   „  9     „ HO₂ Dampf 34 200  „
  1  „ S     + 1      „ O₂   „  2     „ SO₂            2 200  „
  1  „ CH₄   + 4      „ O₂   „  5     „ CO₂ + H₂O 13 200  „
```

Zeilen 2 und 4 von Tafel IX stellen die zweistufige Verbrennung dar, die übrigen die einstufige.

Zahlentafel X.

Verbrennung von 1 kg des brennbaren Elementes in Luft.

```
                                                         Wärmeentwicklung
   1 kg C        + 11,50 kg Luft zu 12,50 kg Verbrennungsgas (N₂+CO₂)   8 000 kcal
   1  „ C        +  5,75  „   „   „   6,75  „     „          (N₂+CO)    2 400  „
   1  „ CO       +  2,46  „   „   „   3,46  „     „          (N₂+CO₂)   2 400  „
 6,75 „ (N₂+CO)  +  5,75  „   „  = 12,50  „     „          (N₂+CO₂)   5 600  „
   1  „ C + 2 ×  5,75  „   „  = 12,50  „     „          (N₂+CO₂)   8 000  „
   1  „ H        + 34.48  „   „  zu 35,48  „     „          (N₂+H₂O)  34 200  „
   1  „ S        +  4,31  „   „   „   5,31  „     „          (N₂+SO₂)   2 200  „
   1  „ CH₄      + 17,28  „   „   „  18,28  „     „      „ (N₂+CO₂+H₂O) 13 200  „
```

Zeilen 2 und 4 von Tafel X stellen die zweistufige Verbrennung dar, die übrigen die einstufige.

2. Für Tafel X (Verbrennung in Luft) stimmen die angegebenen Wärmemengen nur dann, wenn der bei der Verbrennung gleichzeitig erhitzte Stickstoff und die Verbrennungsprodukte ihre Wärme vollständig zurückgeben, dies ist praktisch jedoch nie der Fall; mit der Verbrennung in Luft sind daher stets gewisse Verluste verknüpft.

3. Praktisch wird überhaupt viel mehr Luft gebraucht, als der Tafel X theoretisch entspricht. Die Erfahrung lehrt, daß praktisch die Verbrennung von Kohlenstoff zu Kohlensäure nur in einem gewissen Luftüberschuß vor sich geht. Bei guten Rostfeuerungen ist der wirkliche Luftbedarf der 1,4—1,8fache des theoretischen. Je größer der Luftüberschuß, je mehr überschüssige Luft bei der Verbrennung erwärmt wird, desto geringer der Wirkungsgrad der Feuerung.

Die den Rauchgasen innewohnende Wärme kann bekanntlich nicht restlos nutzbar gemacht werden.

L. 4. Der Verbrennungsvorgang beim Aufwerfen von Kohle auf den Rost.

1. Wird Kohle eingeworfen, so wird sie erhitzt, die flüchtigen Bestandteile werden dabei ausgetrieben, Gase und Dämpfe werden entwickelt, die aus Kohlenwasserstoffen gebildet sind, d. h. Verbindungen, die aus Kohlenstoff C und Wasserstoff H_2 zusammengesetzt sind. Der Kohlenstoff verbrennt zu Kohlensäure CO_2, der Wasserstoff zu Wasser H_2O bzw. Wasserdampf. Bedingung für ihre vollständige Verbrennung ist ein erheblicher Luftüberschuß; ist dieser ungenügend und ist auch die Temperatur im Feuerraum nicht hoch genug, so scheiden sich aus den Kohlenwasserstoffgasen die Kohlenstoffbestandteile in Form von Ruß aus, auch die wasserstoffhaltigen Bestandteile verbrennen nicht vollständig. Schwarzer Rauch, der dem Kamin entsteigt, ist das Zeichen dafür, daß die Verbrennung auf dem Rost eine unvollständige war. Sie wird verbessert, wenn unmittelbar nach dem Einbringen frischer Kohle auf den Rost dem Feuerraum Luft in etwas größerem Überschuß zugeführt wird. Am einfachsten ist es, die Feuertüre zu diesem Zweck einen Augenblick offen zu lassen, wenigstens teilweise. Nimmt der Rauch ab, so kann die Feuertüre geschlossen werden (vergl. M 9).

2. Der koksartige Kohlenrückstand auf dem Rost verbrennt in normaler Weise zu Kohlensäure CO_2 bei genügendem Luftüberschuß.

L. 5. Verbrennung bei ungenügender Luftzufuhr.

Bei ungenügender Luftzufuhr verbrennt der Kohlenstoff nicht zu Kohlensäure CO_2 sondern zu Kohlenmonoxyd CO. CO ist ein giftiges Gas, das um so heimtückischer ist, als es weder Farbe noch Geruch hat.*) Auch Kohlensäure CO_2 ist giftig, jedoch in geringerm Maß. Die bei

---

*) Kohlenmonoxyd (CO), ein farb-, geruch-, geschmack- und reizloses Gas, ist ein gefährliches Blut- und Nervengift, das alljährlich viele Opfer fordert. Es tritt auf in Explosionsgasen, in den Abgasen (Gichtgasen) der Schachtöfen, im Wassergas (Generatorengas), bei offenen Kohlen- und Koks-Schmiedefeuern, in Kokskörben beim Trocknen von Neubauten, im Rauchgas, im Leuchtgas, in Auspuffgasen der Benzinmotoren, überall wo Kohle und kohlenstoffhaltige Substanzen bei ungenügender Luftzufuhr verbrennen. Durch Kohlenmonoxyd werden Leuchtgas und Generatorengas giftig. Das Gas wird durch die Atmungsorgane aufgenommen. CO geht mit dem Blutfarbstoff unter Ausscheidung des Sauerstoffs eine chemische Verbindung, CO-Hämoglobin ein. Bei 0,05% CO-Gehalt der Atemluft beginnt die Giftwirkung; sind $2/3$ des Sauerstoffs im Oxydhämoglobin durch CO ersetzt, so tritt der Tod ein. Die akute Vergiftung beginnt mit Kopfschmerz, Schwindel, Übelsein.

der Verbrennung von C zu CO frei werdende Wärme ist bedeutend geringer als bei derjenigen zu CO_2. Der Heizwert von 1 kg Kohlenstoff C bei der Verbrennung zu CO_2 beträgt 8000 kcal, bei der Verbrennnung zu CO bloß 2400 kcal. Es ist also von größter Wichtigkeit, der Feuerung so viel Luft zuzuführen, daß die Kohle zu Kohlensäure verbrennt, und es ist grundsätzlich unrichtig, die Verbrennung dadurch regulieren zu wollen, daß man mehr oder weniger Luft unter den Rost treten läßt, z. B. die Aschenfalltüren öffnet oder schließt. Diese müssen stets vollständig offen bleiben, man kann mit dem Zugschieber regulieren, wobei die Verbrennung sich nicht verschlechtert, vergl. M 6.

Findet CO später z. B. im Feuerraum oder bei genügend hoher Temperatur (600° C) in den Zügen den nötigen Luftüberschuß und die nötige Temperatur, so verbrennt CO zu CO_2, wobei neuerdings auf 1 kg CO 2400 kcal frei werden. Da aus 1 kg C 2,33 kg CO entstehen und diese Menge CO eine Wärme von 5600 kcal entwickelt, so wird auch bei dieser Verbrennung in zwei Stufen der Heizwert von 8000 kcal erreicht. Meistens ziehen die CO-Gase unverbrannt durchs Kamin ab, wobei der Brennstoff nicht genügend wirkt. Gemische unverbrannter Gase und Luft können unter Explosion verbrennen (G 19).

L. 6. Wassergas.

Wassergas entsteht, wenn Wasserdampf durch glühenden Koks hindurch geleitet wird. Dabei verbindet sich C mit O zu CO und der Wasserstoff H_2 wird frei. Beides sind brennbare Gase, die Heizwerte sind in der Zahlentafel X angegeben. Die Wassergasbildung geht nur unter Wärmebindung vor sich.

L. 7. Knallgas.

Knallgas entsteht, wenn Wasser H_2O in seine Elemente, Wasserstoff H_2 und Sauerstoff O_2, zerlegt wird. Diese Trennung kann elektrolytisch stattfinden, oder aber bei sehr hohen Temperaturen, die bei gewöhnlichen Feuerungen nicht vorkommen, durch Zerfall (Dissoziation).

L. 8. Über den praktischen Wert der Befeuchtung der Kohle.

Viele Heizer haben davon gehört, daß Wasserstoff H_2, der als Element im Wasser H_2O vorkommt, ein brennbares Gas von hohem Heizwert darstellt. Sie glauben, die Verbrennung durch Zufuhr von Wasser zum Brennstoff, z. B. durch Benetzen der Kohle, zu verbessern. Diese Ansicht beruht aber auf Irrtum; zur Bildung von Wasserstoff bzw. von Wassergas (L 6) muß nämlich Wärme aufgewendet werden. Wäre der Verbrennungsprozeß, bei dem das Wassergas später verbrannt wird, vollkommen, so könnte die aufgewendete Wärme gerade zurückgewonnen werden. Da dies nicht der Fall ist, geht stets ein Teil Wärme verloren. In der Regel bildet sich aus dem eingeführten Wasser auf dem Rost überhaupt kein Wassergas, sondern das Wasser verdampft und entweicht. Das Befeuchten staubiger Kohle vermindert nur die Staubentwicklung (Bespritzen der Kohlen auf Lokomotiven). Knallgas bildet sich praktisch nie. Das Befeuchten des Brennstoffs bedeutet immer einen Verlust bei ihrer Verbrennung.

L. 9. Die Kontrolle des Verbrennungsvorganges.

1. Wäre die Verbrennung von Kohlenstoff bei industriellen Feuerungen eine vollständige, so müßten die Rauchgase 21 % CO_2 enthalten und als Rest 79 % Stickstoff N_2. Da aus jedem Volumteil O_2 bei der Verbrennung 1 Volumteil CO_2 entsteht, muß, weil die Luft 21 % O_2 enthält, das Rauchgas bei theoretisch vollständiger Verbrennung des Kohlenstoffes ebenfalls 21 Volumprozent CO_2 enthalten.

2. Wenn die Brennstoffe Wasserstoff H_2 enthalten, so wird ein Teil des Luft-Sauerstoffes zur Verbrennung des Wasserstoffes gebraucht. Der Kohlensäuregehalt kann dann nicht mehr 21 % betragen, die Rauchgase werden desto weniger CO_2 aufweisen, je mehr H_2 der Brennstoff enthielt.

3. In Wirklichkeit enthalten die Rauchgase stets Sauerstoff O_2, weil die Verbrennung einen gewissen Luftüberschuß erfordert; daneben sind wegen unvollkommener Verbrennung auch oft CO und H_2 vorhanden. Die Rauchgase müssen daher analysiert werden, um darauf schließen zu können, wie die Verbrennung vor sich ging. Von den verschiedenen Geräten, welche dazu dienen, die Rauchgase zu analysieren, so daß man ihre Zusammensetzung kennt, steht der Orsatapparat an erster Stelle; die Handhabung ist einfach, die Anschaffung mit geringen Kosten verbunden.

a) Der Orsatapparat gemäß Abb. 134 hat zwei Aufnahmegefäße für Chemikalien (Büretten oder Absorptionsgefäße); das erste enthält Kalilauge zur Absorption von CO_2, das zweite Pyrogallol oder Natriumhydrosulfit zur Absorption von O_2. Ein drittes (nicht gezeichnet) kann mit Jodpentoxyd in Schwefelsäure gefüllt werden, weil CO durch dieses Mittel rasch und vollständig in CO_2 übergeführt wird und die gleiche

Lösung zudem für sehr viele Analysen verwendet werden kann, was für das bisher verwendete Kupferchlorür nicht der Fall ist.*)

Die Rauchgase werden mittels eines Saugballs (Gummiquetsche) G aus dem Fuchs in die Leitung H angesaugt. Sobald diese frisches Rauchgas enthält, werden 100 cm³ davon in die Meßbürette A eingefüllt; zu diesem Zweck wird die Wasserfläche F gesenkt, wobei sich die Meßbürette entleert, Rauchgas wird nachgesaugt, Hahn 1 wird geschlossen. — Selbstverständlich müssen die Schläuche dicht und die Entnahmestelle im Rauchkanal gut verstrichen sein, um das Ansaugen falscher Luft zu vermeiden.

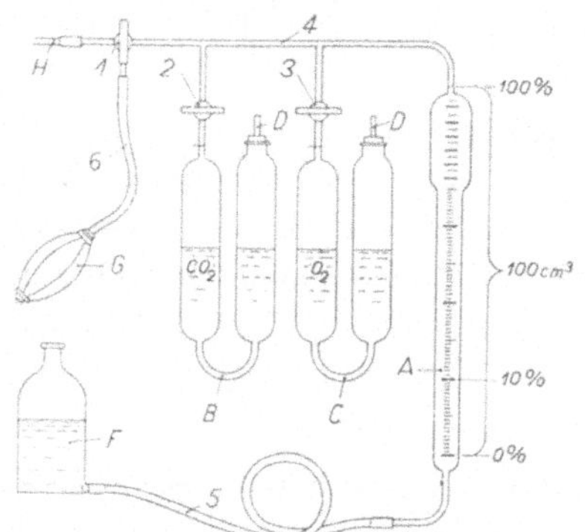

Abb. 134. Zweiteiliger Orsatapparat.

Bestimmung von CO_2. Die Gasfüllung von 100 cm³ wird vermittels Hochheben der Wasserflasche aus A in das Absorptionsgefäß B gedrückt; die Kalilauge bindet die Kohlensäure chemisch, der Rest wird in die Meßbürette A zurückgesaugt. Mißt man an der Skala z. B. noch 88 cm³, so waren 12 cm³ CO_2 in der Füllung enthalten, somit 12 % in den Rauchgasen.

Bestimmung von O_2. Dieser Gasrest wird nun in das Absorptionsgefäß C gedrückt, wo der Inhalt, Pyrogallol oder Natriumhydrosulfit den Sauerstoff absorbiert. Wird in der Meßbürette A nach vollzogener Absorption noch 80 cm³ Gas festgestellt, so waren $20-12=8$ cm³ O_2 in der Füllung enthalten, d. h. 8 % O_2 in den Rauchgasen.

Bestimmung von CO. In gleicher Weise kann die Restfüllung in ein Absorptionsgefäß D (fehlt in der Abbildung) mit Kupferchlorür übergeführt werden, wo CO absorbiert wird. Diese Bestimmungsweise von CO ist mühsam und zudem unzuverlässig. Besser ist diejenige mit Jodpentoxyd-Schwefelsäure; in dieser Lösung entsteht aus CO ein gleiches Volumen Kohlensäure CO_2, die man in üblicher Weise durch Kalilauge absorbieren läßt. Das für diese Menge CO_2 gefundene Volumen ist demjenigen der gesuchten Menge CO gleich. Bei automatischen Apparaten werden die Methoden der Nachverbrennung an-

---

*) Näheres siehe Bericht No. 25 der Eidgenössischen Materialprüfungsanstalt: Schläpfer und Hofmann, „Kritische Untersuchungen über die Bestimmung des Kohlenoxydes".

gewandt für die Bestimmung der in den Rauchgasen verbleibenden brennbaren Gase CO und H_2, z. B. beim „Mono"-Apparat, doch ist eine solche Kontrolle bei Handapparaten umständlich.

Eine Kontrolle, bei welcher nur CO_2 und O_2 bestimmt werden, genügt meistens, als Apparat daher der zweiteilige von Orsat, gemäß Abb. 134.

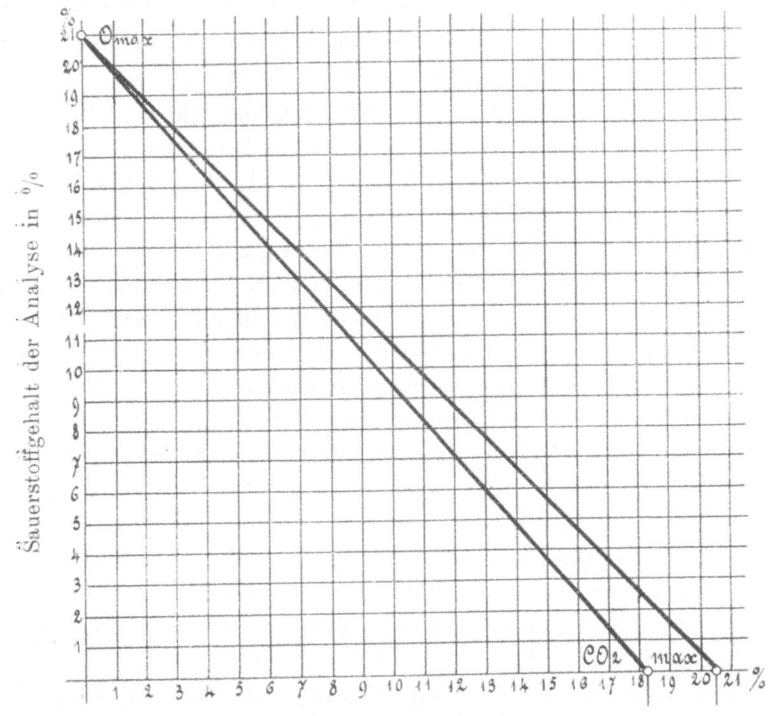

Abb. 135.   Diagramm zur Kontrolle der Orsatanalyse.

Der Rest der so behandelten Gasfüllung der Meßbürette besteht nur noch aus Stickstoff N_2, wenn nicht auch noch H_2-Bestandteile, wegen unvollkommener Verbrennung, vorkommen.

Kontrolle. Die Orsat-Analysen können auf ihre Richtigkeit geprüft werden. 100 Raumteile Luft enthalten 79 Raumteile Stickstoff N_2 und 21 Raumteile Sauerstoff O_2. Wird 1 Raumteil O_2 mit Kohlenstoff C zu einem gleichgroßen Raumteil CO_2 verbrannt, so werden bei vollkommener Verbrennung 21% CO_2 erscheinen, vorausgesetzt der Brennstoff besteht neben Asche nur aus C. Jeder Brennstoff enthält aber noch H_2, welcher ebenfalls vom Sauerstoff der Verbrennungsluft zehrt. Infolgedessen werden nicht 21% CO_2 erreicht; es ist z. B. für

	Saarkohlen	Ruhrkohlen	Briketts	Koks	Holz
CO_2 max $\%$	18,1	18,2 bis 20	18,7	20,5	20,2

Die Summe von $CO_2 + O_2$ ist daher nie 21%, wie fälschlicherweise oft angenommen wird. Diese Summe kann aus Abb. 135 ermittelt werden. Auf der Ordinatenachse ist der Sauerstoff, der Abszissenachse der CO_2-Gehalt aufgetragen, ein Fahrstrahl führt aus $O = 21\%$ nach dem Kohlensäure-Maximum des betreffenden Brennstoffes. Ist dieser z. B. eine Saarkohle, so endigt der Fahrstrahl bei $18,1\%$ CO_2. Die Kontrolle erfolgt in der Weise, daß der gefundene CO_2- und O_2-Gehalt im Diagramm aufgetragen wird, der Schnittpunkt beider Koordinaten muß auf dem betreffenden Strahl zum max. Kohlensäuregehalt liegen. Liegt der Wert links davon, so kann CO in den Rauchgasen vorhanden sein, oder aber die Analyse ist fehlerhaft. Liegt der Wert rechts, so ist die Analyse überhaupt fehlerhaft.

Entsteht bei der Verbrennung sehr viel CO (mehrere $\%$), so gibt diese näherungsweise Berechnung des CO unrichtige Werte, man muß dann den CO-Gehalt experimentell bestimmen. Dies rührt davon her, daß bei der Verbrennung des Kohlenstoffes in Luft zu Kohlenoxyd das Verbrennungsgas 34% CO und 66% Stickstoff enthält.

Luft-Überschuß-Koeffizient. Sind CO_2- und O_2-Gehalt des Rauchgases bekannt, so kann der Luft-Überschuß-Koeffizient berechnet werden.*)

Automaten. Es gibt Apparate, die auf dem Orsat-Prinzip beruhen, aber selbsttätig wirken; am bekanntesten ist der Ados-Apparat. Alle diese Apparate verlangen aufmerksamen Unterhalt.

b) Von den vielen andern Apparaten zur Rauchgaskontrolle hat sich am meisten der auf physikalischem Meßprinzip aufgebaute Siemens-Rauchgasprüfer Eingang verschafft.

CO_2-Messung. Verschiedene Gase besitzen ein verschiedenes Wärmeleitvermögen, dieses ist, wenn dasjenige von Luft $= 100$ ange-

---

*) Der Luftüberschuß-Koeffizient n berechnet sich gemäß $n = \dfrac{21}{21 - 79\frac{O}{N}}$

wo O den durch die Analyse gefundenen Sauerstoff in $\%$, N den Stickstoff bedeutet; $N = 100 - CO_2 - O - CO$, alles in $\%$.

nommen wird, für CO_2 59, für H_2 700. Wird ein elektrischer Strom durch einen Meßdraht geschickt, der in einem Hohlraum ausgespannt wird, so wird der Meßdraht sich auch bei gleichbleibender Strombelastung ungleichmäßig erwärmen wegen der ungleichen Wärmeableitung durch das ihn umgebende Gas. Die Drahttemperatur bildet ein Maß für die Wärmeleitfähigkeit des zu untersuchenden Gasgemisches, in diesem Fall des Rauchgases. Der Apparat wird so ausgeführt, daß durch einen zweiten genau gleichen Draht, der in einer mit Luft gefüllten Kammer ausgespannt wird, der gleiche Strom geschickt wird. Das Instrument zeigt selbsttätig den CO_2-Gehalt auf Grund der Verschiedenheit beider Widerstände. Ist H_2 in den Rauchgasen vorhanden, so wirkt dieses Gas jedoch störend auf die CO_2-Anzeige.

CO-Messung. Leitet man ein Gasgemisch, das einen brennbaren Bestandteil, wie Kohlenoxyd oder Wasserstoff enthält, gleichzeitig mit Sauerstoff an einem glühenden Draht vorbei, so wird oberhalb einer gewissen Temperatur des Drahtes eine Verbrennung erfolgen. Bei Drähten aus unedlen Metallen liegt diese Temperatur durchweg sehr hoch (bei Rotglut) und entspricht der reinen Verbrennungstemperatur der Gase. Verwendet man aber einen Draht aus Platin oder gewissen anderen Metallen, so findet der Verbrennungsvorgang schon bei wesentlich niedrigerer Temperatur statt ($400—450°$ C, also beträchtlich unterhalb Rotglut). Diese Metalle besitzen die Fähigkeit, den Verbrennungsvorgang bereits bei niedrigerer Temperatur einzuleiten, indem sie die Verbindungsträgheit der Gase vermindern. Stoffe, die hierzu fähig sind, nennt man Katalysatoren; die Verbrennung am Platindraht ist also eine sogen. katalytische. Durch sie erfolgt eine Temperaturerhöhung des Drahtes, die bei größeren Prozentgehalten der Rauchgase an unverbrannten Bestandteilen so stark sein kann, daß der vorher dunkle Draht schwach aufleuchtet. Mit der Temperatur vergrößert sich aber der Widerstand, und die Widerstandserhöhung kann man elektrisch, in einer Wheatstoneschen Brückenschaltung, messen.

c) Der Unograph von Dommer ist auch ein Rauchgasprüfungsapparat ohne Anwendung von Chemikalien; er beruht auf dem Prinzip, daß Gase verschiedener Dichte mit verschiedener Geschwindigkeit durch Kapillarröhren und Düsen durchtreten und infolgedessen verschiedene Drücke bedingen. Diese werden gemessen, man kann daraus auf die anwesende Menge CO_2 und CO schließen.

Alle diese Apparate müssen von Zeit zu Zeit mittels eines Orsat-Apparates geprüft werden.

L. 10. Der Luftüberschuß bei Dampfkesselfeuerungen.

Die Verbrennung wird in der Praxis nur bei Luftüberschuß eine vollständige. Mit Bezug auf die Luftzufuhr ist, wie übrigens schon bei L 5 und L 9 auseinandergesetzt, folgendes zu beobachten:

1. Der feste Kohlenstoff C verbrennt bei mangelhaftem Luftüberschuß nicht zu CO_2, sondern zu CO, wobei auf 1 kg Kohlenstoff bloß 2400 kcal entwickelt werden statt 8000 kcal, dem Heizwert entsprechend.

2. Die durch Erhitzung der flüchtigen Bestandteile entstehenden Kohlenwasserstoffgase, z. B. CH_4 (Sumpfgas) verbrennen bei knappem Luftüberschuß nicht vollständig zu Kohlensäure CO_2 und Verbrennungswasser H_2O, sondern spalten sich teilweise in Kohlenstoff C und Wasserstoff H_2. Die Rauchgase enthalten dann Ruß. Qualmender Rauch ist ein Beweis dafür, daß diese Spaltung stattfand, die Verbrennung unvollständig war. Auch Wasserstoff befindet sich dann in den abziehenden Rauchgasen. Gerade die flüchtigen Bestandteile verlangen Luft im Überschuß, in höherm Maß noch als die halb verkokte auf dem Rost zurückbleibende Kohle. Der Kaminverlust an Ruß allein kann bis 5 % des Heizwertes ausmachen.

3. Anderseits darf der Luftüberschuß nicht übertrieben groß sein. Könnte Kohle ohne Luftüberschuß vollständig verbrannt werden, so gelangt schon dann 79 % Stickstoff mit in den Feuerraum und muß dort erwärmt werden. In Wirklichkeit kommt noch überschüssige Luft dazu. Die so zusammengesetzten Rauchgase können ihre Wärme nie vollständig abgeben, je größer der Luft-Überschuß, desto größer fällt der Kamin-Verlust aus.

Zwischen den Fällen 1 und 2 (Luftüberschuß knapp) einerseits, 3 anderseits (Luftüberschuß überreichlich) ist ein Mittelweg einzuschlagen. Wir haben gesehen, daß bei vollständiger Verbrennung die 21 % Sauerstoff der Verbrennungsluft durch 21 % Kohlensäure ersetzt werden. Die Erfahrung zeigt, daß man bei gewöhnlichen Feuerungen mit handbeschickten Rosten kaum mehr als 14 % CO_2 verlangen kann, wegen der Gefahr unvollständiger Verbrennung. Weniger als 10 % CO_2 sollten die Rauchgase anderseits nicht enthalten wegen zu hohen Luftüberschusses.

Bei größern mechanischen Feuerungen ist der Kohlensäuregehalt ausnahmsweise 14—16 %, nur bei Kohlenstaubfeuerungen erreicht er 18 %.

Die Beziehung zwischen Luft-Überschuß n und CO_2-Gehalt der Abgase bei vollkommener Verbrennung (ohne CO) wird für ein mittleres Kohlensäuremaximum von 19,5 % durch folgende Zahlen dargestellt.

CO_2 %	19,5	16,3	14,0	12,2	10,9	9,8	9,0	8,2
n	1	1,2	1,4	1,6	1,8	2	2,2	2,4

Die Wärmeverluste durch die abziehenden Rauchgase bei vollkommener Verbrennung (ohne CO) sind für Steinkohlen in % des Heizwertes ungefähr die folgenden:

t	CO_2 6%	8 %	10 %	12 %	14 %	16 %
	Wärmeverluste in % des Heizwertes					
200°	% 22	16	12,5	11	9,5	8
300°	% 33	25	19	17	14	12
400°	% 44	33	25	21	19	16

Hier bedeutet t die Übertemperatur, d. h. den Unterschied zwischen Luft- und Rauchgastemperatur.

L. 11. Primär- und Sekundärluft.

Unter Primärluft versteht man in der Regel diejenige, welche dem Brennstoff durch den Rost hindurch von unten zugeführt wird. Unter Sekundärluft diejenige, die auf anderm Weg zum Feuer tritt, sei es von der Feuerbrücke, sei es von irgend einer Seite der Verbrennungskammer her. Mit der Zuführung von Sekundärluft wird meistens der Zweck verfolgt, die unverbrannten Gase im Feuerraum zur Verbrennung zu bringen, schon zur Vermeidung der Rauchplage. Mit Sekundärluft wird häufig das feuerfeste Mauerwerk des Herdes gleichzeitig gekühlt, wobei sich die Sekundärluft erwärmt. Je höher die Herdtemperatur, desto besser die Verbrennung, desto größer anderseits auch die Abnützung des Mauerwerks.

Verbrennungsvorgang. Vergegenwärtigt man sich den Verbrennungsvorgang bei der Unterschubfeuerung, Abb. 55 und 56. Frische Kohle gelangt ins Feuer, die flüchtigen Bestandteile werden ausgetrieben; je stärker man unter den Rost blasen läßt (Primärluft), desto rascher ist die Kohle zu Koks verwandelt. Der Brennstoff entzieht der Primärluft den Sauerstoff. Im eigentlichen Verbrennungsraum, gerade da wo die schweren Kohlenwasserstoffgase (flüchtigen Bestandteile) verbrannt werden sollten, fehlt es an Sauerstoff; daher Rauchbildung. Werden jedoch die Feuertüren geöffnet und wird der Rauchgasschieber so eingestellt, daß ein gewisser Zug im Verbrennungsraum herrscht und S e k u n d ä r l u f t eingesaugt wird, so finden die Kohlenwasserstoffgase den nötigen Sauerstoff zur Verbrennung. Der Koks, der bei geringer Gebläsewirkung (Primärluft) weniger rasch wegbrennt, bildet eine hohe Schicht und besorgt die Zündung. Primär- und Sekundärluft sind so zu regulieren, daß der Wirkungsgrad der Verbrennung einen Höchstwert erreicht.

L. 12. Die Vorwärmung der Verbrennungsluft.

Es ist nicht gleichgültig, mit welcher Temperatur die Verbrennungsluft dem Rost zugeführt wird. Der gesamte Luftbedarf einer Feuerung ist ein ganz erheblicher, theoretisch gemäß Zahlentafel X 11,5 kg bzw. 9 m^3 (von 0^0 und 760 mm Druck) Luft für 1 kg Kohlenstoff; praktisch schätzungsweise 17 kg bzw. 13 m^3 im Mittel. Die spezifische Wärme c_p für 1 kg Luft ist 0,24 kcal, d. h. die Wärme, die nötig ist, um die Temperatur von 1 kg Luft um 1^0 C zu erhöhen. Bei einer Luftmenge von 17 kg ist der Wärmeaufwand rund 4 kcal für die Temperaturerhöhung von 1^0 C. Wird die Luft auch nur um 16^0 vorgewärmt, so ist der Wärmeaufwand für 17 kg Luft 64 kcal, also theoretisch 1% des Heizwertes einer Kohle von 6400 kcal. Die warme Verbrennungsluft bewirkt eine Temperaturzunahme im Verbrennungsraum und verbessert die Verbrennung.

Man kann die Verbrennungsluft durch das Ventilatorgebläse im heißesten Winkel des Kesselhauses ansaugen, womit dieses gleichzeitig gekühlt wird. Wirksamer ist die Erwärmung durch die Benützung der Rauchgase. Sie ist bei mechanischen Feuerungen ein fühlbares Mittel zur Hebung des Wirkungsgrades. Lufttemperaturen von 250—300^0 C haben sich bewährt, bei der Kohlenstaubfeuerung geht man weiter. Mittlere und kleine Betriebe müssen jedoch der Umständlichkeit halber von der Lufterwärmung Umgang nehmen.

Über Luftvorwärmer vergl. E6, Abb. 38.

L. 13. Die Temperatur in der Verbrennungskammer.

Je höher die Verbrennungstemperatur im Feuerraum ist, um so eher ist erfahrungsgemäß die Verbrennung eine vollständige. Die Herdtemperatur erreicht bei den gewöhnlichen Feuerungen 12—1400^0 C. Je geringer der Luftüberschuß, je höher also der Kohlensäuregehalt der Rauchgase, desto höher liegt auch die Verbrennungstemperatur; im Überschuß zugeführte Luft kühlt den Herd.

In den Verbrennungskammern von Kohlenstaubfeuerungen erreicht die Temperatur wegen des geringen Luftüberschusses bis 1600° C. Bei Kesselfeuerungen werden die glühenden Verbrennungsgase rasch gekühlt durch die verhältnismäßig kühlen Heizflächen; den Metallwänden, aus denen diese bestehen, wohnen Temperaturen inne, die wohl kaum 400° (bei Überhitzern 500°) übersteigen. Bei Kesseln mit Innenfeuerungen (Flammrohrkesseln, Lokomotiven und Lokomobilen) ist die Kühlung der Verbrennungskammer durch die metallischen Wände, die zur Heizfläche gehören, erheblich.

L. 14. Die Verbrennungskammergröße und Verbrennungsvorgang.

Verbrennungskammer nennt man den Raum, in dem sich die Flamme entwickelt, bei Lokomotiven und Lokomobilen z. B. ist dies die Feuerbüchse, bei Holzfeuerungen ist es der Vorofen. Bei Flammrohrkesseln kann das Flammrohr als Verbrennungskammer angesehen werden. Gute Verbrennung ist von einer guten Durchmischung von Verbrennungsluft und brennbaren Gasen und von einer genügend hohen Temperatur abhängig. Die Durchmischung geht nur dann befriedigend vor sich, wenn der Raum hiezu seiner Größe nach genügt. Bei Brennstoffen mit wenig flüchtigen Bestandteilen (Anthrazit, Koks, Magerkohle) ist bei weitem nicht der gleich große Verbrennungsraum nötig, wie bei solchen, die viel flüchtige Bestandteile enthalten (Flammkohle, Holz). Feuerfeste Gewölbe können bei Koks als Brennstoff mit geringem Abstand über dem Rost angeordnet werden; bei Flammkohlen muß dieser Abstand groß sein. Flüssige Brennstoffe (flüchtige Bestandteile bis zu 100 %) verlangen ebenfalls große Verbrennungsräume. Das nämliche gilt für Kohlenstaubfeuerungen; man ist heute bei Verbrennungskammern von größter Ausdehnung angelangt (vergl. N 10). Bewährte mechanische Feuerungen weisen Brennleistungen von 100 000 WE bis 150 000 WE auf 1 m³ Verbrennungsraum auf.

Ein Zweiflammrohrkessel mit 60 m² Hfl hat einen geringern Nutzeffekt der Verdampfung als ein Einflammrohrkessel mit 60 m² Hfl, größtenteils wegen des geringern Nutzeffektes der Verbrennung, infolge der kleineren Verbrennungskammern beim Zweiflammrohrkessel.

Bei Steilrohrkesseln wird oft eine bessere Rauchfreiheit erzielt als bei Schrägrohrkesseln, was den bessern Verhältnissen der Verbrennungskammern bei den ersten zuzuschreiben ist.

L. 15. Die Wirkung des Feuers auf die Heizflächen.

Das Feuer, bestehend aus glühendem Brennstoff und brennenden, die Verbrennungskammer ausfüllenden Gasen wirkt doppelt auf die Heizflächen, einerseits durch Strahlung, anderseits durch die Berührung derselben durch die heißen Gase. Weißes Feuer sendet Licht- und Wärmestrahlen aus. Die Aufnahme derselben durch die Heizflächen wird begünstigt:

a) wenn die Heizfläche schwarz und rauh ist (was stets zutrifft),

b) wenn der Strahlenweg kurz ist und die Verbrennungsgase so beschaffen sind, daß sie die Strahlen leicht durchlassen.

Bei Kesseln mit Innenfeuerung (Flammrohr-, Lokomotiv-, Lokomobilkesseln) wird nahezu die ganze Wärmestrahlung durch die Heizfläche aufgenommen, weil diese den Verbrennungsraum umschließt, bei andern Kesseln geht ein Teil davon ans Mauerwerk und damit verloren.

Auf dem Weg zum Kamin geben die heißen Rauchgase ihre Wärme an die Heizfläche zur Hauptsache durch direkte Berührung (Konvektion) ab; auch hier findet indessen noch Wärmeaustausch durch Strahlung statt.

Man schätzt, daß bei einem Flammrohrkessel $^1/_3$ der Wärme entsprechend dem Heizwert der Kohle durch Strahlung an die Kesselwände (Flammrohr) übergeht und $^1/_3$ durch Berührung; $^1/_3$ kann als Verlust gerechnet werden.

L. 16. Die Wirkung von Gewölben.

Gewölbe aus feuerfesten Steinen, die man in üblicher Weise in größern Verbrennungsräumen, namentlich im Zusammenhang mit mechanischen Rosten anbringt, gleichen die Herdtemperatur aus. Das Gewölbe nimmt Wärmestrahlen auf, wird dabei erhitzt, gibt die Wärme in gleicher Weise wieder ab und zwar nicht nur an die Kesselheizfläche, sondern auch an den Brennstoff selbst. Dieser wird getrocknet und vorgewärmt, worauf er um so leichter brennt. Die Gewölbe begünstigen somit die Entzündung des Brennstoffes, man spricht von „Zündgewölben“. Diese Wirkung zeigt sich insbesondere wertvoll bei der Verfeuerung magerer und aschereicher Brennstoffe, z. B. anthrazitartiger Kohle aus gewissen Gruben, bei Koksgrieß usw. Der Abstand des Gewölbes von der Brennstoffschicht wird gering gemacht. Je geringer die Strahlenlänge, desto höher ist die gegenseitige Wirkung.

In anderer Richtung ist bei Brennstoffen mit viel flüchtigen Bestandteilen vorzugehen. Der Herd muß geräumig sein (vergl. L14), der Gewölbeabstand wird daher groß gemacht. Ein Gewölbe hat in solchen Fällen überhaupt geringere Bedeutung, trägt aber zur bessern Verbrennung der ausgetriebenen Gase und damit zur Rauchfreiheit bei (Zündmauern bei flüssigen Brennstoffen).

Die Anordnung eines Gewölbes im Feuerraum richtet sich somit nach der Art des Brennstoffs. Man beachte die Stellung der Gewölbe in Abb. 53 und 54 (Holzfeuerung, Voröfen), Abb. 57 (normale Kohle, Wanderrost) und 63 (Braunkohle, Stoker-Rost). Im letztgenannten Fall ist ein Gegengewölbe angebracht worden, dieses wirkt zündend auf die ausbrennende Kohle (Asche). Solche Gegengewölbe kommen auch bei Wanderrostfeuerungen vor.

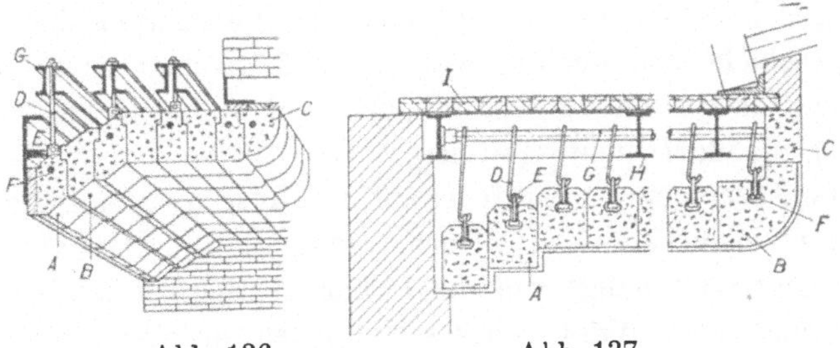

Abb. 136.   Abb. 137.
Hängedecken aus feuerfesten Steinen.

Die Bezeichnung „Gewölbe" ist nicht in allen Fällen zutreffend, seitdem man angefangen hat, die feuerfesten Steine nach amerikanischem Muster aufzuhängen. In diesem Fall wird der Gewölbedruck vermieden, dem die glühenden Schamottesteine nicht gewachsen sind. Die Decken können dann zum Teil flach ausgeführt werden (Flachhängedecken), vergl. Abb. 136 und 137. Auch die Volumenzunahme der heißen Steine wird einer Flachhängedecke weniger schädlich als einem Gewölbe. Es hat sich bewährt, jeden Stein einzeln aufzuhängen (Abb. 137). Über feuerfeste Steine vergl. Kap. P.

M. Der Feuerungsbetrieb.

Im Nachfolgenden soll bloß über den Feuerungsbetrieb bei von Hand bedienten Planrosten gesprochen werden; auf denjenigen bei mechanischen Rosten einzutreten würde zu weit führen.

M. 1. Das Anheizen.

Niemals Anfeuern ohne vorangehende Kontrolle des Wasserstandes und des Manometers. (Man sollte es nicht für möglich halten, daß es vorkommt, daß ganz leere Kessel angeheizt werden. Diese werden damit unbrauchbar gemacht.) Vor dem Anheizen ist der Wasserstand auf die niedrigste Marke zu bringen. Überhitzer sind zur Vermeidung des Erglühens mit Wasser zu füllen. Erreicht der Druck einige at, sind die Überhitzer zu entwässern, was durch Ausblasen mit Dampf erfolgen kann, nachher läßt man etwas Dampf durchströmen zur Kühlung.

Auf dem entblößten Rost sollte man nicht anfeuern, sondern vorsichtigerweise über einer dünnen Schicht von halbverbrannter Kohle (Halbkoks) oder Koks, die man erst auf den Rost wirft; auch frische Kohle wird verwendet, wenn Halbkoks fehlt. Mit dieser Maßregel wird der Rost geschont, sonst leicht verbrannt, besonders wenn das Anfeuern in Eile geschieht und der Zugschieber stark geöffnet wird. Mit dem Anfeuerholz darf nicht zu sehr gespart werden; die Kohle muß rasch anbrennen, sie darf nicht schwelen.

Bestand schon ein Reservefeuer auf dem Rost, so ist der Zugschieber einen Augenblick vollständig zu öffnen, um angesammelte Gase abzuführen.

Die Anheizzeit hängt von der Dehnungsfähigkeit des Kessels ab. Steilrohr- und auch Wasserrohrkessel können in wenig Stunden angeheizt werden, für Flammrohrkessel sind 8—10 Stunden erforderlich.

M. 2. Bereitschaftsfeuer (Reservefeuer).

Bei der Beantwortung der Frage, ob bei Feuerungsunterbrüchen Reservefeuer anzulegen seien oder ob es vorteilhafter sei, das Feuer ausgehen zu lassen und nachher frisch anzufeuern, kommt es ganz auf die D a u e r des Betriebsunterbruches an. Dauert dieser eine ganze Nacht, so ist es die Regel, das Feuer ausgehen zu lassen, dabei müssen die Aschenfalltüren und die Rauchgasschieber sorgfältig geschlossen werden. Ist der Unterbruch nur von kurzer Dauer, so wird man sich dagegen mit einem Reservefeuer behelfen. Dabei ist zu beachten, daß aus den schwelenden Kohlen meistens brennbare Gase ausgetrieben werden, die die Züge anfüllen, so daß die Gefahr einer Gasexplosion entsteht. Über die Verhütung solcher Explosionen vergl. M 1, über die Mittel, sie unwirksam zu machen vergl. G 19.

Bereitschaftsfeuer sind gegen die Feuerbrücke hin anzulegen.

M. 3. Das Einbringen der Kohle auf den Rost.

Kohle muß immer in genügendem Vorrat nahe bei der Feuerstelle in Bereitschaft liegen. Die Kohlen sind von hinten (Feuerbrücke) nach vorn (Feuertüre) aufzuwerfen, um für jeden Wurf die richtige Stelle auszufinden. Die Kohlen sind gleichmäßig zu verteilen, die Feuerschicht muß eben bleiben oder sie kann gegen die Feuerbrücke hin leicht ansteigen, dort ist der stärkste Luftdurchgang. Beim Öffnen der Feuertüre ist der ganze Rost dann übersichtlich. (Man sieht häufig das umgekehrte Verfahren, dann entstehen Haufen, die vor der Feuertüre liegen.) Die Höhe der Feuerschicht hängt vom Brennstoff ab; sie ist am geringsten bei grießartigem Brennstoff, am höchsten bei Stückkoks. Schwarze Stellen auf dem Rost oder Haufen in der Feuerschicht sollten vermieden werden. Darin zeigt sich der ·Anfänger, daß die Feuerschicht jeden Augenblick durch Schürgeräte ausgeebnet wird; ein erfahrener Heizer wird dies vermeiden, weil er weiß, daß die Feuerschicht dann mit Schlacken durchsetzt und die Verbrennungsluft am Durchtreten gehemmt wird. Muß einmal ausgeebnet werden, so benütze man hiefür den Rechen, nicht die Krücke.

Sind die Kohlen angebrannt, so muß das Feuer hellrot bis weißglühend erscheinen.

M. 4. Stückgröße der zu verfeuernden Kohle.

Stücke über Faustgröße sind zu zerkleinern. Nußgröße ist am zweckmäßigsten. Zu große Kohlenstücke haben zu geringe Oberflächen, wie folgendes Beispiel zeigt: Ein Würfel von 1 dm³ hat 6 dm² Oberfläche; ein solcher von 1 cm³ hat 6 cm². 1000 Würfel von je 1 cm³, das sind 1000 cm³ $=$ 1 dm³ haben 6000 cm² Oberfläche, das sind 60 dm², somit das 10fache. Große Stücke brennen daher zu langsam an, die Leistung des Rostes (Rostbelastung) wird vermindert, weil die Verbrennungsluft zu wenig Angriffsfläche findet. Neben großen Kohlenstücken wird man immer schwarze Roststellen finden.

M. 5. Überwindung des Rostwiderstandes.

Die Erfahrung lehrt, daß die Verbrennung besser und wirtschaftlicher bei natürlichem Zug d. h. bei Unterdruck über dem Rost vor sich geht als bei Anwendung von Gebläseluft bzw. bei Überdruck unter dem Rost. Natürlicher Zug wird durch das Kamin herbeigeführt, Überdruck unter dem Rost durch Gebläse. Die Feuerschicht brennt bei natürlichem Zug regelmäßiger ab, als beim Durchpressen von Druckluft durch die Brennstoffschicht. In diesem Fall ist mit der Bildung von Trichtern und Kanälen in der Feuerschicht zu rechnen, in diesen ist die Verbrennung zwar gut, daneben aber schlecht.

Den natürlichen Zug kann man auch bei Anwendung der Gebläse nicht entbehren; über dem Rost muß auch in diesen Fällen Unterdruck herrschen und zwar soviel, daß die Flamme beim Öffnen der Feuertüre nicht hinausschlägt. Viele Unterwindgebläse, die während des Krieges der schlechten Brennstoffe halber bei Planrostfeuerungen angewandt werden mußten, sind heute wieder verschwunden, weil die Besitzer eingesehen haben, daß bei gutem Brennstoff natürlicher Zug genügt und daß der Nutzeffekt höher ist als bei Anwendung von Gebläsen. Beim Betrieb eines Gebläses sind auch die Betriebskosten zu berücksichtigen..

Anders liegt der Fall für grießartige Brennstoffe, die auf Düsen-(Loch-)Rosten verfeuert werden müssen, um den Durchfall in die Aschenkammer zu vermindern. Der Rostwiderstand kann durch natürlichen Zug nicht mehr bewältigt werden, ein Gebläse wird unentbehrlich.

Auch bei Hochleistungskesseln kommt man ohne Gebläse schwerlich aus. Indessen ist festzustellen, daß es Kraftwerke gibt, die bei natürlichem Zug bleiben und lieber vermehrte Anlagekosten für hohe Schornsteine tragen als die Betriebskosten von Gebläsen. Es gibt Schornsteine bis 100, ja bis 130 Meter Höhe, am Fuß kann der Zug 60 mm WS und mehr erreichen (solche Riesenschornsteine können bis 5 m Lichtweite an der Mündung haben).

Die Frage: Hohe Zugwirkung oder Unterwind? ist auch noch von der Seite zu beleuchten, daß bei hoher Zugwirkung das Kesselmauerwerk sehr dicht sein muß, da sonst „falsche Luft" in Menge angesaugt wird. Wird auf der einen Seite genügender Zug als unentbehrlich verlangt, damit die Kohle auch bei ungünstiger Witterung und daher schlechten Zugverhältnissen brennt und nicht schwelt, so ist auf der andern Seite nicht gesagt, daß der Rauchgasschieber im Betrieb stark geöffnet werden müsse. Hierüber vergl. M 6.

An jedem Verbrennungsraum sollte ein Zugmesser (U-Rohr, halb mit gefärbtem Wasser gefüllt) angeschlossen sein, damit der Heizer jederzeit den Unterdruck beobachten kann. Der Stand des Kohlen-Abbrandes läßt sich ohne Öffnen der Feuertüre daraus erkennen, bei einiger Übung im Beobachten auch die Zunahme der Verschlackung.

M. 6. Stellung von Rauchgasschieber und Aschenfalltüre.

a) Die Aschenfalltüren müssen während des Betriebes stets ganz offen stehen. Es ist als einen schweren Verstoß gegen richtigen Feuerungsbetrieb anzusehen, wenn das Feuer durch die Stellung der Aschenfalltüren reguliert wird. In diesem Fall herrscht Zug über dem Rost, ohne daß Luft von unten her in genügendem Maß zutreten kann. Luftmangel ist der größte Fehler beim Feuerungsbetrieb (vergl. L 5).

b) Die Stellung des Rauchgasschiebers (der Kaminklappe) richtet sich nach dem Zug, der über dem Rost benötigt wird. Ist dieser mit frischen Kohlen beschickt, so ist der Luftbedarf größer als nach dem Anbrennen derselben. Der zuerst stärker geöffnete Schieber sollte dann etwas geschlossen werden. Gegen das Abschlacken hin ist der Zug allgemein etwas zu steigern, wegen der verminderten Luftdurchlässigkeit der Feuerschicht mit zunehmender Verschlackung. Allgemein ist bei niedern Schieberstellungen der Feuerungsbetrieb (wie bei L 10 begründet) wirtschaftlicher als bei großen.*)

Bei der Notwendigkeit, die Schieberstellung jederzeit zu ändern, ist es von größter Wichtigkeit, daß die Schieber leicht gehandhabt werden können. Ist dies nicht der Fall, so kann man es dem Heizer nicht übel nehmen, wenn er es unterläßt, den Schieber so einzustellen wie es sein sollte. Daher müssen die betr. Vorrichtungen in Ordnung gehalten werden. Es ist zweckmäßig, die Rollen auf Kugeln zu lagern, Ersparnisse können durch solche kleine Änderungen erzielt werden. Es ist festzustellen, daß den Kesselbesitzern Dutzende von neuen Apparaten usw. das Jahr hindurch angeboten und solche auch angeschafft werden, während so wichtige Dinge wie die Rauchgasschieber in Anlage und Unterhalt vernachlässigt werden; dies gilt insbesondere hinsichtlich ihrer Beweglichkeit.

Nach beendigtem Feuerungsbetrieb muß der Schieber genau geschlossen werden, er darf nicht undicht sein; das Vorhandensein eines zweiten Rauchgasschiebers, namentlich eines allgemeinen Schiebers im Fuchs vor dem Schornstein ist zweckmäßig. Nur dann wird jeder Zug vom Kamin her vermieden; dann kann im Kessel der Dampfdruck sich halten, weil nur wenig Wärme verloren geht, sonst sinkt der Druck bei Betriebsunterbrüchen.

Bei Betriebsschluß sind auch die Wasserstandzeiger usw. abzuschließen.

---

*) Durch viele Verdampfungsversuche erwiesen.

M. 7. Die Entfernung der Schlacken aus dem Feuer.

Behindert die Schlackenschicht den Luftzutritt in fühlbarem Maß, so muß der Rost abgeschlackt werden. Hiezu geht man in verschiedener Weise vor:

1. Abschlacken von hinten (Feuerbrücke) nach vorn (Feuertüre), bei Lokomotivkesseln allgemein üblich (die Begriffe hinten und vorn sind bei Lokomotivkesseln andere als bei ortsfesten Kesseln). Größere Kessel sind mit Kiprosten versehen, zur Entfernung der Schlacken.

2. Abschlacken von rechts nach links oder umgekehrt, zuerst die eine Rosthälfte, dann die andere. Die Roste von Flammrohrkesseln werden allgemein so abgeschlackt.

3. Das Abschlacken kann auch in der Weise bewerkstelligt werden, daß die brennenden Kohlen auf die Feuerbrücke gestoßen werden.*)

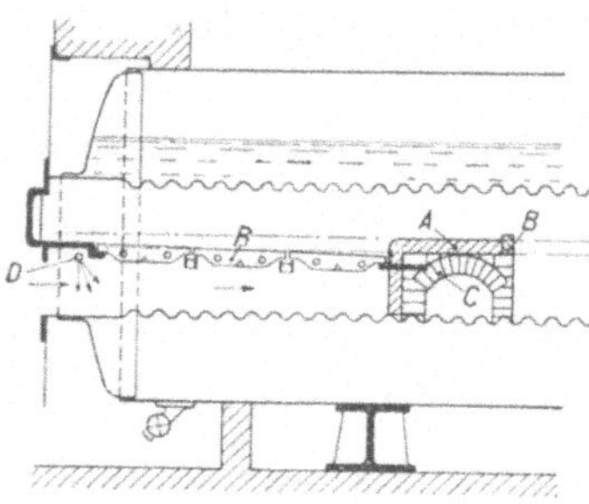

Abb. 138.
Verlängerte Feuerbrücke und Granuliergebläse.

Zu diesem Zweck ist diese zu verlängern, wie in Abb. 138 angegeben, sie liegt nur um ein Geringes über dem Rost. Sämtliche Schlacken können dann mit einemmal herausgezogen werden. Das Brennbare wird nachher auf den Rost zurückgezogen. Die für das Abschlacken einzuräumende Zeit wird bedeutend verkürzt, was zweckmäßig ist. Die Heizfläche des Flammrohrs wird allerdings zu einem kleinen Teil (zu dem unter A, Abb. 138, liegenden) vermindert.

Wenn die Schlacken am Rost anbacken, wodurch das Abschlacken erschwert wird, so empfiehlt es sich, ein kleines Dampfgebläse (Granuliergebläse), wie bei D angegeben, einzurichten. Ein solches besteht aus einem ³/₈ oder ⁴/₈" Rohr; es wird unter der Rostplatte angebracht und quer zum Flammrohr gestellt. In dieses Rohr werden Löcher von 1—2 mm gebohrt, Richtung vertikal nach unten, damit auch den hintern Rostteilen, infolge des Zuges, Dampf zugeht. 5—8 Minuten vor dem Abschlacken wird das Dampfgebläse angestellt; das Abschlacken wird erheblich erleichtert, weil sich die angebackten Schlacken vom Rost trennen; dieser wird geschont. Das Dampfgebläse ist auch nützlich bei überhitztem Rost.

---

*) Methode des Herrn Traber, Inspektor beim Schweizerischen Verein von Dampfkessel-Besitzern.

Es empfiehlt sich, den Rost nach dem Abschlacken zuerst mit einigen Schaufeln voll Halbkoks (Unverbranntes aus dem Schlackenhaufen) zu bedecken zu seiner Schonung. Zur Verlängerung der Rostdauer wird als „Hausmittel" empfohlen, die Bahn der Stäbe ab und zu (z. B. zweimal in der Woche) mit Gießereigraphit, in Wasser angemacht, zu bestreichen. Hiezu bedient man sich eines langen Pinsels (das „Schoopieren", d. h. das Bespritzen der Rostbahn mit Aluminium, das man versucht hat, scheint nicht den gewünschten Erfolg gehabt zu haben).

M. 8. Die Schürgeräte.

Zur Feuerbedienung muß man gutes Werkzeug zur Hand haben, nach dem Grundsatz: Gutes Werkzeug, halb soviel Arbeit. Für Kessel mittlerer Größe, bzw. für Roste von 1—3 m² sind folgende Feuerwerkzeuge nötig (man vergl. Abb. 139): 1. Schlackenwender, 2. Lanze, 3. Krücke, 4. Rechen, 5. Aschenschaufel, letztere wegfallend bei Kleinkesseln. Dagegen nötig bei

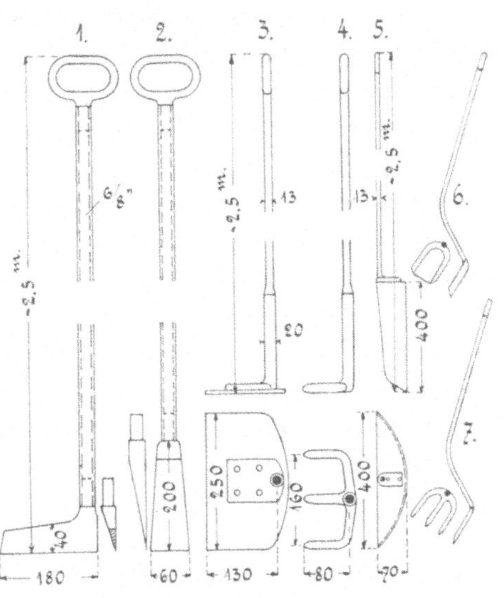

Abb. 139. Schürgeräte.

Kleinkesseln: 6. abgekröpfte Schlackenschaufel oder 7. Schlackengabel. Die Schürgeräte müssen leicht und doch fest sein, man wird für die Stiele keine Eisenstangen sondern Stahlröhren verwenden. Die Schürgeräte müssen gut unterhalten werden.

M. 9. Die Verhütung von Rauch und Ruß.

Ruß entseht durch Ausscheidung von Kohlenstoff aus den Kohlenwasserstoffgasen, $C_n H_m$, diese finden sich in den aus den Brennstoffen im Feuer ausgetriebenen flüchtigen Bestandteilen (vergl. L 4). Zur Verbrennung dieser Gase ist Luft in erheblichem Überschuß nötig (vergl. L 10).

a) Das Verfahren bei gewöhnlichen Flachrosten und Handfeuerung. Nach dem Aufwerfen der Kohle ist die Öffnung des Rauchgasschiebers etwas zu vergrößern; sind die Gase zum größten Teil ausgetrieben, ist sie wieder um gleich viel zu vermindern (verg. M 6).

Die dauernde Änderung der Schieberstellung ist mühsam; dagegen läßt sich folgende Methode, die ebenso gut zum Ziel führt, bequemer anwenden. Um im Augenblick der Entgasung der Kohlen Verbrennungs-luft im nötigen Überschuß in den Verbrennungsraum zu bringen, wird Sekundärluft eingeführt; man beläßt hierzu die Feuertüre nach dem Aufwerfen in halbgeöffneter Stellung. Man kann auch eine Verriegelung am Rahmen zu diesem Zweck vorübergehend anbringen. Nachher wird die Feuertüre geschlossen. Der Oberluftschieber an der Feuer-türe kann aber bei starkem Betrieb stets offen bleiben. Es trägt zur weitern Verhütung von Rauch bei, wenn man nicht die ganze Rost-fläche auf einmal beschickt, sondern erst die eine Hälfte, dann die andere. Die Gase, die sich auf der einen Rosthälfte bilden, entzünden sich dann leicht am hellen Feuer der andern Rosthälfte. Endlich ist es von großem Erfolg, wenn die Gase in dieser Periode durchgewirbelt werden, z. B. durch einen kleinen Dampfstrahl. Es muß gesagt werden, daß bei der Verfeuerung fetter Kohle von Hand auf Planrosten die Vermeidung jeglichen Rauches kaum möglich ist, dagegen gelingt es unter Anwendung aller Regeln der Kunst, den schwarzen qualmenden Rauch, der bei fahrlässiger Feuerung in die Erscheinung treten würde, zu vermindern und jedenfalls die Dauer des Austretens schwarzer Rauchschwaden aus dem Kamin abzukürzen.

b) **Mechanische Vorrichtungen bei Planrosten und Handfeuerung.** Um dem Heizer die verschiedenen Handreichungen, die zur Einführung von Sekundärluft nötig sind, abzunehmen, sind schon vor langer Zeit mechanische Einrichtungen erfunden worden. Am bekanntesten sind diejenigen von Langer für Lokomotiven.

In der Schweiz werden seit kurzem die in Abb. 140 und 141 dargestellten Apparate (Weller) verwendet. Beim Öffnen der Feuer-türe A wird durch Vermittlung von Schnecke B und Hebel C das Druckventil D angehoben; Druckwasser gelangt aus Leitung 1 vor den Kolben E des Zylinders F. Durch die Kolbenstange H wird der runde Nocken J vorgeschoben, gleichzeitig der Hebel K gedreht. Dieser verstellt den Reiber des Hahnes L so, daß zwischen den Dampf-leitungen 4 und 5 die Verbindung hergestellt wird. Dampf entströmt der Düse W und durchwirbelt die Rauchgase im Feuerraum O. Der Rost befindet sich bei P, die Feuerplatte bei Q.

Wird die Feuertüre geschlossen, so stößt die Nase der Stange R gegen den Nocken J; die Stange wird herabgedrückt, die Drehklappe S

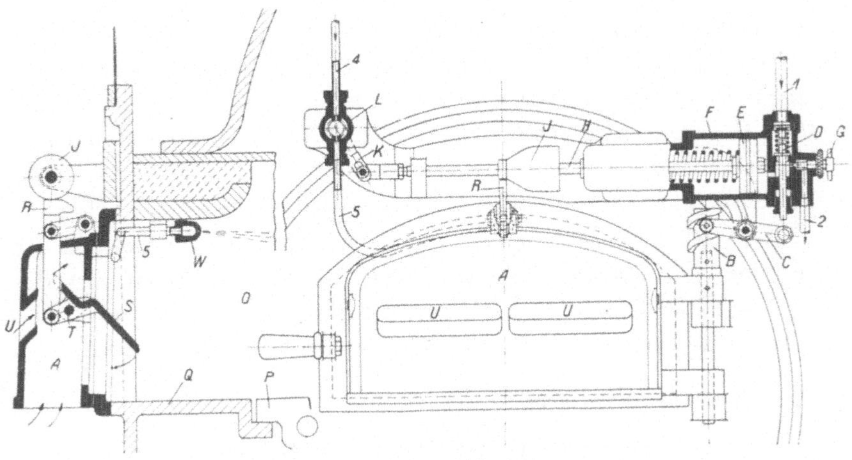

Abb. 140.   Abb. 141.

Rauchverbrennungsapparat für Handfeuerungen und gewöhnliche Roste.

um T gedreht bzw. geöffnet; sie ist in ganz offener Stellung gezeichnet. Durch die Schlitze U und von unten her gelangt, trotz geschlossener Feuertüre, Sekundärluft über den Rost.

Beim Schließen der Feuertüre wird auch das Ventil D freigegeben; es schließt sich. Durch das Nadelventil bei G läuft Druckwasser aus dem Zylinder ab, der Kolben E wird durch eine Feder zurückgestoßen, der Nocken J zurückgezogen, der Hahn L wird geschlossen, die Drehklappe freigegeben, sie schließt sich infolge ihres Eigengewichtes. Die Schließbewegung geht langsam vor sich, nach Maßgabe der Öffnung des Nadelventils G und der Neigung des Kegelansatzes von J.

Die Düse N besteht aus feuerbeständigem Gußeisen; trotzdem wird sie gekühlt durch soviel Dampf, als durch eine kleine Bohrung des Hahns L auszutreten vermag.

Der Apparat erfüllt die Anforderung, daß Sekundärluft bloß während der Zeit, in der die brennende Kohle Gas abgibt, in den Feuerraum eingeführt wird. Der Rauchgasschieber bleibt in nämlicher Stellung.

c) Die rauchverzehrende Wirkung bei den mechanischen Rosten ist verschieden begründet. Bei den Unterschubfeuerungen wird der ankommende Brennstoff von unten her in die Feuerschicht gestoßen, wie aus Abb. 55 ersichtlich ist. Die ausgetriebenen flüchtigen Bestandteile müssen durch die Feuerschicht durchtreten, werden dabei erhitzt und verbrennen. Bei Wanderrosten gelangt der Brennstoff langsam, vom Trichter her, in die Verbrennungszone (vergl. Abb. 57).

Die brennbaren Gase werden erhitzt und gut durchmischt, sie werden in der Regel an glühenden Gewölben vorbeigeführt, manchmal mit heißer Sekundärluft gemischt. Es ist von Erfolg begleitet, die Sekundärluft im Gegenstrom zu den Rauchgasen einzuführen. Die Verbrennungsräume sind stets geräumig, die Temperatur ist hoch. Art und Größe der Verbrennungsräume sind von großer Bedeutung (vergl. L 14).

Bei größern mechanischen Feuerungen wird Rauch, Ruß und der dem Auge unsichtbare Wasserstoff fast gänzlich verbrannt, bei Beobachtung aller Regeln. Bei kleinern ist dies, insbesondere bei Kohle, die viel Gas entwickelt, wie bereits angedeutet, kaum möglich.

M. 10. Größe der Rostfläche.

Über die Rostgröße im allgemeinen (vergl. F 12).

Folgendes ist beizufügen. Viele Kessel werden im Winter streng, im Sommer schwach betrieben, aber zu jeder Zeit sollte die Forderung erfüllt sein, daß das Feuer weiß oder wenigstens hellrot brennt, jedenfalls keine schwarze Stellen aufweist. Dieser Forderung wird erfahrungsgemäß genügt, wenn auf 1 m² Rostfläche 60—100 kg, im Mittel 80 kg Steinkohlen stündlich verfeuert werden. Eine Rostbelastung von 60 kg/m²/St. sollte nie unterschritten werden, danach sollte sich die augenblickliche Größe der Rostfläche richten, diese sollte daher veränderlich sein. Man hat auch früher Roste mit mechanisch veränderlicher Fläche gebaut, sie haben sich aber nicht eingeführt. Nun gibt es ein einfaches Mittel die Rostfläche jederzeit zu verändern; man belegt den Rost mit feuerfesten Steinen oder feuerbeständigen Gußplatten, wie in Abb. 142—144 dargestellt.

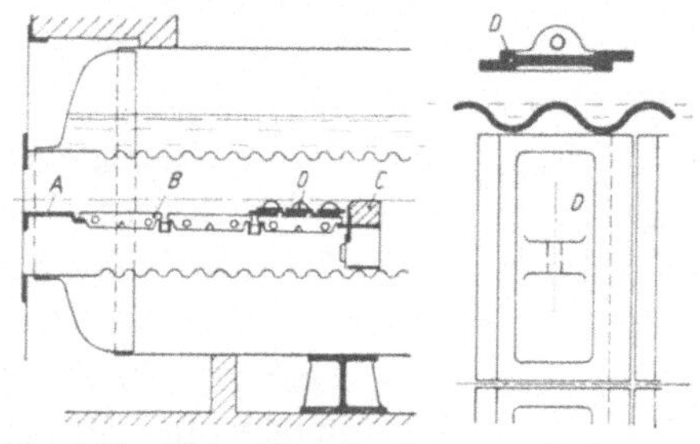

Abb. 142—144. Rostflächenverminderung mittels Gußplatten.

Feuerplatte bei *A*, Feuerbrücke bei *C*. Die feuerbeständigen Platten *D* sind mit Rippen versehen, so daß sie leicht mit einem Werkzeug angepackt und aufgelegt oder entfernt werden können. Mittleren Betrieben sei die Anschaffung und sorgfältige Verwendung solcher Platten dringend empfohlen.

M. 11. Feuerungsbetrieb mit Schrägrosten.

Zur Verfeuerung von Holz, Torf, Braunkohle usw. werden sogen. „Vorfeuerungen" angewendet, wie in Abb. 53 und 54 dargestellt; die meisten sind mit Schräg- oder Treppenrosten ausgerüstet, bei diesen rutscht der Brennstoff ohne weitere Hilfe nach unten, wobei sich die Neigung der Rostbahn nach der Art des Brennstoffes zu richten hat. Früher wurde oft darin gefehlt, daß die Treppen- oder Schrägroste im obern Teil zu viel freie Rostfläche aufwiesen. Bleibt diese leer, sei es, daß der Brennstoff fehlt, sei es, daß er unregelmäßig nachrutscht, so gelangt zu viel Luft in den Verbrennungsraum. Zur Abhülfe kann die Rostfläche bei vorhandenen Rosten durch Aufschrauben von Platten am obern Rostende verkleinert werden.

M. 12. Kontrolle der Feuerhaltung.

Schon von Auge ist bei einiger Übung eine gute Kontrolle möglich. Sodann können die Rauchgase auf ihre Zusammensetzung untersucht werden, unter Zuhülfenahme des Orsat-Apparates und anderer Geräte (vergl. L 9).

Zur Kontrolle der Rauchgastemperaturen am Ende von Kesseln oder Vorwärmern (Economisern) dienen Pyrometer, solche mit Quecksilberfüllung oder elektrische. Die Rauchgase sollten einen Kessel nie mit höherer Temperatur als 300° C, den Economiser nicht mit mehr als 150° verlassen.

Zur Kontrolle des Zuges über dem Rost und am Kesselende dienen halb mit Wasser gefüllte U-Rohre (vergl. O 4).

Kohlen- und Wasserverbrauch sind in erster Linie zu kontrollieren; der erstere durch Dezimalwagen, die auf Kesselflur befahrbar sind.

M. 13. Die Verhütung des „Brummens" der Feuerungen.

Schall entsteht, wie man weiß, wenn die Luft in Schwingung versetzt wird. Je geringer die Zahl der Schwingungen, desto tiefer der Ton. Unterschreiten die Wellen die Zahl 16 in der Sekunde, so sind sie kaum mehr hörbar. Beim Brummen der Kessel haben wir es mit Luftschwingungen im Feuerraum zu tun. Obwohl die Luftschwingungen sich nicht mehr als Ton äußern, so sind sie doch wahrnehmbar, sie bringen eine unangenehme, wenn nicht unausstehliche Empfindung im Ohr hervor.

Zur Verminderung oder Vermeidung des Brummens können folgende Ratschläge als „Hausmittel" versuchsweise ausgeführt werden:

Handelt es sich um einen Flammrohrkessel, so kann die Feuerbrücke nach hinten mit Trockenmauerwerk ausgefüllt und schräg abgemauert werden, wie in Abb. 145 bei B angegeben. Unter Zweiflammrohrkesseln können im zweiten Zug Zungen aus Mauerwerk bis zur Kesselschale aufgeführt werden, wie bei D von Abb. 145 und 146 gezeigt.

Endlich kann die Luft darin gestört werden, im Flammrohr Wellen zu bilden ähnlich wie in einer Orgelpfeife, indem man vor dem Kessel Platten quer der Luftströmmung entgegenstellt, wie in Abb. 145 bei C angedeutet, wodurch die Strömungsrichtung sich ändert. Das Blech vor der Aschenfallöffnung muß genügenden Abstand haben, damit der

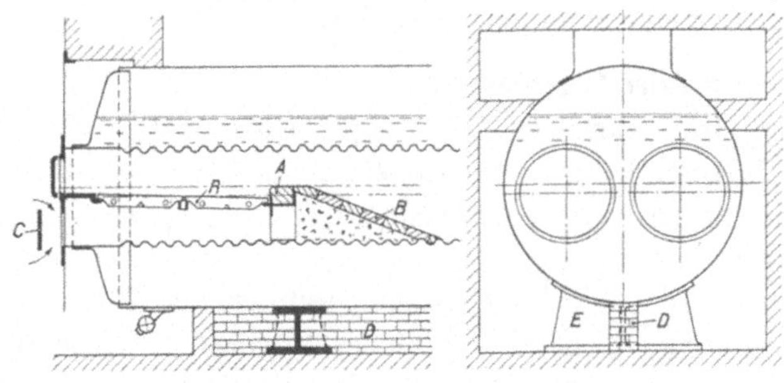

Abb. 145.　　　　　　　Abb. 146.

Darstellung von Maßnahmen zur Verhütung des Brummens.

Luftzutritt nicht eingeschränkt wird. Besser ist es, ein solches Blech mit Löchern zu versehen; manchmal genügt ein Sieb.

Bei kleinen Querrohrkesseln, gemäß Abb. 3 und 4, wird die in den Aschenfall eintretende Verbrennungsluft gezwungen, durch Löcher hindurch zu gehen, die man in die Bodenplatte (Aschenfalldeckel) bohrt.

In schweren Fällen wird man sogar dazu veranlaßt, die Züge in Anordnung und Größe zu ändern.

N. Die Verfeuerung flüssiger*) u. staubförmiger Brennstoffe.

Über die Eigenschaften der flüssigen Brennstoffe finden sich Ausführungen unter K 14.

N. 1. Die Lagerung der flüssigen Brennstoffe.

Soll bei größeren Kesselanlagen Ölfeuerung stattfinden, so müssen die Lagerbehälter so groß sein, daß ein Vorrat für etwa 20 Tage

---

*) Vergl. Höhn, „Die Verfeuerung flüssiger Brennstoffe", Jahresbericht 1920 des Schweizerischen Vereins von Dampfkessel-Besitzern.

gelagert werden kann, für 1 m² Heizfläche rund ¹/₃ m³ Öl. Die **Haupt-lagerbehälter** werden häufig unter Flur angelegt, in welche das in Eisenbahnwagen ankommende Öl unmittelbar abgelassen werden kann. An kalten Tagen ist das Öl anzuwärmen, dagegen darf dasselbe nicht zu warm werden, wegen der Gefahr des Schäumens; wasserhaltige Brennstoffe, z. B. Teer besitzen diese üble Eigenschaft.

Die **Tagesbehälter** werden in der Regel im Kesselhaus untergebracht; es geht jedoch nicht an, dieselben auf das Kesselmauerwerk zu stellen. Wenn der Brennstoff aus irgend einem Grund über-läuft oder die Behälter undicht sind, ist ein Brandausbruch nicht zu verhüten. Da die Tagesbehälter höher als die Brenner liegen, muß der Brennstoff hoch gepumpt werden. Dies geschieht am besten vermittels einfacher Kolbenpumpen; als Beispiel ist ein als Pumpe dienender Schmidscher Motor in Abb. 147 angegeben.

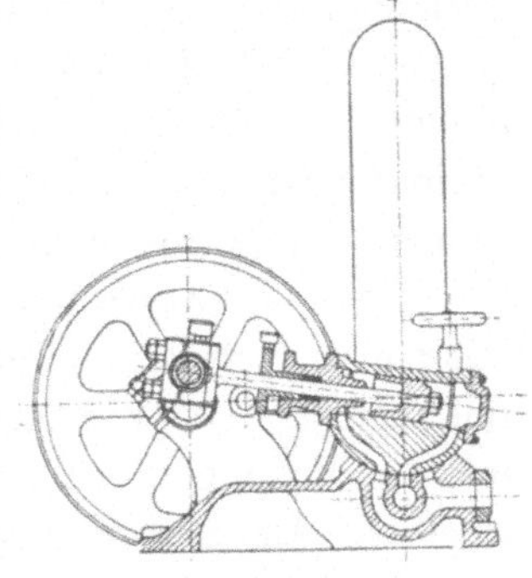

Abb. 147.
Schmidscher Motor als Brennstoffpumpe.

Es ist durchaus nötig, das Öl vor der Verwendung zu filtrieren, am besten in Wechselfiltern, Abb. 148 und 149. Mit den gestrichelten Linien sind Siebe angedeutet.

Die Hochbehälter müs-sen mit Anwärmevorrich-tungen und einem Überlauf versehen sein, auch mit einem Entwässerungs- und Entleerungshahn. Alle Lei-tungen müssen genügende Weite besitzen, weil sie sich sonst gerne durch Naphthalinansatz usw. ver-stopfen.

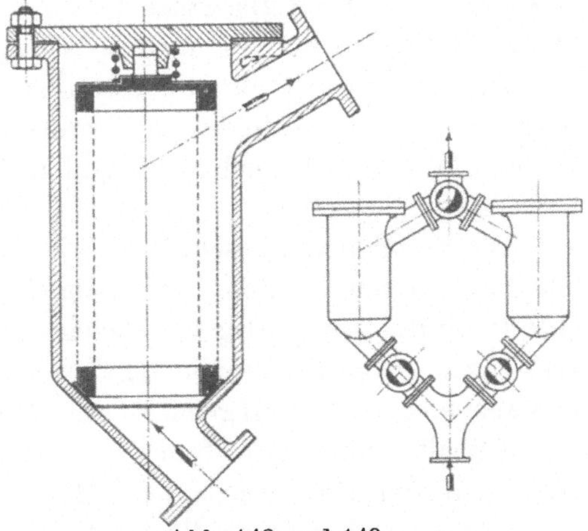

Abb. 148 und 149.
Wechselfilter für flüssige Brennstoffe.

N. 2. Allgemeines über die Verfeuerung flüssiger Brennstoffe.

Die Verfeuerung von flüssigen Brennstoffen findet in Brennern statt. Es ist viel leichter, ein dünnflüssiges Heizöl oder Teeröl zu verfeuern, als einen zähflüssigen Teer, der viel Naphthalin und Pech sowie freien Kohlenstoff einschließt, was z. B. beim Horizontalofenteer zutrifft.

Es ist nicht tunlich, verschiedene flüssige Brennstoffe zu mischen und ein solches Gemisch zu verfeuern; die einzelnen Sorten, besonders Teer und Öle, mischen sich nur unvollkommen und gelangen schließlich doch in gesonderten Anteilen in den Brenner. Hier verlangt der eine Anteil wegen seiner Zähflüssigkeit (Viskosität) eine hohe Vorwärmung, der andere besitzt vielleicht einen niedrigen Flammpunkt, so daß die Vergasung früh beginnt, und so kann es bei solchen Mischungen vorkommen, daß der Brenner öfters abschlägt und sich zudem verstopft.

Zu hohe Vorwärmung des Öls begünstigt im Brenner die Gasbildung und auch die Verdampfung; sogar Pechbildung kann erfolgen. Bei ungenügender Vorwärmung ist der Brennstoff zu wenig dünnflüssig, was das Verstopfen der Rohre durch Naphthalin, Anthrazen oder Pech bewirkt. Aus Sicherheitsgründen sollten flüssige Brennstoffe nicht über den Flammenpunkt hinaus vorgewärmt werden, in keinem Fall auf die Siedetemperatur. Letztere liegt bedeutend über dem Flammpunkt. Aus praktischen Gründen sind Temperaturen von höchstens 80° C für das Öl gebräuchlich.

Schwierigkeit in der Verfeuerung bietet stark wasserhaltiger Teer. Das Wasser ist nicht gleichmäßig verteilt; gelangen besonders wasserhaltige Anteile in den Brenner, so schlägt er ab.

Der Luftbedarf beträgt theoretisch für Öle rund 11 m³/kg (auf 0° und 760 mm reduziert), für Teere im Mittel 10³/kg, praktisch in beiden Fällen jedoch rund 15 m³ und mehr. Der Luftüberschuß sollte 25% nicht übersteigen.

Die Verbrennungsgeschwindigkeit flüssiger Brennstoffe verglichen mit festen ist eine rapide. Die flüssigen besitzen bis nahezu 100% flüchtige Bestandteile; sie gehen im Herd sofort in Gasform über und verbrennen. Damit die Verbrennung gleichmäßig ist, muß der Brennstoff fein zerstäubt und gut mit Luft gemischt sein. Dies ist die Aufgabe der Brenner.

Enthält ein Brennstoff neben den flüchtigen Bestandteilen auch feste, z. B. freien Kohlenstoff beim Horizontalofenteer, so werden diese weniger rasch verbrannt, als die flüchtigen; sie werden ausgeschieden und in die Züge mitgerissen. Daher die starke Rußbelästigung da, wo schlechte Teere verfeuert werden.

Günstige Verbrennungsbedingungen auch für die festen Brennstoffe werden geschaffen durch feine Zerstäubung, gute Luftmischung

und hohe Herdtemperatur. Zündgewölbe und Zünd-
mäuerchen sind Hülfsmittel zur Erreichung solcher Temperaturen.
Ein genügend bemessener Verbrennungsraum ist für
eine gute Verbrennung unerläßlich.

N. 3. Die Brenner.

a) Brenner mit Dampfzerstäubung. Der Dampf ist das
Betriebsmittel zur Ölzerstäubung, das fast immer zur Hand ist; es
gibt jedoch Gründe, die gegen seine Anwendung sprechen. 1. Soll angefeuert werden, so muß vom Nachbarkessel her Dampf bezogen werden. 2. Dampf vermindert die Temperatur im Verbrennungsraum. Er trägt nicht zur Verbrennung

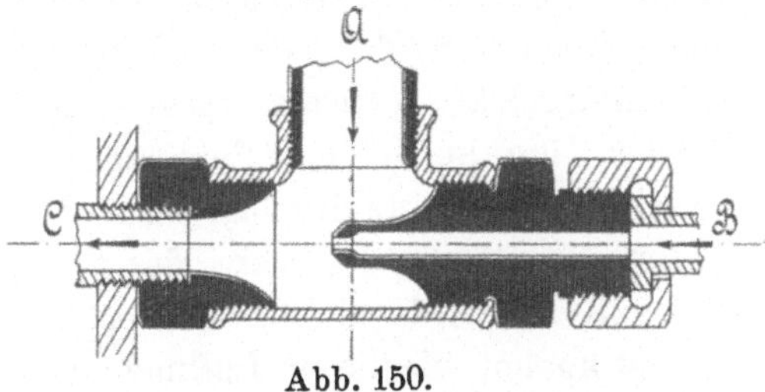

Abb. 150.
Dampfbrenner, einfachste Form.

bei, muß also als Fremdkörper im Verbrennungsraum betrachtet werden.
3. Der Dampfverbrauch bewegt sich zwischen 4—8 % der Dampferzeugung. Durch Überhitzung des Dampfes vor dem Brenner vermindern
sich Dampfverbrauch und Abkühlung im Feuerraum. Preßluft ist als
Betriebsmittel im allgemeinen dem Dampf vorzuziehen.

Die Zahl der Brennerkonstruktionen ist Legion, nicht nur bei
den Dampf- sondern auch bei den Luftbrennern; nur wenige sollen
hier beschrieben werden. Abb. 150 zeigt die einfachste Form eines Dampfbrenners, den sich jedermann herstellen kann, der aber viel Dampf braucht. Ölzufluß bei A, Dampf bei B; durch C wird das Gemisch dem Herd zugeführt. Bei A und B müssen noch Hähne angebracht werden. Ein weiterer Brenner für Dampf und auch für Luft ist derjenige von Burdet, Abb. 151 und 152. Ölzufluß bei A, Dampf bei B. Das Öl gelangt aus C in die Mischkammer D. Hier wird es zerstäubt durch den Dampf oder die Luft, die aus dem Ringschlitz F hervordringt.

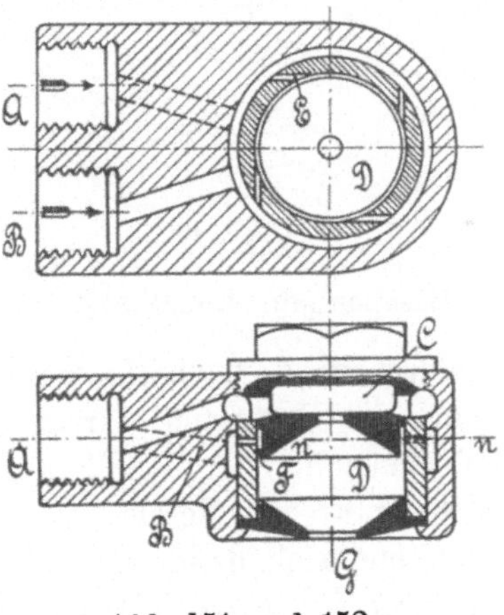

Abb. 151 und 152.
Dampfbrenner von Burdet.

Das Gemisch nimmt infolge der Stellung der Bohrungen E drehende Bewegung beim Austritt G an.

b) **Brenner mit Luftzerstäubung.** Die Brenner, die mit verhältnismäßig hohem Druck, z. B. 500 cm WS (d. h. $\frac{1}{2}$ at) betrieben werden, sind heute als erledigte Konstruktion zu betrachten. Ihre Nachteile sind: 1. Hoher Kraftverbrauch für die Drucklufterzeugung. 2. Stichflammenbildung, diese führt die Zerstörung des Mauerwerks herbei. 3. Brausendes Geräusch. Man verwendet heute Brenner, die höchstens 50 cm WS (d. h. 0,05 at) brauchen. Die Druckluft kann im Ventilatorgebläse erzeugt werden, im Gegensatz zum Kompressor. Brenner, die keine feine Zerstäubung hervorbringen, genügen ihrem Zweck nicht. Gute Brenner sind so gebaut, daß beim Austritt des Öl-Luft-Gemisches der Kern des Strahls durch Luft gebildet wird; dieser Kern wird umfaßt von einem Ring feiner Öltröpfchen, zu äußerst kommt wieder ein Luftmantel. Das Öl kann bis auf 50—70° C vorgewärmt werden, die Luft höher. Ein Brenner, der mit 30—35 cm WS betrieben werden kann, ist der in Abb. 153 dargestellte von v. Roll. Die Brennstoffzufuhr findet durch ein biegsames Rohr bei A statt. Zur Regulierung dient Hahn C; die vordere schraubenförmige Kante des Reibers öffnet nach Bedarf ein dreieckiges Loch im Gehäuse. Es sei darauf hingewiesen, daß das Loch auch bei kleinster Hahnstellung immer noch eine dreieckige Form beibehält, so daß Unreinigkeiten im Brennstoff durchtreten können. Dies ist ein großer Vorteil gegenüber der Regulierung durch ein Nadelventil, weil der Ringquerschnitt bei diesem bei der Verminderung sehr schmal werden kann und sich dann verstopft.

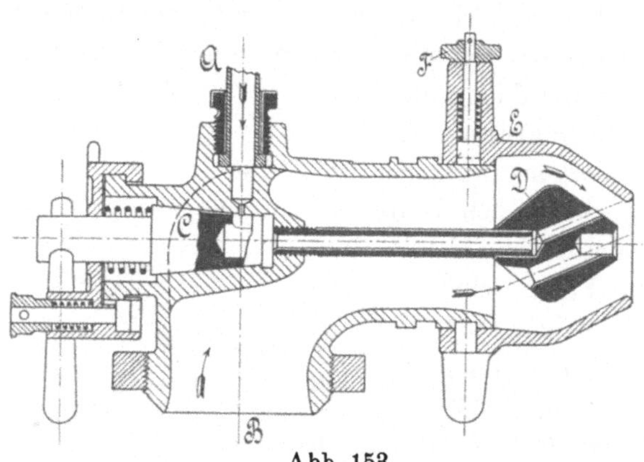

Abb. 153.
Brenner mit Druckluft-Zerstäubung von v. Roll.

Der Brennstoff gelangt aus dem Mündungskopf D durch 4 Bohrungen strahlenförmig an dessen Oberfläche. Druckluftzufuhr von

B her; ein Teil wird durch 4 weitere Bohrungen zentral dem vordern Ende des Mündungskopfes zugeführt und erzeugt den Luftkern, währenddem der Rest zwischen Kopf *D* und Mundstück *E* austritt, den Luftmantel bildend. Das Öl wird an der vorderen Kante des Kopfes durch die Luft erfaßt und zerstäubt. Die Regulierung erfolgt in einfacher Weise durch Vor- und Rückschrauben des Mundstücks *E*, welches Gewinde besitzt. Wegen großer Lichtweite der Bohrungen sind Verstopfungen ausgeschlossen — eine Hauptsache im Betrieb.

Der Brenner ist leicht ausschwenkbar, daher ist die Leitung *A* biegsam gemacht. Eine Türe an der Kesselfront ermöglicht es, zum Herd zu gelangen, zum Anfeuern usw.

Der Brenner von Hetsch kommt ebenfalls mit geringem Luftdruck aus, mit 2,5—5,0 cm Wassersäule; er ist so eingerichtet, daß das zerstäubte Öl beim Austritt zwischen zwei Luftschichten eingehüllt wird, vergl. Abb. 154. *A* ist die Ölkammer, *B* der Zuführungskanal für den inneren Luftstrom, *C* für einen mittleren und *D* für einen äußeren. *E* ist der Steuerkolben, *F* der Handgriff, mit dem *E* verschoben wird. Bei der Drehung von *F* gleitet der Zeiger *G* der schiefen Ebene *H* entlang, welche das Zurückziehen des Handgriffs *F*, der Spindel *J* und des Steuerkolbens *E* bewirkt. Dabei wird der Ölzufluß bei *A* und gleichzeitig die Luftzufuhr bei *B*, *C* und *D* vermindert.

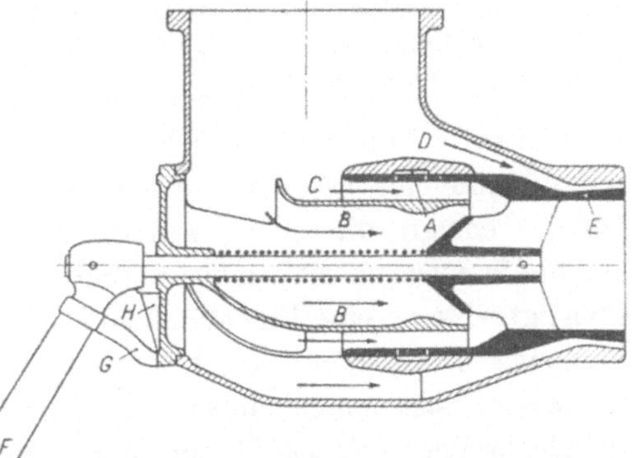

Abb. 154.
Brenner mit Druckluftzerstäubung von Hetsch.

Der Druck der Preßluft darf in einem Brenner nicht größer sein als der des Öls, sonst würde die Preßluft das Öl in die Leitung zurückdrücken.

Es ist, wie schon angedeutet, eine der Haupteigenschaften guter Brenner, nicht verstopft zu werden. Neben reinen Abmessungsfragen spielt die Brennertemperatur eine gewisse Rolle; sie muß sich nach dem Brennstoff richten. Enthält der Brennstoff viel Paraffin, Naphthalin oder Pech, so darf an keiner Stelle die Temperatur von Behälter,

Zuleitung und Brenner unter die Schmelztemperatur solcher Bestandteile sinken. Die Zuleitungen sind dann mit Dampfmänteln zu versehen. Zur Erwärmung der Brenner können elektrische Widerstände benützt werden.

c) Beim Schalenbrenner wird auf die Ölzerstäubung verzichtet. Die Flamme ist ruhiger als bei den Zerstäubungsbrennern. Geräusch wird nicht verursacht. Ein solcher Brenner (Marke Prior) ist in Abb. 155 im Querschnitt dargestellt. Der Brenner ist länglich in der Ansicht von oben. In die Schale A,

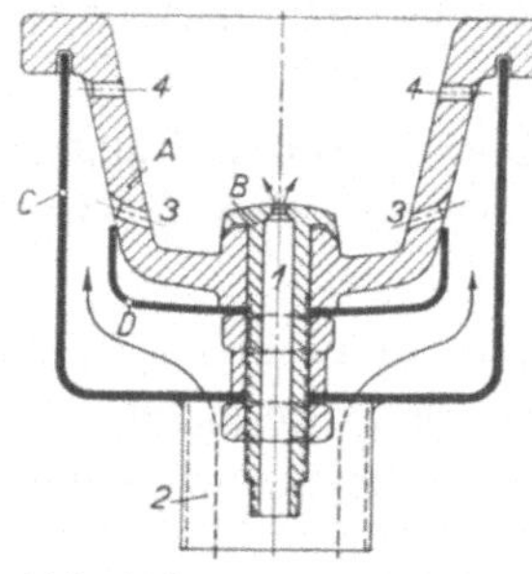

Abb. 155. Schalenbrenner „Prior" im Querschnitt.

bestehend aus feuerbeständigem Guß, ergießt sich Öl aus der Bohrung 1 des Stutzens B. Seitlich ist ein Blechkasten (Luftmantel) C angebracht, dem die Gebläseluft durch Stutzen 2 zugeführt wird, Luftdruck rund 1,5 cm WS. Blech D ist ein Schutzmantel, welcher die Abkühlung des Brennerbodens durch die Gebläseluft verhütet; trotz ihrer Vorwärmung würde diese den Brenner kühlen, was die Rauchfreiheit beeinträchtigen würde. Der Lufteintritt in die Vergaserschale geschieht durch eine untere Lochreihe 3 und eine obere 4, die untern Löcher sind gegen den Brennerboden geneigt, die obern wagrecht. Die zwei Luftströme und die Öldämpfe mischen sich innig miteinander, was die Verbrennung begünstigt. Es ist eine Eigentümlichkeit der „Prior"-Feuerung, die Verbrennung bei möglichst geschlossenen Rauchgasklappen vor sich gehen zu lassen, also unter einem schwachen Druck. Mit einem solchen Schalenbrenner von ca. 50 cm Länge lassen sich 30—40 l Heizöl in der Stunde verfeuern. Mehrere Brenner lassen sich nebeneinander, jedoch nicht hintereinander aufstellen.

d) Der Drucköylbrenner. Es ist wenig bekannt, daß sich Öl allein, in feine Strahlen zerteilt, auch ohne Gebläse verfeuern läßt. Das Öl muß dem Brenner unter Druck zugeführt werden, mit ca. 3 bis 6 at. Vorwärmung des Masuts oder Öls auf 50 bis 70° C. Die Verbrennung erfolgt ohne jedes Geräusch, was sehr angenehm wirkt, im Hinblick auf das Brausen vieler Zerstäuberbrenner. Für diese Feuerung müssen große Verbrennungsräume zur Verfügung stehen, denn Ölspritzer dürfen die Wände nicht erreichen.

Die Brennerzahl ist höher als bei den Zerstäuberbrennern, sie wird der Leistung der Feuerung angepaßt. Dem Dampfbedarf entsprechend werden mehr oder weniger Brenner in Betrieb gesetzt, diese sind ausschwenkbar, jede Leitung ist mit einem Hahn versehen. Jeder Brenner hat seinen eigenen Platz, ein solcher ist z. B. bei F in der in Abb. 156 dargestellten Platte E; Luftzufuhr durch die Ringkanäle G; sie kann durch die Stellung der Schieber H geregelt werden, der unterste Schieber ist in geschlossener Stellung gezeichnet.

Diese Brenner sind einfach und billig im Preis. Über das Ölzuführungsrohr A, Abb. 157, ist eine Kappe B geschraubt mit einem Einsatzstück C zur Regulierung. Das Gewinde des Einsatzstückes ist an mehreren Stellen geschlitzt, wie Abb. 158 zeigt, so daß das Öl durchtreten kann. Der Konus des Einsatzstücks ist ebenfalls in schräger Richtung geschlitzt. Das Öl tritt als feiner Strahl durch die Öffnung bei D aus. Verstopfte Brenner können leicht ausgewechselt werden.

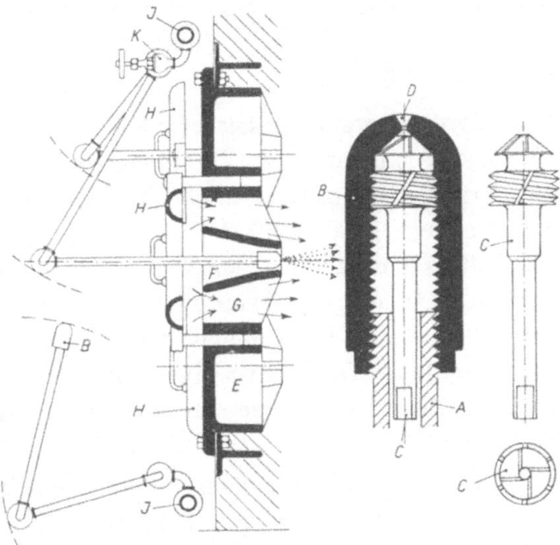

Abb. 156—159. Druckölbrenner.

N. 4. Zündrohre, Prellbock.

Um das donnernde Brausen einiger Zerstäuberbrenner zu vermindern, werden diese mit Zündrohren aus Chamotte versehen. Solche Zündrohre sind in Abb. 160 u. 161 dargestellt.

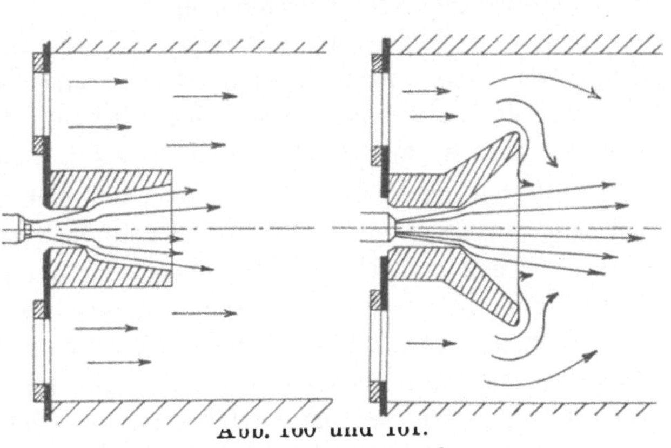

Abb. 160 und 161.

Zündrohre für Zerstäubungsbrenner.

Um die aus dem flüssigen Brennstoff rapid und in großer Menge sich entwickelnden Gase zu zünden und zur Verbrennung zu bringen, werden in einigem Abstand vom Brenner Prellböcke aus hochfeuerfesten Steinen aufgestellt; diese werden während des Feuerungsbetriebes weißglühend.

N. 5. Herdtemperatur, Ausmauerung.

Die Temperatur im Verbrennungsraum ist bei der Ölfeuerung mit Druckluftbrennern sehr hoch. Sie kann bei gutem Gang der Verbrennung 1600—1800° C erreichen, Temperaturen, bei denen Chamotte schmilzt (der Schmelzpunkt von Grauguß liegt bekanntlich bei ca. 1300, derjenige von Flußeisen bei 1350—1450°). Im Feuerherd darf daher kein Metall ungeschützt einer Stichflamme ausgesetzt werden. Darauf ist auch bei den Kesseln zu achten, die nur mit Zusatzfeuerungen ausgerüstet werden, wobei der Rost bestehen bleibt.

Die Flammrohre müssen ausgefüttert werden, und zwar mindestens auf die Länge von 2 m, vom Brenner an gemessen. Die Wände ungeschützter Flammrohre würden trotz der Wasserumlagerung der intensiven Hitze nicht genügende Ableitung gestatten, die Gefahr entsteht, daß das Flammrohr erglüht, welches nicht ganz frei ist von Kesselstein und Schlamm (von Besitzern von Zentralheizungskesseln wird die Zweckmäßigkeit solcher Mauerwerkfutter bestritten, hier werden aber Brenner mit geringer Flammlänge und mäßiger Wärmeentwicklung verwendet, vergl. N 9).

N. 6. Verbrennungsraum, Rauchbildung.

Die Verbrennungsräume müssen hinsichtlich ihrer Größe der Feuerungsleistung angepaßt sein, ist dies nicht der Fall, so findet ungenügende Verbrennung statt, der Wirkungsgrad sinkt, die Ölfeuerung kann sogar versagen, viele Beispiele beweisen dies.

Auch bei flüssigen Brennstoffen kann sich Rauch entwickeln, welcher sich zeigt, wenn der Brennstoff verbrennt infolge ungenügender Luftzufuhr und mangelhafter Durchmischung mit Luft. Wie bei den festen Brennstoffen zersetzen sich unter diesen Umständen die Kohlenwasserstoffgase und bilden Rauch. Dabei entstehen auch Verluste durch unverbrannt abziehende Gase. Immer ist Rauchbildung beobachtet worden bei der Verfeuerung von schlechtem Teer. Zu unterst in der Qualität steht der Horizontalofenteer, weil er sehr viel freien Kohlenstoff enthält. Der letztere hat nicht genügend Zeit zur Verbrennung bei der gesteigerten Verbrennungsgeschwindigkeit, er wird vorwärts geschleudert und geht durchs Kamin fort.

N. 7. Der Feuerungsbetrieb.

Beim Anfeuern eines kalten Feuerraums wird ein großes Holzfeuer angefacht, dadurch werden die Verbrennungsgase leichter zur Entzündung gebracht, als beim Anzünden mit einer Lunte; diese mag genügen, wenn der Feuerraum noch heiß ist. Der Rauchgasschieber ist beim Anzünden vollständig zu öffnen, um unverbrannte Gase abziehen zu lassen, andernfalls erhöht sich die Gefahr der Gasexplosionen; diese ist am größten beim Anfeuern, sie ist überhaupt größer als bei Kohlenfeuerung. Über Explosionsklappen, die bei Ölfeuerung zahlreich vorhanden sein müssen, vergl. G 19.

Beim Anzünden wird erst das Gebläse in Betrieb gesetzt, erst dann ist der Ölzufluß zu öffnen.

Beim Betriebsschluß ist erst der Ölzufluß zu unterbrechen, erst dann das Gebläse abzustellen.

Schlägt ein Brenner ab, so ist in gleicher Weise vorzugehen.

N. 8. Wirtschaftliche Gesichtspunkte für die Ölfeuerung bei Dampfkesseln.

Bei Ölfeuerungen ist es, wie bei N 5 erläutert, möglich, sehr hohe Temperaturen zu erreichen (diese Eigenschaft der Ölfeuerung hat in der Metallurgie besondere Bedeutung). Die Bedienungskosten sind gering, die Anlagekosten aber höher als bei Kohlenfeuerung, die Gefahr wegen Brandausbrüchen und Gasexplosionen ist erheblich gesteigert. Öl ist teuerer als Kohle und zwar ist der Preis der Kalorie aus dem Öl $1\,^1/_2$- bis 2mal so hoch als derjenige aus der Kohle.

Der Kesselbesitzer ist für den Kesselbetrieb nicht auf besonders hohe Temperatur (die in der Metallurgie wichtig ist) angewiesen. Er kann sich danach richten, was für seinen Betieb billiger ist, feste oder flüssige Brennstoffe.

N. 9. Ölfeuerung in Zentralheizungskesseln.

Die Wirtschaftlichkeit der Ölfeuerung in einem Zentralheizungskessel ist etwas anders zu beurteilen als bei Dampfkesseln (N 8). Der hier als Brennstoff übliche Koks ist etwas teurer als Kohle und der Nutzeffekt von Zentralheizungskesseln im allgemeinen etwas tiefer, so daß sich trotz der hohen Ölpreise die Betriebskosten verbessern und es möglich wird, die Ölfeuerung in der Heizung mit Vorteil oder wenigstens ohne Nachteil anzuwenden. Hiezu gehört der Umstand, daß man es in der Hand hat, den Betrieb beliebig zu unterbrechen. Im Gegensatz zur Koksfeuerung kann man die Ölfeuerung über Nacht ohne weiteres abstellen und die Heizung tagsüber den Temperatur-, z. B. den Sonnenbestrahlungs-Verhältnissen anpassen.

Die Verbrennungsräume der Heizkessel sind der Größe nach beschränkt, für Ausmauerungen ist wenig Platz vorhanden. Deshalb müssen die Brenner für solche Anlagen so ausgebildet sein, daß das Öl bei kürzestem Flammwege vollständig verbrennt. Neuerdings werden Schalenbrenner bevorzugt. Anwendbar sind für Zentralheizungen bloß Gasöl oder leichtere Heizöle.

Da Zentralheizungskessel nicht ständig überwacht werden, werden sie in der Regel mit selbständigen Regulier-Einrichtungen ausgerüstet. Weil diese versagen können, müssen Vorkehrungen zur Verhütung von Explosionen und Brandausbrüchen getroffen werden. z. B. ist auf folgende Fälle Bedacht zu nehmen:

a) Der Elektromotor, der den Ventilator treibt, versagt. Die Feuerung ist dann abgestellt. Es muß aber dafür gesorgt werden, daß das Öl nicht weiter zufließt, was Explosionen verursachen würde. Der Zufluß wird verhütet, wenn das Öl von einer Pumpe aus gefördert wird, die durch den nämlichen Elektromotor angetrieben wird. Oder der Ölbehälter wird unter der Brennerhöhe aufgestellt, das Öl vom Brenner während des Betriebes angesaugt.

b) Die Flamme reißt ab: Ein Thermostat sorgt für die Abschaltung des Elektromotores.

c) Die Temperatur des Kessels steigt zu hoch: Ein anderer Thermostat regelt den Ölzufluß.

N. 10. Die Kohlenstaubfeuerung.

Nachdem in Europa schon vor 30 Jahren Anläufe in der Kohlenstaubfeuerung genommen worden sind, ist diese Feuerungsart in Amerika zu hoher Entwicklung gelangt, sie fand dann den Weg nach Europa zurück. Man hat in der Zementindustrie erkannt, daß bei der Verfeuerung von Kohlenstaub in warmer Gebläseluft höhere Temperaturen zu erzielen sind als bei derjenigen von Stückkohlen.

Vom Dampfkesselfach wurde die Kohlenstaubfeuerung zur Hauptsache übernommen, weil es möglich ist, magere Kohle mit hohem Aschengehalt zu verfeuern, solche, bei der mechanische Feuerungen versagen. Die Kohlenzechen haben durch sie die Möglichkeit, unverkäufliche Sorten selber zu verwerten. Dagegen darf der Brennstoff nicht feucht sein, sonst kann er nicht gemahlen werden, er muß in diesem Fall erst künstlich getrocknet werden. Zum Trocknen dienen in der Regel Drehöfen. Die getrocknete, meist schon ziemlich feinkörnige Kohle wird in der Kohlenmühle zu Staub vermahlen. Je trockener die Kohle ist, um so höher ist die Leistung, um so geringer der Kraftverbrauch der Mühle. Von Fall zu Fall ist zu unterscheiden, ob bei einer Kohle mit verhältnismäßig geringem Wassergehalt der geringere Kraftaufwand der Mahlanlage die Anschaffung einer Trockenanlage rechtfertigt. Bei sehr feuchter Kohle ist die vorherige Trocknung unerläßlich, weil sonst die Mühle schlecht, mit sehr hohem Kraftverbrauch, oder schließlich, infolge Verstopfung, überhaupt nicht mehr arbeitet. Bis zu welchem Feinheitsgrad die Kohle vermahlen wird, ist gleichfalls eine Frage der Wirtschaftlichkeit. Hohe Feinheit verteuert die Aufbereitung, verbessert aber anderseits die feuerungstechnischen Eigenschaften des Staubes.

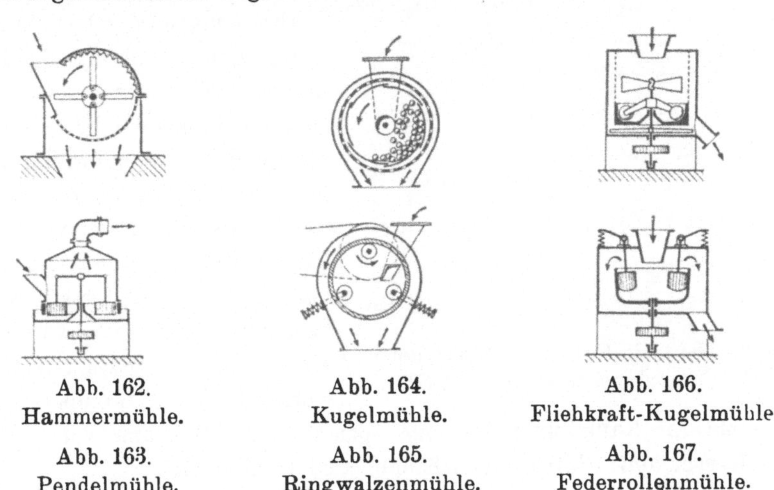

<table>
<tr><td>Abb. 162.
Hammermühle.</td><td>Abb. 164.
Kugelmühle.</td><td>Abb. 166.
Fliehkraft-Kugelmühle.</td></tr>
<tr><td>Abb. 163.
Pendelmühle.</td><td>Abb. 165.
Ringwalzenmühle.</td><td>Abb. 167.
Federrollenmühle.</td></tr>
</table>

Unter den Kohlenmühlen unterscheidet man vier große Gruppen: Schleudermühlen, zu denen Hammermühlen gehören (vergl. Abb. 162), Fliehkraftmühlen (Pendelmühlen Abb. 163 und Fliehkraftkugelmühlen Abb. 166), Schwerkraftmühlen (Abb. 164) und Federmühlen (Abb. 167). Schleudermühlen, die billig sind und geringen Platz beanspruchen, eignen sich für mittlere und kleine Anlagen und für Betriebe, bei denen die Mühlen mit dem Verbrennungsraum unmittelbar gekuppelt sind. Die bisher bekanntesten und verbreitetsten Anlagen, die Raymond- und die Fullermühlen, sind Fliehkraftmühlen. Mahlfeinheit des Kohlenstaubes: Höchstens 15 % Rückstand auf einem Sieb von 4900 Maschen auf 1 cm².

Das Trocknen und das Mahlen des Brennstoffes ist umständlich und kostspielig. Es lohnt sich kaum, in Ländern, in denen die Brennstoffbeschaffung mit hohen Transportkosten verbunden ist, Brennstoffe zuzuführen, die viel Asche und Feuchtigkeit enthalten, die Kohlenstaubfeuerung wird in solchen Ländern geringe Zukunft haben.

Der Staub wird durch Ventilatoren abgesaugt, in Windsichtern nochmals gesiebt und dann den Vorratsbunkern zugeführt. Von hier gelangt er zu den Brennern (vergl. Abb. 168), durch die er vermittels schwach vorgewärmter Primärluft (rund 30 % der gesamten Verbrennungsluft, Temperatur rund 150° C) von oben her in die Verbrennungsräume eingeblasen wird. Diese sind mit der Zeit immer größer gemacht worden, so daß man heute bei 30—40 m³ auf jede Tonne stündlich verfeuerten Staubes angelangt ist (nach anderen Angaben wird 1 m³ Verbrennungsraum auf 250,000 kcal, d. h. 35—45 kg stündlich verfeuerten Staubes verlangt. Das Klingenberg-Elektrizitätswerk in Berlin hat Brennkammern von 380 m³ Rauminhalt für eine normale Dampfleistung von 65 t/h für Kessel von 1750 m² Heizfläche, also 0,22 m³/m² Hfl.).

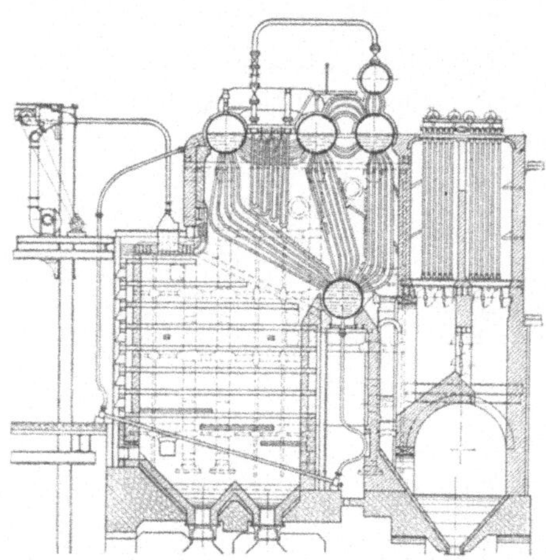

Abb. 168. Mit Kohlenstaub befeuerter Hochleistungskessel (600 m² Hfl.).

Die Kammerwände aus hochfeuerfester Chamotte werden durch Sekundärluft (rund 70 % der gesamten) gekühlt, diese nimmt dabei hohe Temperatur an. Die Sekundärluft wird schon auf rund 150° C vorgewärmt den Mauerwerkskanälen zugeführt. Das Mauerwerk wird an der Feuerseite außerdem gekühlt durch Mauerwerkkühler (vergl. E 7, Abb. 39). In den Verbrennungskammern bestehen Temperaturen gegen 1800° C; diese werden erreicht, weil die Staubform der Kohle es zuläßt, sie mit geringem Luftüberschuß zu verbrennen, CO_2 Gehalte bis 18% sind möglich ohne Anwesenheit von CO. Der Wirkungsgrad großer, mit Kohlenstaub gefeuerter Kessel erreicht 85%.

Die Abführung der Flugasche kann zu erheblichen Schwierigkeiten führen, ein großer Teil davon wird nämlich durch den Schornstein ausgeworfen. Grobe, unten sich anlagernde Asche wird durch Wasserstrahlpumpen fortgeschafft.

In Abb. 168 ist ein Steilrohr-Hochleistungskessel von 600 m² Heizfläche mit Kohlenstaubfeuerung dargestellt, man vergleiche die großen Abmessungen der Kammer gegenüber denjenigen des Kessels. Der Staub wird von oben eingeblasen, die Richtung der dem Rohrbündel zugehenden Verbrennungsgase ändert sich um fast 180° gegen die Einblase-Richtung.

O. Über Schornstein, Saugzug und Unterwind.[*])

O. 1. Die Überwindung des Rostwiderstandes.

Rost und Kohlenschicht hemmen die Verbrennungsluft beim Durchgang. Der Widerstand muß durch genügenden Zug über dem Rost ausgeglichen werden. Zug ist gleichbedeutend mit Unterdruck (Vakuum). Der Ausgleich wird auch erzielt durch eine geringe Kompression der unter den Rost tretenden Verbrennungsluft.

Die einfachste und natürlichste Vorrichtung, Zug über dem Rost zu erzeugen, besitzen wir in dem Schornstein (Kamin); durch diesen ziehen die Gase frei ab. Eine andere Vorrichtung zur Erzeugung von Zug ist der sogen. Saugzug; hiezu gehören Ventilatoren, die die Gase ansaugen und fortdrücken. Zur Kompression (Erzeugung von Überdruck) dienen Gebläse, am häufigsten wiederum Ventilatoren.

O. 2. Der Schornstein (Kamin).

Die Ursache, daß die Rauchgase im Kamin in Bewegung gesetzt werden, so daß „Zug" entsteht, liegt im Auftrieb der heißen Gase in der sie umgebenden kälteren Luft. Die Gase sind leichter als die Luft wegen ihrer höheren Temperatur, ihres höheren Wärmeinhaltes und daher geringeren spezifischen Gewichtes (vergl. C2 bis C6); der Auftrieb tritt dadurch in die Erscheinung, daß die Gase gegen die Außenluft durch die Kaminwand abgeschlossen werden. Je länger die Gassäule, je höher also der Schornstein, desto kräftiger der Auftrieb.

---

[*]) Vergl. Höhn: Kamine, Berechnung ihrer Lichtweite und Höhe, Jahresbericht 1922 des Schweizerischen Vereins von Dampfkesselbesitzern.

10

O. 3. Der Fuchs und die Rauchgaszüge.

„Fuchs" heißt der Rauchkanal, der vom Kessel zum Kamin führt. In den „Zügen" bewegen sich die Rauchgase, bevor sie in den Fuchs münden. Man unterscheidet z. B. beim Flammrohrkessel den ersten Zug (im Flammrohr), den zweiten und dritten Zug zwischen Kesselschale und Mauerwerk; nach jeder Richtungsänderung kommt ein neuer Zug. Rauchgaszüge und Fuchs haben Querschnitte, die nicht unter $^1/_4$ bis $^1/_5$ der gesamten Rostfläche betragen, die ersten Züge sind größer.

O. 4. Die Messung von Zug (Unterdruck) und Überdruck.

Zug wie Überdruck können durch die Verwendung von U-Röhrchen gemessen werden; diese werden zur Hälfte mit Wasser angefüllt; zur bessern Sichtbarmachung kann das Wasser gefärbt werden. Das eine Ende des U-Rohrs wird vermittelst eines Kautschukschlauches mit dem Kamininnern bzw. dem Aschenabfallraum verbunden.

O. 5. Zugstärke am Kaminfuß und über dem Rost.

Soll das Feuer gut brennen, so ist bei kleinern Kesselanlagen im allgemeinen ein Zug bis zu 10 mm WS (Wassersäule) am Kaminfuß nötig, bei mittelgroßen Flammrohrkesseln bis 15 mm und darüber, bei großen Kesselanlagen 20 mm und darüber. Für ganz große Kesselanlagen werden Schornsteine mit über 100 mm Höhe gebaut, am Fuß wird ein Zug bis 60 mm WS erreicht.

Über dem Rost muß in allen Fällen Zug wirken, damit die Flamme beim Öffnen der Feuertüre nicht herausschlägt; dies bringt Gefahr mit sich. Ein Zug von 2—3 mm genügt meistens. Im übrigen richtet sich die Höhe des Zuges nach der Brenngeschwindigkeit auf dem Rost (Rostleistung, vergl. Q 1).

Ein Zugmesser, der mit dem Feuerraum verbunden wird, gibt den Fortschritt des Abbrandes der Kohle auf dem Rost ziemlich deutlich an durch das Zurückgehen der Zugstärke (vergl. M 12). Ein guter Zug ist von größter Wichtigkeit für eine gute Verbrennung.

O. 6. Ursachen der Beeinträchtigung der Zugstärke.

Der durch den Schornstein verursachte natürliche Zug wird beeinträchtigt:

a) Durch unrichtige Anlage der Rauchgaszüge und des Fuchses. Ein Fuchs muß nicht nur gemäß O 3 genügenden Querschnitt haben, er muß auch möglichst gradlinig verlaufen. Abb. 169 und 170 zeigen

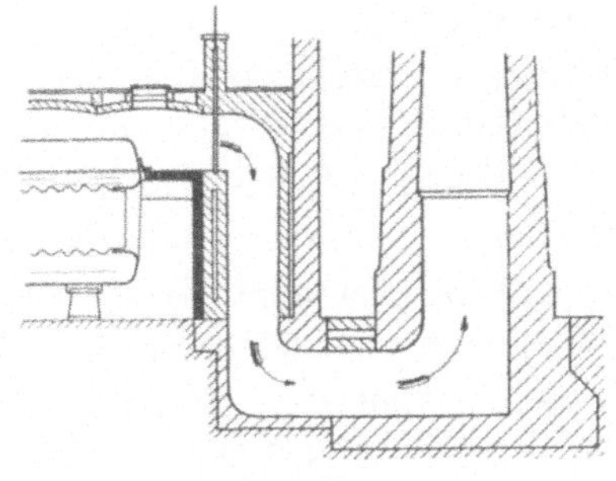

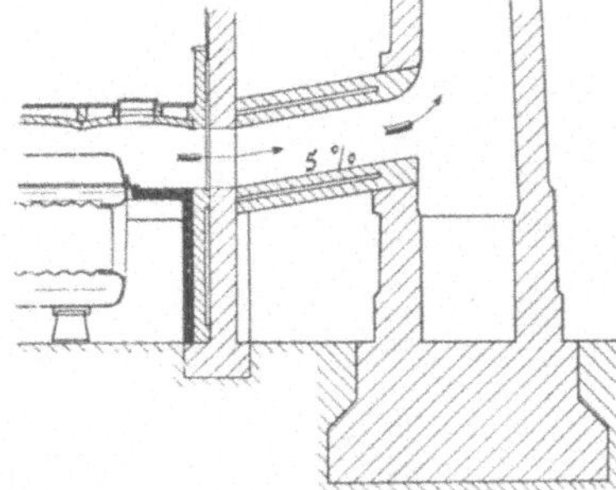

Abb. 169.   Abb. 170.
Unrichtige Anordnung des Fuchses.   Richtige Anordnung eines Fuchses.

die unrichtige und richtige Anordnung von Rauchkanälen, die vom dritten Kesselzug zum Kamin führen. Man wird richtiger tun, den durch Abb. 169 dargestellten Umweg zu vermeiden, weil die Rauchgase dabei stärker abgekühlt und auch gehemmt werden, als bei kürzester Führung gemäß Abb. 170.

b) Der Zug wird beeinträchtigt, wenn der Fuchs scharfe Richtungswechsel aufweist oder wenn verschiedene Gasströme gegeneinanderprallen. In Abb. 171 und 172 ist ein Beispiel dafür gegeben, wie man Gasströme aus verschiedenen Richtungen mit geringem Widerstand vereinigen kann.

c) Nichts vermindert den Zug so sehr, wie die Abkühlung der Rauchgase. Diese verlieren ihre Wärme dadurch, daß sie auf ihrem Weg Wasser verdampfen müssen im Falle, daß die Sohle des Fuchses oder Schornsteins feucht ist. Die Sohlen von Kessel, Fuchs und Schornstein müssen daher trocken liegen. Für genügende Entwässerung feuchter Sohlen ist zu sorgen.

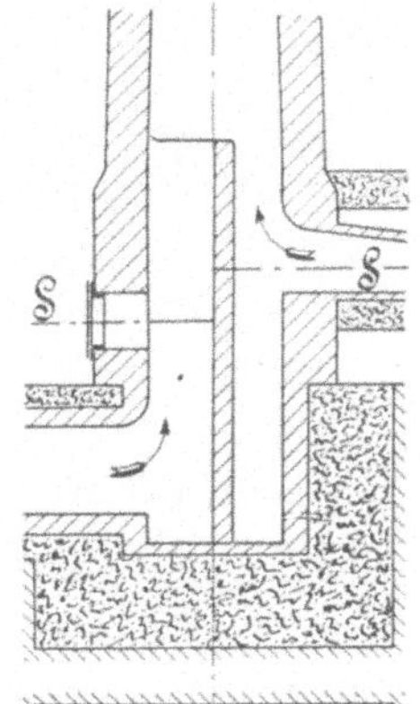

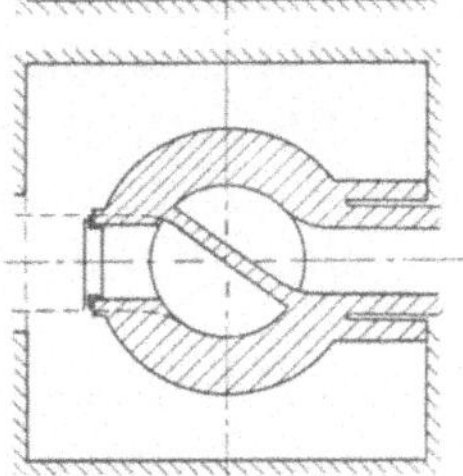

Abb. 171 und 172.
Schornsteinfuß
mit Prellwand.

O. 7. Unterhalt von Schornstein und Fuchs.

Alle undichten Stellen sind sorgfältig dicht zu machen (vergl. P 5). Ein kleiner Schornstein muß von Zeit zu Zeit gerußt werden, bei den großen erübrigt sich das Rußen häufig, weil die Beläge sich von selbst ablösen und zu Boden fallen.

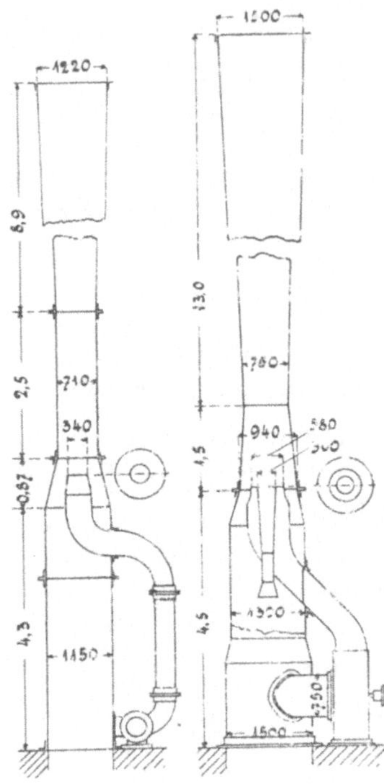

Abb. 173 und 174.
Zwei Beispiele von ausgeführten Anlagen mit indirektem Saugzug.

O. 8. Der Saugzug.

Ein Saugzug besteht zur Hauptsache aus einem Ventilator, der die Gase aus dem Feuerraum bzw. aus dem Fuchs absaugt, sei es, daß der Schornstein nicht genügend zieht, sei es, daß es überhaupt keinen solchen gibt. Man unterscheidet **direkten** und **indirekten** Saugzug. Beim direkten werden sämtliche Rauchgase des Kessels oder der Anlage angesaugt und ins Freie befördert, beim indirekten bloß ein Teil davon; dieser wird mit einem gewissen Überdruck in eine Düse getrieben, wie in Abb. 173 und 174 angegeben. Beim Austritt aus der Düse reißt dieser Strom das übrige Gas mit und erzeugt die nötige Geschwindigkeit für sämtliche Gase im Abzugsrohr. Der obere trichterförmige Teil wird Diffusor genannt. In diesem verlangsamt sich die Strömung, die Gase verdichten sich dabei, d. h. die Geschwindigkeit wird in Druck umgewandelt, was nötig ist zur Verminderung des Austrittwiderstandes.

O. 9. Die Unterwindfeuerung.

Hierunter fallen Feuerungen, bei denen die Luft mit Überdruck vom Aschenfall her durch den Rost gepreßt wird.

Der Überdruck kann erzeugt werden:

      a) durch Dampfgebläse,
      b) mittels Ventilatoren.

Zu a). Das einfachste Dampfgebläse besteht aus einem oder mehreren dampfführenden Röhrchen, die man im Aschenfall anbringt. Die aus Löchern auf der Rostseite austretenden Dampfstrahlen reißen etwas Luft mit, wodurch schwache Gebläsewirkung entsteht. Ist lediglich Rostkühlung bezweckt, so kann man auch verfahren, wie in Abb. 138 (M 7) angegeben.

Ein eigentliches Dampfgebläse ist in Abb. 175 dargestellt. Die Dampfdüse ist in einem Deckel eingelassen, sie kann durch Heben desselben nachgesehen werden. Solche Gebläse werden häufig bei der Verfeuerung von Koks und Koksgrieß angewandt. Die Luft wird zur Verminderung des Geräusches aus einem Kanal angesaugt.

Alle diese Gebläse brauchen Dampf, ein solches gemäß Abb. 175 bis zu 10 % der Kesselleistung. Außerdem wird das Feuer durch den nassen Dampf gekühlt, und dabei die Güte der Verbrennung verschlechtert.

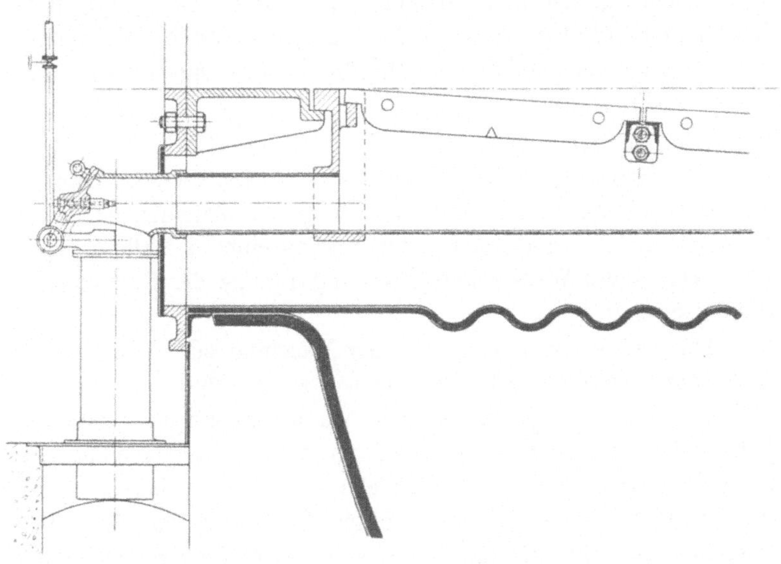

Abb. 175. Dampfgebläse Bauart Kudliz.

Zu b). Gewöhnlich werden Schleuder-(Zentrifugal-)Gebläse für die Beförderung der Luft unter den Rost verwendet, bei mechanischen Rosten solche von erheblicher Abmessung. Diese Gebläse brauchen Kraft.

Bei Planrosten ist die Anwendung von Unterwind nicht immer vorteilhaft, namentlich dann nicht, wenn gute Kohle verfeuert wird. Der Brennstoff brennt unregelmäßig ab, weil der Wind nicht gleichmäßig durch die Schicht hindurchtritt. Man beachte die näheren Ausführungen von M5. Bei großen mechanischen Feuerungen kommt man ohne Unterwind selten aus; bei mittleren und kleineren mechanischen Feuerungen beschränkt man sich oft auf die Benützung des Schornsteins und vermeidet diejenige von Gebläsen.

P. Gewöhnliches und feuerfestes Mauerwerk.

P. 1. Fundament.

Für Beton-Fundamente ist gewaschener Kies, Sand und Portlandzement zu nehmen. Sand ist in guter Kornabstufung zu verwenden. Bestandteile mit einer Korngröße kleiner als 0,5 mm sollen 6 Gewichtsprozente des Sand-Kies-Gemenges nicht überschreiten. Sand/Kies ist im Verhältnis 1:2 bis 5:7 zu mischen. Mischungsverhältnis bei gewöhnlichen Fundamenten (trockener Baugrund) 150 kg Zement auf 1 m³ Kies und Sand, bei armierten Fundamenten (weicher Baugrund) nicht unter 250 kg Zement auf 1 m³, bei feuchtem Baugrund ist die Cementmenge noch zu erhöhen.

P. 2. Die Backsteine.

Der Rohstoff ist der in der Natur vorkommende Lehm. Solcher mit Beimischungen von Sand oder kleinen Kalksteinen ist zum Ziegeln untauglich; die Kalkkörner gehen in gebrannten Kalk über, welcher beim Vermauern Wasser aufnimmt und infolge der Raumzunahme die Steine sprengt.

Die Backsteine werden mit der Maschine oder von Hand geformt und dann gebrannt in Temperaturen, deren Höhe zwischen 700° bis 1300° schwanken. Die Handsteine bekommen ein poröses Gefüge und halten sich im Feuer daher besser als die mit der Maschine geformten Steine mit dichterem Gefüge, welche leichter zerspringen. Handsteine, die bei 1300° gebrannt sind, halten Temperaturen bis 1200° aus, können daher für die Rauchzüge von Kesseln verwendet werden. Die roten Backsteine sind den gelben vorzuziehen, da sie im allgemeinen eine höhere Temperatur, die auch ungleichmäßig sein kann, aushalten. Handsteine, die von abgebrochenen Öfen stammen, können auch bei neuen wieder Verwendung finden, soweit sie nicht verbrannt oder zersprungen sind.

P. 3. Gewöhnliches Mauerwerk.

Für äußeres, von Feuergasen nicht berührtes Mauerwerk sind Maschinenbacksteine verwendbar. Die Fugen sollen ihrer Dicke nach 8 mm nicht überschreiten. Soweit das äußere Mauerwerk frei liegt, muß es sorgfältig mit Zement verfugt werden.

Mauerwerk, welches mit Rauchgasen bis 400° C bestrichen wird, kann aus guten, roten Maschinenvollsteinen erstellt werden (weiße oder gelbe Maschinenvollsteine nicht zu empfehlen, vergl. P 2). Mauerwerk, welches in Berührung mit Rauchgasen kommt, deren Temperatur

400° bis 1000° C beträgt, soll aus gut gebrannten Handsteinen bestehen unter Verwendung von Fettkalkmörtel. Bei höherer Rauchgastemperatur sind halb oder ganz feuerfeste Steine und ein zweckentsprechender Schamottemörtel zu verwenden. Es ist nicht empfehlenswert, die Rauchzüge durch eine einzige Mauer zu umgeben, Doppelmauern mit einer 6 cm breiten Luftschicht sind vorzuziehen, zur Verminderung der Wärmeverluste, zur bessern Dehnbarkeit des Mauerwerks und zum bessern Abschluß, wenn eine Mauer rissig wird. Alle Eisenteile müssen so eingemauert werden, daß sie sich ungehindert ausdehnen können. Es ist genau darauf zu achten, daß das äußere Mauerwerk dicht bleibt, da sonst die Luftschicht nicht mehr isolierend, sondern abkühlend wirkt.

Räume, die für einen bessern Wärmeschutz geschaffen sind, die also nicht befahrbar und für die Kesselkontrolle ohne Belang sind, können mit trockener, geworfener Schlacke oder mit Schlackenbeton ausgefüllt werden. Schlackenbeton für Auffüllungen über Gewölben soll im Mischungsverhältnis 1:10 hergestellt werden. Als Wärmeschutzmittel werden ferner feinporige Steine, z. B. Diatomit-(Kieselgur-)Steine verwendet, eine Steindicke von 5—6,5 cm ist empfehlenswert.

Zu Dichtungszwecken dienen weiche Asbestschnüre und Asbestfasern.

P. 4. Feuerfestes Mauerwerk.

Das gesamte Gebiet der feuerfesten Steine kann (nach Litinsky) nach folgendem Schema eingeteilt werden*):

1. Quarzsteine (hochkieselsäurehaltige). Hiezu gehören: Kalkgebundene Quarzsteine (Silika, Dinassteine) und tongebundene Quarzsteine.
2. Schamottesteine (hochtonerdehaltige). Das sind die eigentlichen tongebundenen Schamottesteine.
3. Quarzschamottesteine, welche an der Grenze zwischen den in 1 und 2 genannten Gruppen stehen.
4. Tonsteine, die aus besonders geeigneten sandhaltigen (also natürlich gemagerten) Tonen ohne Zusatz von Magerungsmitteln hergestellt werden.
5. Kohlenstoffhaltige Steine. Das sind feuerfeste Produkte aus Kohlenstoff, Karborundum und Graphit.
6. Verschiedene feuerfeste Produkte wie Magnesit, Dolomit usw.

---

*) „Schamotte und Silika", Leipzig, Otto Spamer.

Bei dieser großen Mannigfaltigkeit beschränken wir uns im Nachfolgenden auf das, was in der Praxis an feuerfesten Produkten am meisten gebraucht wird. Die Steine der Gruppe 1 sind, wie der Name es sagt, zum größten Teil aus Quarz, einem kieselsäurereichen Material (Kiselsäure $= SiO_2$) hergestellt. Die Schamottesteiue werden aus tonerdehaltigen Rohstoffen gebrannt, oft als eine Mischung von zerkleinerter Schamotte und feuerfestem Ton (Al_2O_3) als Bindemittel. In vielen Fällen wird Quarz (SiO_2) beigemischt; solche Steine sind mehr der Gruppe 3 zuzuteilen.

Beruht die Schwerschmelzbarkeit der feuerfesten Steine vorwiegend auf dem Gehalt an Kieselsäure (SiO_2), so wird das Material als „sauer", bei vorwiegendem Tonerdegehalt (Al_2O_3) als „basisch" bezeichnet. Daneben bestehen Steine mit Mischungen aus beiden Ausgangsstoffen, die man „neutral" nennt. „Saure" Steine enthalten 75—95 % Kieselsäure, „basische" Steine 30—42 % Tonerde, solche mit mehr als 42 % Tonerde werden als hochbasisch bezeichnet. Schamotte enthält 60—75 % Kieselsäure (halbsaure Steine) *).

Die Steine werden bei verschieden hoher Temperatur gebrannt, ihre Schmelzbarkeit ist verschieden. Zur Bewertung derselben dient der Segerkegel, Tonpyramiden verschiedener Schmelzbarkeit.

Höchstfeuerfeste Steine: Tonerdegehalt 42—46 %, Schmelzbarkeit bei
    1750—1780 ° C (Segerkegel 34—36).

Hochfeuerfeste Steine: Tonerdegehalt 34—38 %, Schmelzpunkt 1710
    bis 1750 ° C (Segerkegel 32—34).

Feuerfeste Steine, auch Schamotte genannt: Tonerdegehalt 28—33 %,
    Schmelzpunkt 1650—1710 ° C (Segerkegel 29—32).

Mit dem Tonerdegehalt wächst im allgemeinen die Feuerbeständigkeit.

Als feuerfest überhaupt gelten Steine mit einer Schmelzbarkeit von mindestens 1500 ° C, entsprechend Segerkegel 26.

Raumbeständigkeit. Die feuerfesten Steine dehnen sich bei der Erhitzung wie alle Körper aus. Gewisse Sorten besitzen nicht nur ein Dehnungsvermögen, das von der Höhe der Temperatur abhängt, sondern sie erleiden bei einer bestimmten Temperatur eine bleibende (permanente) Verformung; die Ausdehnung kann bei der

---

*) Gemeinverständliche Ausführungen über feuerfestes Material finden sich u. a. in der Druckschrift „Kesselbetrieb" der Vereinigung der Großkesselbesitzer (Charlottenburg).

Abkühlung nicht wieder rückgängig gemacht werden. Dies ist oft der Fall, wenn die Gebrauchstemperatur die Brenntemperatur übersteigt. Hierauf hat man beim Gebrauch feuerfester Steine Rücksicht zu nehmen. Die Raumänderung kann auch negativ sein, d. h. die Steine können schwinden. Schamottehaltige Steine charakterisieren sich mehr durch Schwinden, quarzhaltige durch Wachsen.

Neben dem Schmelzpunkt ist die Erweichungstemperatur der Steine wichtig. Diese sollte nicht mehr als 40—50° unter dem Schmelzpunkt liegen. Die Erweichung und Schmelzbarkeit von Steinen kann durch Einwirkung von Flugasche sehr stark beeinflußt werden. Kommt z. B. Flugasche mit angesinterten Oberflächen von feuerfestem Material in Berührung, so treten chemische Umsetzungen ein. Es entstehen meistens Reaktionsprodukte, deren Schmelzbarkeit viel niedriger ist als die der Steine. Die Zerstörung der Steine schreitet dann von der Feuerseite her fort, selbst wenn die Temperaturen nicht so hoch sind als den Schmelztemperaturen der Steine entsprechen würde. Eisenoxydhaltige Flugasche und besonders alkalihaltige Asche (z. Holzasche, die wegen ihres Pottaschegehaltes stark basisch ist) wirken dann als Flußmittel. Die Zerfressungen folgen vorhandenen Poren oder Rissen. Schamottematerial mit hohem Tonerdegehalt (Al_2O_3) und dichtem Gefüge ist im allgemeinen das haltbarste.[*])

Die Dauerhaftigkeit des Schamotte-Mauerwerks hängt weiterhin ab von der Art des Schamotte-Mörtels (Huppererde). Dieser wird aus den eingangs bezeichneten feuerfesten Rohstoffen in körniger und pulveriger Form hergestellt, der Schmelzpunkt darf nicht niederer liegen als der der Steine, sonst schmelzen die Fugen aus. Huppererde wird mit Wasser angemacht, bindet also nicht nach der Art des Kalkmörtels; eine vollkommene Verbindung der Steine tritt erst durch das Frischbrennen des Schamotte-Mörtels ein. Bei der Ausführung des Schamotte-Mauerwerks muß jeder Stein mit dem Hammer an das be-

---

[*]) Ein Beispiel der Einwirkung von Holzasche auf Schamottesteine zeigt der Jahresbericht des Schweiz. Vereins von Dampfkesselbesitzern 1928, S. 32. Die für das Gewölbe einer Holzfeuerung verwendeten Steine hatten 55 % SiO_2, bestanden somit aus saurem Material. Bei 1500° C begann eine Probe noch kaum zu schmelzen. Diese Proben mit Holzasche zusammen begannen bei 1230° C sich zu verschmelzen, und bildeten bei 1350° C einen glasartigen Belag. Schmelzbarkeit der von gebrauchten Steinen entfernten glasartigen Schicht schon bei 1180—1200° C.

stehende Mauerwerk fest in den Mörtel geklopft werden; die Lager
und Stoßfugen müssen gleichmäßig dick, ca. 3—4 mm sein.
Sind die Fugen dicker, so schmilzt der Mörtel aus den Rändern heraus und die Steinkanten werden rasch angegriffen. Die Lager- und
Stoßfugen müssen daher abgerichtet werden.

Wenn die Schamotte glüht bzw. hohe Temperaturen annimmt,
so nimmt die Druckfestigkeit ab. Gewölbe, die sich selbst stützen,
können dann zusammenbrechen.

P. 5. Der Unterhalt von Mauerwerk.

Werden die Mauern aufgerissen, so ist dies häufiger die Folge von
unausgeglichener Ausdehnung als von schlechter Gründung. Es ist
deshalb empfehlenswert, das Kesselmauerwerk zu verankern. Hiezu
dienen lotrecht gestellte Winkel-, U- oder T-Eisen mit wagrecht liegenden Flach- oder Rundeisenankern. Erstere erhalten 2,0—2,50 m, letztere
1,0—1,20 m Abstand voneinander. Die Verankerungsteile dürfen
von den Feuergasen nicht berührt werden, sie müssen im
äußern Mauerwerk liegen, sie sollten überhaupt hohen
Temperaturen nicht ausgesetzt werden.

Spalten im Mauerwerk dürfen nicht mit Schamotteerde zugestopft
werden, damit würde dem Mauerwerk jede Ausdehnungsmöglichkeit
genommen, die Rißbildung würde zunehmen. Es empfiehlt sich, die
Fugen, die erst sorgfältig auszukratzen sind, mit Asbestfasern zu-
zustopfen; diese sind nachgiebig.

Ein einfaches Mittel zur Feststellung von Undichtheiten im Mauerwerk ist das Ableuchten desselben mit Kerzenlicht. An Rissen und
undichten Stellen wird die Flamme ins Mauerwerk eingesaugt. Man
kann bei kleineren Feuerungsanlagen auch rußentwickelnde Brennstoffe, z. B. Dachpappe auf dem Herd verbrennen und den Zugschieber
einen Augenblick schließen. Aus jeder offenen Fuge wird dann Rauch
herausdringen.

Q. Rostleistung, Kesselleistung, Verdampfungsziffer, Kesselwirkungsgrad.

Q. 1. Die Rostleistung (Rostbelastung, Verbrennungsleistung).

Die Rostleistung ist ausgedrückt durch die Menge Brennstoff,
die stündlich auf 1 m² der gesamten Rostfläche verfeuert wird. Neben
Rostleistung sind auch die Bezeichnungen „Rostbelastung" und „Brenngeschwindigkeit" gebräuchlich. Ist B die gesamte stündlich verfeuerte

Brennstoffmenge in kg und R die gesamte Rostfläche in m², so ist die
Rostleistung $\qquad b = B : R \qquad$ (kg/m²/h).

Von Hand kann bis zu 100 kg/m²/h auf Flachrosten verfeuert werden. Für einen vorhandenen Rost richtet sich die Rostleistung nach der Kesselleistung. Für einen Brennstoff mit wenig flüchtigen Bestandteilen (Koks, Anthrazit) ist die günstigste Rostleistung 50—60 kg/m²/h wegen des langsamen Abbrandes, wogegen mit einer Kohle mit viel flüchtigen Bestandteilen (z. B. Saarkohle), wegen ihrer Eigenschaft, rasch abzubrennen, eine Rostleistung zwischen 60 und 100 kg/m²/h, im Mittel 80 kg/m²/h, erzielt werden kann. Die Rostleistung hängt auch von der Körnung ab; sie ist am größten bei gewaschener Nußkohle und nimmt ab bei Grieß. Überschreitet die Rostleistung obige Grenzen nach unten oder oben, so leidet der Wirkungsgrad der Verbrennung. Ist die Rostleistung zu klein, so zeigen sich schwarze, verschlackte Flecken auf dem Rost, der Luftüberschuß wird dann zu groß. Ist die Rostleistung zu groß, so sinkt der Nutzeffekt der Verbrennung wegen CO-Bildung und es zeigt sich eine Reihe von Übelständen, z. B. häufiges Abschlacken, Ermüdung des Heizers. Über die Maßnahmen bei Flachrosten, die Rostfläche zu verändern, zu ihrer Anpassung an das augenblickliche Bedürfnis, vergl. M 10.

Bei mechanischen Feuerungen, einschließlich Schrägrosten, werden Leistungen erreicht:

Steinkohlen auf Wander- und Unterschubrosten	100—150	kg/m²/h
„ „ Stocker-Rosten	100—180	„
Braunkohlenbriketts auf Wanderrosten	150—200	„
Rohbraunkohlen auf Schrägrosten	250—350	„
„ „ Wanderrosten	300—450	„

Q. 2. Die Kesselleistung.

Unter Kesselleistung wird die Menge Normaldampf, die der Kessel auf jeden m² Heizfläche stündlich erzeugt, verstanden (über den Begriff „Normaldampf", vergl. Q 3).

Ist W_n die stündlich erzeugte Menge „Normaldampf" in kg, F die Heizfläche in m², so ist die
Kesselleistung $\qquad l = W_n : F \qquad$ (kg/m²/h).

Bei Kesseln mit engen Rauchröhren kann eine Leistung von 10-15 kg/m²/h erzielt werden, bei Flammrohrkesseln von 15—20 kg/m²/h, jedoch nur bei Flammrohren, die so weit sind, daß der Rost gut beschickt werden kann. Bei Doppelkesseln 10—15, Schrägrohrkesseln

20—30, bei Steilrohrkesseln bis 30 – 40 kg/m²/h. Diese Zahlen gelten für den Dauerbetrieb, sie sind bei Spitzenleistungen höher (vergl. die unter $D\,3$ gemachten Angaben).

Q. 3. Die Verdampfungsziffer.

Diese gibt an, wie viel Kilogramm Wasser von 1 Kilogramm Kohle in Dampf verwandelt werden. Man unterscheidet die „rohe" („Brutto"-)Verdampfungsziffer, die „normale" und die „spezifische". Die einfachste ist die „rohe". Zu ihrer Bestimmung hat man den verfeuerten Brennstoff B zu wägen und das Speisewasser W zu messen; wird zur Messung ein Wassermesser benützt, so sind die am Zähler abgelesenen Zahlen noch richtig zu stellen, so daß das Wassergewicht in Rechnung gestellt wird, nicht etwa das Volumen. Die

$$\text{„rohe" („Brutto"-) Verdampfungsziffer } z_r = W : B \qquad (\text{kg/kg})$$

Für genauere Untersuchungen genügt diese Verdampfungsziffer nicht, aus folgendem Grund. Das Wasser wird mit verschiedener Temperatur gespeist, der Dampf bei niederem oder hohem Druck dem Kessel entnommen. Dem Bedürfnis, einen genauen Maßstab zu haben, genügt die normale Verdampfungsziffer (z_n), welche besagt, wie viel kg Wasser von 0^0 durch 1 kg Brennstoff im Kessel in Dampf von 100^0 umgewandelt werden. Die aufzuwendende Wärme setzt sich in diesem Fall zusammen aus der Flüssigkeitswärme (Erwärmung des Wassers von 0^0 auf 100^0 C) von 100 kcal und der Verdampfungswärme (Umwandlung von Wasser von 100^0 in Dampf von 100^0) von 539,4 kcal; Wärmeinhalt dieses Dampfes rund 640 kcal (genau 639,4 kcal). Die Wassererwärmung im Economiser oder Vorwärmer wird in der Weise berücksichtigt, als hätte sie sich im Kessel selber vollzogen.

Um aus der rohen Verdampfungsziffer zur normalen zu gelangen, muß eine kleine Rechnung angestellt werden, wie folgendes

Beispiel

zeigt. In 10 Stunden werden 3450 kg $= B$ (Kohlen) verfeuert und 27600 kg $= W_r$ (Wasser, roh) gespeist. Anfangs- und Endezustand auf dem Rost (Brennstoffmenge) und im Kessel (Wasserstand und Dampfdruck) sind die nämlichen, dann ist $z_r = W_r : B = 27\,600 : 3450 = 8{,}0$, die rohe Verdampfungsziffer.

Das Speisewasser hat eine Temperatur von 90^0 C vor dem Kessel, von 30^0 C vor dem Vorwärmer; der Dampf (Sattdampf) den Druck von 12 at; entsprechend 13 at abs. Der Wärme in halt des gesättigten Dampfes entspricht 667 kcal. Hievon sind 30 kcal, die die Flüssigkeitswärme des Speisewassers vor dem Vorwärmer darstellen, abzuziehen; der Wärmeaufwand oder die Erzeugungswärme ist $667 - 30 = 637$ kcal. Mit der gleichen Kohle hätte Wasser von 0^0 nur im Verhältnis von $637 : 640$ in Dampf von 100^0 verwandelt werden können, somit eine Menge von $27\,600 \cdot 637/640 \sim 27\,500$ kg. Die normale Verdampfungsziffer ist $27\,500 : 3450$ oder, was zum nämlichen Ergebnis führt, $= 8,0 \cdot 637/640 = 7,97 = z_n$. Wie bereits bemerkt, ist der Vorwärmer (Economiser) berücksichtigt, als wäre die gesamte Erwärmung im Kessel erfolgt.

$$\text{Normale Verdampfungsziffer } z_n = z_r \, \frac{\text{Erzeugungswärme}}{640} \text{ (kg/kg)}$$

Die normalen Verdampfungsziffern bewegen sich zwischen 7,5 und 9 für gute Kohle, bei Holz sind sie rund halb so groß.

An Hand der normalen Verdampfungsziffer kann die Verdampfung kalorimetrisch schon eindeutig bewertet werden, trotzdem möchten wir die Frage noch von einer andern Seite beleuchten. Bei Gewährleistungen (Garantieen) kann die Frage vorkommen, ob eine solche erreicht ist, wenn der Brennstoff ein anderer war als ausbedungen. Wir führen daher auch für den Heizwert des Brennstoffs einen festen Maßstab ein, denjenigen von 1000 kcal, und untersuchen, wie viel Wasser von 0^0 durch 1000 kcal des Brennstoffes in Dampf von 100^0 verwandelt wurden. Diese Verdampfungsziffer nennen wir dann die spezifische. (z_s).

Die normale Verdampfungsziffer z_n sei 7,97 kg Dampf/kg Kohle wie im obigen Beispiel, sie sei mit einer Kohle von 7500 kcal erreicht worden, also auf 1000 kcal $7,97 : 7,5 = 1,062 = z_s =$ spezifische Verdampfungsziffer.

$$\text{Spezifische Verdampfungsziffer } z_s = z_n : \frac{H}{1000} = \frac{1000\,z_n}{H} \text{ (kg/1000 kcal)}.$$

Die spezifischen Verdampfungsziffern bewegen sich für gute Kohlen zwischen 0,9 und 1,2; für Öl bis 1,3 in besten Fällen. Die höhere Ausnützung eines Brennstoffes mit höherem Heizwerte zeigt sich anschaulicher bei der Bezugnahme auf die spezifische Verdampfungsziffer z_s als bei der Berücksichtigung von z_n und z_r. Die spezifische Verdampfungsziffer ist daher kennzeichnend für die Ausnützung des Brennstoffes in dem betreffenden Kessel.

Zur Kontrolle einfacher Kesselbetriebe empfiehlt es sich, wenigstens die rohe Verdampfungsziffer täglich oder wöchentlich festzustellen.

Q. 4. Der Wirkungsgrad oder Nutzeffekt eines Kessels.

Wirkungsgrad und Nutzeffekt bedeuten das Nämliche. Der Nutzeffekt (Bezeichnung η, sprich Eta) gibt an, wie viel von der aufgewendeten Wärme nutzbar gemacht wird. Die aufgewendete Wärme wird durch den Heizwert H eines Brennstoffs dargestellt, die nutzbar gemachte findet sich im abgeführten Dampf; diese wird ausgedrückt durch die Erzeugungswärme des Dampfes, vervielfacht mit der rohen Verdampfungsziffer z_r. Die Erzeugungswärme = Wärmeinhalt des Dampfes (i''), vermindert um die Flüssigkeitswärme des Speisewassers vor dem Vorwärmer (i')

$$\eta = (i'' - i')\, z_r : H$$

worin H der Heizwert von 1 kg Brennstoff in kcal.

War der Dampf überhitzt (Wärmeinhalt i''''), so ist

$$\eta = (i'''' - i')\, z_r : H$$

Der Wirkungsgrad η (sprich Eta) nimmt also Bezug auf den Heizwert von 1 kg des verwendeten Brennstoffes; der Heizwert muß bekannt sein. Der Wirkungsgrad setzt sich theoretisch zwar aus zwei Faktoren zusammen, demjenigen der Verbrennung des Brennstoffes und demjenigen der Wärmeaufnahme des Kessels, es gelingt aber nicht, diese auseinander zu halten. Der angegebene Wirkungsgrad umfaßt beide.

Folgendes Beispiel möge die Feststellung des Wirkungsgrades erläutern. Der Kessel sei mit einem Economiser und einem Überhitzer ausgerüstet; er habe eine Heizfläche (F) von 145 m² und eine Rostfläche (R) von 4,4 m². Versuchsdauer 10 Stunden.

a) Verbrennung.

Heizwert der Kohle 7500 kcal.

Verfeuert insgesamt 3450 kg, in der Stunde 345 kg.

Rostleistung $b = B : R = 345 : 4{,}4 = 78{,}4$ kg/m².

b) Verdampfung.

Wasser gespeist insgesamt, gemessen	kg	27600
„ „ in der Stunde	„	2760
Mittlerer Dampfdruck (Überdruck) gemessen	at	12
„ „ (abs. Druck)	at abs.	13

Mittlere Temperatur des Speisewassers, gemessen bei Vor-

                                    wärmereintritt ^{0}C   30

   „   „   „   „   , gemessen bei

                                      Kesseleintritt ^{0}C   90

Flüssigkeitswärme des Speisewassers b. Vorwärmereintritt kcal/kg 30

       „   „   „   bei Kesseleintritt   „   90

Mittlere Temperatur des gesättigten Dampfes ^{0}C 191

Wärmeinhalt des gesättigten Dampfes   kcal/kg 667

Erzeugungswärme des Kesseldampfes kcal/kg $(667 - 90) =$ kcal 577

Mittlere Temperatur des überhitzten Dampfes, gemessen ^{0}C 320

Wärmeinhalt des überhitzten Dampfes*)   kcal/kg 738

Erzeugungswärme des überhitzten Dampfes $(738 - 30) =$ kcal/kg 708

Stündl. Leistung an Normaldampf $W_n = 2760 \cdot 577/640 =$ kg/h 2490

Kesselleistung (ausgedrückt in Normaldampf)

$$l = W_n : F = 2490 : 145 = \text{kg/m}^2/\text{h} \quad 17,1$$

z_r, rohe Verdampfungsziffer $z_r = 27600/3450 =$ kg/kg   8,0

z_n, normale Verdampfungsziffer (die Erwärmung im Vorwärmer ist hier einbezogen, denn es ist üblich Kessel
und Vorwärmer als zusammen gehörig zu betrachten)

$z_n = z_r \cdot 637/640$ kg/kg   7,97

z_s, spezifische Verdampfungsziffer (bezogen auf 1000 kcal
des Heizwertes d. Brennstoffes) $z_s = z_n : H/1000 = 7,97/7,5 = 1,062$

c) Wirkungsgrad.

Der Wirkungsgrad des Kesselaggregates setzt sich zusammen
aus den Teilwirkungsgraden des Vorwärmers, des Kessels und des
Überhitzers. Vor der Ermittelung der Zahlen hiefür müssen noch die
folgenden bekannt sein:

Flüssigkeitswärme, dem Speisewasser im Vorwärmer
    zugeführt. $90 - 30 =$ kcal/kg   60

Wärmeabgabe des Kessels zur Verwandlung von Speise-
    wasser von 90^0 in Dampf von 13 at abs. (entsprechend 191^0 C)

$667 - 90 = 577$ kcal/kg (wie oben)

Überhitzungswärme, dem Dampf im Überhitzer zugeführt

                            $738 - 667 =$ kcal/kg   71

Vom Heizwert der Kohle ist folgende Wärme an das Wasser
bzw. an den Dampf übergegangen:

---

*) Der Entropietafel entnommen.

	kcal/kg	in % des Heizwertes der Kohle
im Vorwärmer $z_r \cdot 60 = 8{,}0 \cdot 60 =$	480	6,4
„ Kessel $\quad z_r \cdot 577 = 8{,}0 \cdot 577 =$	4616	61,5
„ Überhitzer $\quad z_r \cdot 71 = 8{,}0 \cdot 71 =$	568	7,6
insgesamt $\quad z_r\,(i'''' - i')\ 8{,}0 \cdot 708 =$	5664	75,5
Verlust	1836	24,5
insgesamt (entsprechend dem Heizwert)	7500	100,0%

Der Nutzeffekt des Kesselaggregates ist (wie oben):

$$\eta = (i'''' - i')\, z_r : H = \frac{5664 \cdot 100}{7500} = 75{,}5\,\%$$

Der Gesamtverlust beträgt 24,5 %; er setzt sich zusammen aus den Teilverlusten durch die abziehenden Gase, durch Herdrückstände, Wärmeleitung und Strahlung.*)

Der Dampfpreis von 10000 kg Dampf wird ermittelt, indem man den Preis von 10000 kg Kohle durch die rohe Verdampfungsziffer dividiert. $\qquad D = $ Kohlenpreis $: z_r$

Bei einem Kohlenpreis von 500 Fr. von 10000 kg und $z_r = 8{,}0$ ergibt sich

$$D = \frac{500}{8} = \text{Fr. } 62.50 \text{ für } 10000 \text{ kg Dampf (Rohdampf)}.$$

Dabei muß bemerkt werden, daß der Dampf überhitzt ist, in diesem Fall auf 320° C.

R. Die Speisewasser-Reinigung.

R. 1. Nachteile des Anhaftens von Kesselstein.

Kesselstein vermindert den Wärmedurchgang durch die Metallwände, welche die Heizfläche bilden. Bei dickem Ansatz tritt selbst Erglühen der Wände ein (Einbeulen der Flammrohre, Aufreißen der Kesselwände). Zum mindesten geht dann der Kessel-Nutzeffekt zurück.

Je geringer die Wärmeleitfähigkeit eines Kesselsteins, desto größer die Gefahr. Die dichten (schweren) Kesselsteine leiten die Wärme im allgemeinen besser als die lockeren (leichten). Da sich Gips stets als

---

*) Der Verlust an Wärme durch die abziehenden Gase kann überschlägig durch folgende Formel berechnet werden: $v = \dfrac{0{,}65\,(t_2 - t_1)}{k}$ worin t_2 die Gastemperatur am Kesselende (Rauchgasschieber) t_1 Temperatur der Verbrennungsluft vor dem Rost und k der mittlere Kohlensäuregehalt der Rauchgase in %; v erscheint in %.

Stein von hoher Dichte absetzt, so hat ein gipsreicher Belag ein verhältnismäßig gutes Wärmeleitvermögen. Der Gipsstein ist also für den Kesselbetrieb am ungefährlichsten soweit es die Wärmedurchlässigkeit betrifft (dies ist das Ergebnis neuerer Forschung*); früher war man gegenteiliger Ansicht).

Die Leitfähigkeit der kalkreichen Beläge ist wesentlich geringer als diejenige von Gips. Bei kieselsäurereichen Ablagerungen haben wir es in den meisten Fällen mit äußerst gefährlichen Stoffen zu tun.

R. 2. Die Anwesenheit von Fremdstoffen in Speisewässern.

Kondenswasser oder destilliertes Wasser ist fast rein, also wenig salzhaltig, kann aber Kohlensäure und Sauerstoff aus der Luft enthalten, die begierig aufgenommen (absorbiert) werden, wenn Gelegenheit dazu da ist.

Die übrigen Wässer werden als Rohwässer bezeichnet, sie enthalten

a) Gase
b) aufgelöste mineralische Stoffe
c) Stoffe organischen Ursprungs
$\left.\right\}$ gelöste Stoffe in filtriertem Wasser

d) suspendierte (mineralische oder organische) Stoffe in unfiltriertem Wasser.

Zu a. Als Gase kommen vor: Kohlensäure und Luft, letztere bestehend aus Sauerstoff und Stickstoff (vergl. R. 3).

Zu b. Den größten Teil der Fremdstoffe liefern die Kesselsteinbildner; diese bestehen aus mineralischen Stoffen, hauptsächlich Kalk-, auch Magnesia-Verbindungen.

Lösliche kohlensaure Verbindungen, die als „Bikarbonate" bezeichnet werden (doppeltkohlensaure Salze), sind

1. Calziumbikarbonat (Doppeltkohlensaurer Kalk) $Ca(HCO_3)_2$
2. Magnesiumbikarbonat (Doppeltkohlensaure
   Magnesia) $Mg(HCO_3)_2$

Schwefelsaure Verbindungen sind

3. Gips (Calziumsulfat $+$ 2 Mol. Kristallwasser) . $CaSO_4 + 2\,H_2O$
4. Magnesiumsulfat (Schwefelsaure Magnesia) . $MgSO_4$
5. Natriumsulfat (Schwefelsaures Natrium) . . Na_2SO_4

Bemerkung: Glaubersalz ist Natriumsulfat $+$ 10 Mol. Kristallwasser.

---

*) Eberle und Holzhauer, Archiv für Wärmewirtschaft (VDI Berlin) 1928, S. 171.

6. Magnesiumchlorid, seltener Calziumchlorid . . $MgCl_2$ bzw. $CaCl_2$
7. Natriumchlorid (Kochsalz) . . . . NaCl
8. Fast immer findet sich Kieselsäure im Wasser H_2SiO_3
   bzw. Kieselsäureverbindungen (Silikate) z. B. Na_2SiO_3
   in einigen Gegenden (Sachsen) in verhältnismäßig starken Mengen.

Verbreitete Kesselsteinbildner sind die Kalkverbindungen $Ca(HCO_3)_2$ und $CaSO_4$. Die erstgenannte ist am häufigsten anzutreffen.

Zu c. Teile organischen Ursprungs, d. h. von Pflanzen oder tierischen Lebewesen stammend, kommen meistens in untergeordneten Mengen im Rohwasser vor. Organische Verbindungen sind z. B. Humusstoffe, Eiweißstoffe etc. Als Abbauprodukt von Eiweißstoffen findet man Ammoniak, das zu Salpetersäure oxidiert werden kann, die sich in Form ihrer Salze, z. B. Natriumnitrat (Salpeter) $NaNO_3$, vorfindet.

R. 3. Die Austreibung der Gase aus dem Wasser.

Im Speisewasser kommen, wie bei R 2 a erwähnt, Luft und Kohlensäure **frei** vor; dazu Kohlensäure, die an **Bikarbonate** gebunden ist, sogen. **halbgebundene** oder Bikarbonat-Kohlensäure. In der Literatur wird ferner von **aggressiver** Kohlensäure gesprochen; die aggressive Kohlensäure bildet einen Teil der freien Kohlensäure, wie aus folgendem hervorgeht. Die im Rohwasser enthaltene freie Kohlensäure bewirkt die Aufrechterhaltung eines chemischen Gleichgewichtszustandes, ihre Anwesenheit verhindert, daß die halbgebundene Kohlensäure aus den Bikarbonaten ausscheidet. Ohne freie Kohlensäure würden die letztern als Karbonate ausgefällt gemäß folgendem Beispiel:

$$Ca(HCO_3)_2 \quad = \quad CaCO_3 \quad + \quad CO_2 \quad + \quad H_2O$$

| Calziumbi-karbonat | Calzium-karbonat | halbgebundene Kohleusäure | Wasser |

Je mehr Bikarbonate im Rohwasser enthalten sind, desto mehr freie Kohlensäure ist erforderlich, um diesen Gleichgewichtszustand aufrecht zu halten. Nur die überschüssige freie Kohlensäure wirkt angreifend, z. B. bei der Auflösung von Erdalkalikarbonaten, bei der Beschleunigung der Rostbildung usw.; sie wird deshalb **aggressive** (angreifende) **Kohlensäure** genannt.

Die freie und halbgebundene Kohlensäure und der Sauerstoff, die mit dem Speisewasser in einen Kessel gelangen, finden sich nachher im Dampf und später im Kondensat. Dies ist der Grund, warum Kondenswasserleitungen, auch die Kessel und namentlich die Vorwärmer, stark angegriffen werden (vergl. Kap. S). Die Entfernung der

Gase aus dem Speisewasser ist erwünscht, aber umständlich, bei Kondensat fast unmöglich. Verhältnismäßig einfach ist es, das Speisewasser zu diesem Zweck vorzukochen, Sauerstoff und freie Kohlensäure werden dabei ausgetrieben. Die Löslichkeit wird durch folgende Zahlen ausgedrückt:

Löslichkeit in g in 1000 g destilliertem Wasser bei 760 mm Druck.

Temperatur ° C	0	20	40	60	100
g Sauerstoff	0,0704	0,0443	0,0310	0,0221	0
g freie Kohlensäure	3,343	1,687	0,973	0,576	0

Für die Löslichkeit von Sauerstoff siehe auch S 4 d, Abb. 184. Die an Calziumbikarbonat $Ca(HCO_3)_2$ gebundene Kohlensäure, die sogen. halbgebundene, wird beim Kochen jedoch nicht restlos abgespalten, gelangt also in den Kessel nach Maßgabe des Gehaltes des Speisewassers an Bikarbonat (vergl. R 4 a).

Um Wärmeverluste wegen des Kochens möglichst zu vermeiden, wird das gekochte Wasser in Wärmeaustauschapparaten abgekühlt, die Wärme wird an das ankommende Rohwasser abgegeben. Bei einigen Verfahren wird das Wasser nur wenig erwärmt, die Gase werden dann unter Vakuum abgesaugt, wobei allerdings auch ein Teil Wasserdampf mit abgeht.

Sauerstoff kann dem Speisewasser teilweise entzogen werden, indem man dasselbe durch Eisenspäne bzw. Eisenspanpakete hindurchführt. Der Sauerstoff wird von den Eisenspänen aufgenommen, die Späne selber werden durch Rostung verzehrt, sie müssen von Zeit zu Zeit ersetzt werden; ein gewisser Kostenaufwand ist damit verbunden.

Zur Entfernung der Kohlensäure allein kann auch Marmor verwendet werden (vergl. R 14). Chemisch wird Kohlensäure durch Ätzkalk gebunden, dies geschieht mit Erfolg bei der Wasservorreinigung durch das Kalk-Soda-Verfahren (vergl. R 13).

R. 4. Die Ausscheidung von Kesselstein in erhitztem Wasser, ohne Anwendung von Chemikalien.

a) Abspaltung halbgebundener Kohlensäure. Unter den Kesselsteinbildnern haben die Bikarbonate die Eigenschaft, daß sie bei zunehmender Wassererwärmung allein schon als feste Stoffe in Form von Karbonaten ausgeschieden werden (wobei Kohlensäure frei wird), diese bilden Kesselstein. Die Eigenschaft der Bikarbonat-Kohlensäure, bei der Erwärmung aus den Erdalkali-Bikarbonaten ausgetrieben zu werden, hat zur Bezeichnung „halbgebundene Kohlensäure" geführt; dies ist solche

Kohlensäure, die nur lose an die Erdalkalien gebunden ist, z. B. an Calzium in $Ca(HCO_3)_2$. Die Ausscheidung beginnt normalerweise bei rd. 60° C und wird durch Abspaltung von Kohlensäure CO_2 herbeigeführt, nach folgender Gleichung

$$Ca(HCO_3)_2 \quad + \quad \text{Wärme} \quad = \quad CaCO_3 \quad + \quad CO_2 \quad + \quad H_2O$$
$$Mg(HCO_3)_2 \quad + \quad \text{\textquotedblright} \quad = \quad MgCO_3 \quad + \quad CO_2 \quad + \quad H_2O$$

<table>
<tr><td>Calzium- bzw. Magnesiumbikarbonat</td><td>Calziumkarbonat
Magnesiumkarbonat
(= Kesselstein)</td><td>Kohlensäure</td><td>Wasser</td></tr>
</table>

Beispiel: Steinansatz in Kochgefäßen oder in den Röhren von Warmwasserleitungen. Hausleitungen für warmes Wasser wachsen manchmal durch Kesselstein gänzlich zu. (Wir nehmen vorweg, daß es sich empfiehlt, das Wasser im Boiler so hoch als möglich zu erwärmen zur Ausscheidung der Karbonate und unmittelbar nach dem Austritt aus demselben etwas abzukühlen. Man wende wenigstens beim Anschluß an den Boiler weite, auswechselbare Rohre an.)

Die halbgebundene Kohlensäure CO_2 kann nicht restlos durch Wärmewirkung bei hoher Temperatur ausgetrieben werden; 100° C bilden in der Beziehung z. B. keine Grenze. Ein Verfahren zur Entfernung des Kesselsteins lediglich durch Wassererwärmung hätte im Kesselwesen nicht genügenden Erfolg. Trotzdem werden sogen. „Entkarbonisierungsapparate" erstellt und verkauft. Wenn diese in der Bierbrauerei Verwendung finden, so liegt dort der besondere Grund vor, daß man die Karbonate vom Brauwasser fern halten will, währenddem Sulfate (Gips) wie es scheint, erwünscht sind.*)

b) Ueberschreitung der Löslichkeitsgrenze. Nur die Bikarbonate werden, wie oben angegeben, bei höherer Wassertemperatur

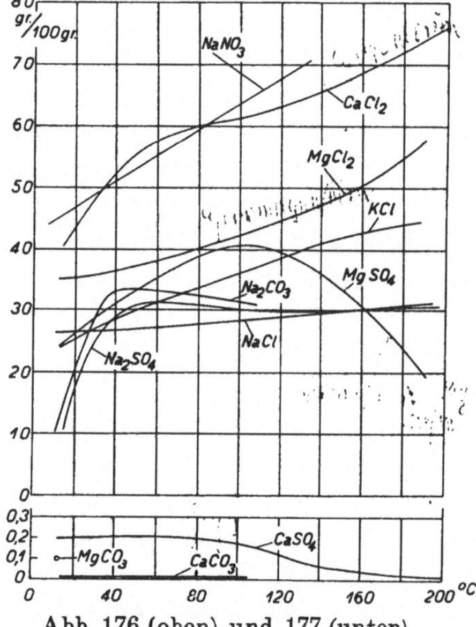

Abb. 176 (oben) und 177 (unten).
Löslichkeit verschiedener Salze.

<hr>

*) Das B. R. S.-Verfahren, Jahresbericht des Schweizerischen Vereins von Dampfkessel-Besitzern, 1915, S. 88.

gefällt, die übrigen Kesselsteinbildner, z. B. Gips ($CaSO_4 + 2\ HO_2$) Magnesiumchlorid $MgCl_2$, Kieselsäure H_2SiO_3, bleiben auch bei hohem Druck und hoher Temperatur im Wasser gelöst. Beim Speisen kommen stets neue Kesselsteinbildner hinzu, mit dem Dampf geht jedoch kein Kesselstein aus dem Kessel fort. Im Kesselwasser findet also eine Anreicherung statt, jedoch nur im Rahmen der Löslichkeitsgrenze des betr. Stoffes. Ist diese überschritten, so fällt der Kesselstein aus, wie eine Kochsalzlösung Salz ausscheidet bei Übersättigung.

Die Löslichkeit einiger Salze läßt sich aus Abb. 176 und 177 erkennen.*) Die Ordinaten geben die Gramm wasserfreier Substanz in 100 g Lösung an.

c. **Struktur des Kesselsteins.** Der ohne Chemikalien ausgeschiedene Kesselstein bildet harte Krusten, die an den Wänden des Kessels haften. Der Kesselstein fällt nämlich in Form von kleinen verfilzten, nadelförmigen Kristallen aus; diese bilden ein Haufwerk und backen im Niederschlag zusammen.

Kieselsäure SiO_2 scheidet dagegen gallertartig aus; brennen diese Ausscheidungen fest, so bilden sie feine weiße Steinschichten, die sehr wenig wärmedurchlässig sind. Silikathaltige Kesselsteine sind schwer benetzbar, geben daher schon in dünner Schicht Anlaß zu gefährlichen Überhitzungen.

Wie wir später sehen werden, bewirken gewisse organische und anorganische Mittel, die man gegen die Bildung von Kesselstein anwendet, die Ausfällung desselben in Schlammform, bezw. in mikroskopischen Fragmenten feiner nicht verfilzter Nädelchen.

R. 5. Vorübergehende und bleibende Härte, Gesamthärte.

Die im Rohwasser gelösten Bikarbonate, Calziumbikarbonat $Ca(HCO_3)_2$ und Magnesiumbikarbonat $Mg(HCO_3)_2$ spalten, wie wir unter R 4a gesehen haben, bei hoher Temperatur allein schon, wenigstens teilweise, die halbgebundene Kohlensäure CO_2 ab, wobei das Karbonat als Kesselstein ausfällt. Man hat den Bikarbonaten die Bezeichnung vorübergehende Härte erteilt.

---

*) Die Zahlenwerte, die Schröder in der Zeitschrift für Dampfkessel und Maschinenbetrieb, 1915, S. 209, gibt, sind in den Abb. 176 und 177 durch Kurven verbunden, mehr der Anschaulichkeit halber als für exakte Darstellung. Übrigens weichen Angaben aus französischen Quellen von den obigen, die mit den Tabellen von Landolt-Börnstein übereinstimmen, etwas ab.

Die übrigen Kesselsteinbildner, Calziumsulfat $CaSO_4$, Magnesiumchlorid $MgCl_2$, der wirkliche Anteil des Magnesiumkarbonates $MgCO_3$, Kieselsäure SiO_2 werden nur ausgefällt

a) wenn die Löslichkeitsgrenze überschritten ist ($R\,4\,b$).

b) durch Anwendung von Chemikalien. Diese Härtebildner reiht man unter die bleibende Härte ein.

Die Gesamthärte ist die Summe der vorübergehenden und der bleibenden Härte.

Die Härte wird in Graden gemessen und zwar gibt es französische Härtegrade, wobei die vorhandenen Kalksalze als Karbonate $CaCO_3$ in Rechnung gesetzt werden; deutsche Härtegrade, wobei die Rechnung auf Calziumoxyd gestützt ist, ganz gleichgültig, in welcher Form der Kalk (z. B. als $CaSO_4$) vorhanden sei, außerdem gibt es englische Härtegrade. 1 deutscher Härtegrad ist 1 Gewichtsteil CaO in 100 000 Teilen Wasser, also 10 gr CaO auf 1 m³ Wasser. 1 französischer Härtegrad ist 1 Gewichtsteil $CaCO_3$ in 100 000 Teilen Wasser oder 10 g $CaCO_3$ auf 1 m³ Wasser.

1 deutscher   Härtegrad ist 10 g CaO auf 1 m³ Wasser,

1   „   „ $= 1{,}79$ französische Härtegrade.

1 französischer   „   ist 10 g $CaCO_3$ auf 1 m³ Wasser

$= 0{,}56$ deutsche Härtegrade.

Man beurteilt die Wässer nach der Härte wie folgt: $0{-}10^0$ deutsch weich, $10{-}20^0$ deutsch mittelhart, $20{-}30^0$ deutsch hart, über 30^0 deutsch sehr hart.

Weiche Wässer kommen im Granitgebirge vor, wo das Quell- und Flußwasser wenig Gelegenheit hat, Kalk und Gips aufzunehmen, also z. B. am Gotthard. Hie und da werden weiche Wässer wegen Kieselsäurehaltigkeit unangenehm.

Hart sind die meisten Wässer im Jura (Kalkgegend) und in den Kalkalpen, in der Tiefebene da, wo diese Gesteinsarten vorherrschen.

R. 6. Welche Mittel gibt es, die Härte zu bestimmen?

Der Chemiker wendet verschiedene Verfahren zur Untersuchung des Wassers an. Wohl die einfachste ist die Behandlung eines Rohwassers mit Seifenlösung. Die Erdalkalisalze der Rohwässer haben die Eigenschaft, unlösliche Seifen zu bilden (Beispiel: jede Hauswäsche). Je härter ein Wasser, desto mehr Seife wird zur Bildung solcher unlöslicher Seifen gebraucht. Diese Eigenschaft wird zur Gesamt-Härtebestimmung benützt unter Verwendung einer Normal-Seifenlösung.

Die Bestimmung der vorübergehenden Härte beruht auf der Titration des Wassers mit einer verdünnten Salzsäure von genau bestimmtem Gehalt, also auf der Bestimmung der Alkalinität des Rohwassers. Wasseruntersuchungen und Härtebestimmungen sind in erster Linie Sache des Chemikers.

R. 7. Übersicht über die verschiedenen Verfahren zur Entfernung der Kesselsteinbildner aus dem Rohwasser.

a) Bei kleinen Kesselanlagen wird Soda (Na_2CO_3) im Kessel selber verwendet (vergl. R 8—10).
Bei größern Kesselanlagen wird das Rohwasser in Vorreinigern behandelt und zwar

b) durch Soda allein (Regenerativ-Verfahren, vergl. R 12).

c) durch Natronlauge (Ätznatron, kaustische Soda), NaOH (vergl. R 11).

d) durch Kalk CaO und Soda Na_2CO_3 (Kalk-Soda-Verfahren, vergl. R. 13).

e) nach dem Permutit-Verfahren (vergl. R 14).

f) durch Destillation (dieses Verfahren wird nur bei Kesselanlagen größten Ausmaßes verwendet, wir verzichten auf eine weitere Besprechung an dieser Stelle).

g) durch Salzsäure HCl. Dieses Verfahren wird bei Speisewässern nicht angewandt wegen der Gefahr der Abrostung der Kessel*), dagegen mit Erfolg zur Entfernung von Stein und Schlamm bei Kühlwässern, z. B. solchen für Dampfturbinen-Kondensation; diese nehmen keine hohen Temperaturen an.

h) Andere weniger gebräuchliche Verfahren finden hier keine Erwähnung, elektrische werden gestreift (vergl. R 18).

---

*) Zur Kenntnis dieses Verfahrens seien noch folgende Gleichungen angegeben:

$$Ca(HCO_3)_2 \quad + \quad 2\,HCl \quad = \quad CaCl_2 \quad + \quad 2\,CO_2 \quad + \quad 2\,H_2O$$
$$Mg(HCO_3)_2 \quad + \quad 2\,HCl \quad = \quad MgCl_2 \quad + \quad 2\,CO_2 \quad + \quad 2\,H_2O$$

Calzium- bzw.   Salzsäure   Calzium- bzw.   Kohlensäure   Wasser
Magnesium-   Magnesiumchlorid
bikarbonat

Chlorcalzium und Chlormagnesium sind leicht lösliche Salze, die mit dem enthärteten Wasser in den Kessel gelangen und bei der dort vorherrschenden Temperatur zerfallen können, insbesondere $MgCl_2$, wobei die gebildete Salzsäure HCl Abrostungen verursacht (vergl. S 7). Bei weniger hoher Temperatur, wie sie z. B. in Kühlwässern vorkommt, bleiben die Salze jedoch bestehen und sind dann unschädlich.

R. 8. Die Enthärtung vermittels Soda im Kessel (sogen. innere Reinigung).
Das chemische Zeichen für Soda (kalzinierte) ist Na_2CO_3 (vergl. R 9).

a) Vorübergehende Härte. Aus Calzium- bzw. Magnesium-bikarbonat als Härtebildnern (vorübergehende Härte) und Soda entsteht kohlensaurer Kalk, welcher ausfällt, und doppeltkohlensaures Natron, dieses ist löslich.

$$Ca(HCO_3)_2 \quad + \quad Na_2CO_3 \quad = \quad CaCO_3 \quad + \quad 2\,NaHCO_3$$
$$Mg(HCO_3)_2 \quad + \quad Na_2CO_3 \quad = \quad MgCO_3 \quad + \quad 2\,NaHCO_3$$

Kalzium-bikarbonat Magnesium-bikarbonat	Soda	kohlensaurer Kalk kohlensaures Magnesium (Kesselstein bzw. Schlamm)	Natrium-bikarbonat

Der ausgefällte kohlensaure Kalk setzt sich infolge des Sodaverfahrens nicht mehr als Stein an den Kesselwänden an, sondern erscheint in Schlammform (mikroskopische Fragmente feiner Nädelchen).

Dabei spielt sich stets folgender chemische Nebenprozeß ab.
Das doppeltkohlensaure Natron zerfällt in heißem Wasser.

$$2\,NaHCO_3 \quad = \quad Na_2CO_3 \quad + \quad H_2O \quad + \quad CO_2$$

Natriumbikarbonat	Soda	Wasser	Kohlensäure

Bei der Behandlung der vorübergehenden Härte mit Soda wird also die ursprüngliche Menge Soda stets zurückgewonnen, d. h. die Soda wird regeneriert. Die Soda zerfällt bei den in den Kesseln herrschenden Verhältnissen (hoher Druck und hohe Temperatur) in Natronlauge nach der Gleichung:

$$Na_2CO_3 \quad + \quad H_2O \quad = \quad 2\,NaOH \quad + \quad CO_2$$

Soda	Wasser	Natronlauge	Kohlensäure

In jedem Kessel, in welchem Soda vorhanden ist, ist also auch NaOH zugegen, was für den Kesselbetrieb äußerst wichtig ist (Rostschutz bei hoher Konzentration, Anfressungen bei niedriger Konzentration, vergl. R 11 und S 7).

Als zweiter Nebenprozeß kann sich folgender abspielen. Das neutrale Magnesiumkarbonat $MgCO_3$ besitzt eine gewisse Löslichkeit; gelangt ein Teil davon in den Kessel, so wird dieser durch Natronlauge, die bei Überschuß von Soda stets entsteht (vergl. R 11), gefällt als unlösliches Magnesiumhydroxyd.

$$MgCO_3 \quad + \quad NaOH \quad = \quad Mg(OH)_2 \quad + \quad Na_2CO_3$$

Magnesiumkarbonat	Ätznatron	Magnesiumhydroxyd	Soda

oder aber das Magnesiumkarbonat spaltet sich hydrolitisch:

$$MgCO_3 \quad + \quad H_2O \quad = \quad Mg(OH)_2 \quad + \quad CO_2$$

Magnesiumkarbonat Wasser Magnesiumhydroxyd Kohlensäure
Magnesiumhydroxyd ist praktisch unlöslich und wird gefällt.

b) **Bleibende Härte.** Soda und Gips setzen sich um in kohlensauren Kalk, welcher ausfällt, und Natriumsulfat, dieses ist löslich.

$$Na_2CO_3 \quad + \quad CaSO_4 \quad = \quad CaCO_3 \quad + \quad Na_2SO_4$$
$$+ 10\,H_2O$$

Soda   Gips   kohlensaurer Kalk   Natriumsulfat
                            (Kesselstein bzw. Schlamm)   (Glaubersalz)

Der Gips ($CaSO_4 + 2\,H_2O$) setzt sich also nicht als harter Stein am Kessel an, er wird in kohlensauren Kalk ($CaCO_3$) umgewandelt. Dieser bildet Schlamm. **Bei der Umwandlung wird Soda gebraucht**; eine Regenerierung findet nicht statt. Über Rostschutz durch Natriumsulfat, vergl. S 9.

c) Soda und Magnesiumchlorid werden umgewandelt in Magnesiumkarbonat und Kochsalz; dabei **wird Soda gebraucht**, ebenfalls keine Regenerierung.

$$Na_2CO_3 \quad + \quad MgCl_2 \quad = \quad MgCO_3 \quad + \quad 2\,NaCl$$

Soda   Magnesiumchlorid Magnesiumkarbonat Kochsalz

Über Magnesiumkarbonat vergl. obige Bemerkungen; Kochsalz ist löslich.

Soda und Kieselsäure H_2SiO_3, wenn letztere nicht als Salz vorhanden ist, reagieren unter Bildung von Natriumsilikat; Kieselsäure wird bei einem gewissen Sodaüberschuß unschädlich.

Man tut gut, sich zu merken: Bei der Ausfällung der Bikarbonate [$Ca(HCO_3)_2$ und $Mg(HCO_3)_2$] geht Soda nicht verloren, sondern wird regeneriert (praktisch sind allerdings Verluste da beim Kessel-Abschlämmen und durch Undichtheiten). Die Bikarbonate stellen, wie unter R 5 ausgeführt, die vorübergehende Härte dar. Dagegen wird Soda chemisch umgesetzt mit Calziumsulfat $CaSO_4$ usw., also bei bleibender Härte; dabei verschwindet der entsprechende Teil Soda.

Die Enthärtung im Kessel selbst genügt fast immer in kleinern Anlagen, auch bei mittelgroßen (z. B. bei Flammrohrkesseln bis 100 m²) wenn die Wasserverhältnisse gut und die Kesselleistungen mittlere sind.

Wenn solche Kessel regelmäßig mit Soda richtig behandelt werden, so bleibt der Erfolg nicht aus, die Kessel bleiben frei von Stein; die

Verrostung wird aufgehalten. Regelmäßigkeit bei dieser Behandlung ist von größter Bedeutung.

R. 9. Sodamenge, die einem Kessel bei der Füllung d. h. einmalig und beim Betrieb fortlaufend beizufügen ist.

Kristallsoda, die im Haushalt gebraucht wird und 63 % Wasser, somit bloß 37 % nutzbare Substanz enthält, fällt außer Betracht. Bei Kesseln ist Solvay- oder kalzinierte Soda zu verwenden, diese ist 95 bis 97 %ig.

Theoretisch braucht

1^0 Härte deutsch ($= 10$ g/m³ CaO)　　　　19　g/m³ Soda

1^0　„　franz.　($= 10$ g/m³ $CaCO_3$)　　10,6 g/m³　„

oder, da kalzinierte Soda nur etwa 97 % Gehalt hat

1^0 Härte deutsch　　Sodaverbrauch　　20 g/m³

1^0　„　franz.　　　　　„　　　11 g/m³

Praktisch muß man ungefähr das 1,5fache der berechneten Menge verwenden. Liegt eine Wasseranalyse nicht vor, so füge man dem Kessel beim Füllen ½ kg kalzinierte Soda auf 1 m³ Rohwasser zu. Beim Speisen genügen 50 gr auf 1 m³ verdampften Wassers. *)

R. 10. Kontrolle des Sodagehaltes.

Die einfachste Kontrolle ist diejenige vermittels roten Lakmuspapiers. Ein Streifen davon, mit Kesselwasser benetzt, soll sich leicht blau färben. Das nämliche tritt ein bei Anwesenheit von Alkali über-

---

*) Nach anderer Anschauungsweise muß der Alkaligehalt höher sein, als hiervor angegeben. Im Buch „Kesselbetrieb" der Vereinigung der Großkesselbesitzer in Deutschland heißt es: „Ein bewährtes Schutzmittel gegen Kesselsteinansätze und Korrosionen stellt die Erhaltung einer dauernden Mindestalkalität des Kesselwassers dar, welche mit 0,4 g Natronlauge im Liter bzw. 1,85 g Soda im Liter nicht unterschritten werden soll (Schwellenwert der Alkalität).

Beide Alkalien können sich im Verhältnis 0,4 : 1,85 oder rund 1 : 4,5 ersetzen, so daß z. B. auch eine Alkalität von 0,3 g Natronlauge und 0,45 g Soda im Liter Kesselwasser ausreichend schützen würde. Als Maßstab für die zum Schutze des Kessels notwendige Alkalität ist die „Natronzahl" eingeführt worden, die folgendermassen bestimmt wird:

Man dividiert den durch Analyse des Kesselwassers gefundenen und als mg/l berechneten Gehalt an Soda durch 4,5 und addiert zu dieser Zahl den gleichfalls als mg/l ausgedrückten Gehalt an Ätznatron $\left(\dfrac{Na_2CO_3}{4,5} + NaOH\right)$. Die so erhaltene Summe soll stets über 400 liegen, 2000 aber möglichst nicht überschreiten."

haupt; hiezu gehören ausser Soda Na_2CO_3 auch Natronlauge $NaOH$ und Ätzkalk $Ca(OH)_2$. Ist keine oder nur eine geringe Verfärbung festzustellen, so ist zu wenig Soda im Kessel. Verfärbt sich dagegen das Lakmuspapier sehr rasch und tief blau, so besteht die Gefahr eines Soda-Ueberschusses. Ein solcher ist nicht erwünscht, weil die Armaturen und die Wasserstandsgläser angefressen werden, besonders bei Vorhandensein von zuviel Ätznatron (vergl. R 11). Die Kieselsäure der Wasserstandsgläser wird durch Alkalien aufgelöst unter Bildung von Alkali-Silikaten.

Andere Prüfverfahren, z. B. dasjenige mit Phenolphtalein- und Salzsäurelösung sind verwickelter.

Der Heizer hat dafür zu sorgen, daß die Entnahme von Kesselwasser leicht möglich ist. Am häufigsten wird Kesselwasser am Wasserstandskopf abgezapft; hiefür soll ein kleiner Hahn vorhanden sein. Man vergesse nicht, das im Wasserstandsglas angesammelte Kondenswasser erst weglaufen zu lassen. Die Kontrolle findet alle paar Tage statt.

Das Lakmuspapier ist in Blechbüchsen aufzubewahren und zu schützen vor Zutritt von Luft und Licht.

Eine regelmäßige und aufmerksame Sodabehandlung der Kessel muß dringend empfohlen werden, sie schützt, wie schon gesagt, vor Verkrustung mit Kesselstein und Verrostung. Somit muß das Vorhandensein von Soda im Kesselwasser auch regelmäßig kontrolliert werden. Häufig liegt der Grund der Verwahrlosung der Kessel in mangelhafter Sodabehandlung.

R. 11. Enthärtung durch Natronlauge.

a) Natronlauge (Ätznatron, kaustische Soda) $NaOH$, wird selten unmittelbar zur Enthärtung verwendet, schon des hohen Preises wegen. Natronlauge wirkt nur auf die vorübergehende Härte direkt ein, auf die bleibende erst nach ihrer Umwandlung in Soda.

Die in Betracht fallenden chemischen Reaktionen für Natronlauge sind:

$$CO_2 + 2\,NaOH = Na_2CO_3 + H_2O$$

Kohlensäure — Natronlauge — Soda — Wasser

$$Ca(HCO_3)_2 + 2\,NaOH = CaCO_3 + Na_2CO_3 + 2\,H_2O$$

$$Mg(HCO_3)_2 + 2\,NaOH = MgCO_3 + Na_2CO_3 + 2\,H_2O$$

Calzium- bzw. Magnesiumbikarbonat — Natronlauge — Calzium- bzw. Magnesiumkarbonat — Soda — Wasser

Magnesiumkarbonat wlrd weiter zersetzt

$$MgCO_3 \quad + \quad 2\,NaOH \quad = \quad Mg(OH)_2 \quad + \quad Na_2CO_3$$

Magnesiumkarbonat   Natronlauge   Magnesiumhydroxyd   Soda
Magnesia

Bei allen diesen Umsetzungen entsteht Soda. Die Reaktionen derselben sind unter R8 angegeben. Der Verbrauch an Ätznatron ist folgender: Auf 1 m³ Wasser sind theoretisch nötig

> auf 1° deutsch   14,4 gr NaOH 100 % ig
>
> „ 1° französisch   8 gr NaOH 100 % ig

b) In jedem mit Sodaüberschuß betriebenen Kessel bildet sich wie schon unter R8 angedeutet Ätznatron durch hydrolitische Aufspaltung gemäß

$$Na_2CO_3 \quad + \quad H_2O \quad + \quad 2\,NaOH \quad + \quad CO_2$$

Soda   Wasser   Ätznatron   Kohlensäure

Diese Spaltung beginnt etwa bei 150° C.

Oder Ätznatron bildet sich in Gegenwart von Ätzkalk gemäß

$$Na_2CO_3 \quad + \quad Ca(OH)_2 \quad = \quad 2\,NaOH \quad + \quad CaCO_3$$

Soda   Ätzkalk   Ätznatron   Kalziumkarbonat

Die Soda-Enthärtung (vergl. R8) wird aus diesen Gründen häufig als Soda-Ätznatron-Enthärtung bezeichnet.

Ätznatron färbt wie Soda rotes Lakmuspapier blau, vergl. R10. Ätznatron zeichnet sich aus durch kräftige Wirkung; die letzten Spuren von Kesselstein werden weggezehrt, was nicht erwünscht ist. Armaturen, namentlich Zinklegierungen werden angefressen, auch Wasserstandsgläser, die nicht aus Spezialglas bestehen (vergl. R10). Nur bei überwiegender Karbonathärte kann das Kalk-Ätznatronverfahren dem Kalk-Sodaverfahren vorgezogen werden.

R. 12. Die Vorreinigung des Speisewassers mit Soda (Regenerativverfahren).

Dieses Verfahren wurde erstmals in der Schweiz angewendet (ca. ab 1870) und nennt sich auch Sulzer-Rossel'sches Verfahren. Die Benennung „Regenerativ-Verfahren" weist darauf hin, daß die Soda dabei regeneriert wird, wie unter R8 erläutert.

Der Apparat ist in Abb. 178 schematisch dargestellt; B ist der Reiniger; hier wird Rohwasser eingefüllt bis zur Spiegelhöhe I. Die Soda wird nicht direkt eingeworfen, man führt dem Reiniger sodahaltiges Kesselwasser aus Kessel A durch Leitung 2 zu, so lange, bis Spiegelhöhe II erreicht ist. Die chemischen Reaktionen sind die nämlichen, wie unter R8 beschrieben. Das Rohwasser nimmt im Reiniger aus dem Kesselwasser Wärme auf; bei hoher Temperatur gehen die chemischen Umsetzungen, die zur Fällung der Kesselsteinbildner durch Soda führen, rascher und gründlicher vor sich als in der Kälte. Indem man den Reiniger mehrere Stunden sich selbst überläßt, vollziehen sich die Reaktionen. Der Schlamm setzt sich ab und wird durch Hahn *3* entfernt. Das gereinigte Wasser geht durch Rohr *4* zum Speisewasser-Behälter *E*, wo ein Filter *F* aus Hartholzwolle eine nochmalige Reinigung besorgt. Sodann drückt Pumpe *P* das Wasser in den Kessel.

Soda, die durch Kesselstein chemisch umgewandelt d. h. verbraucht wird, (z. B. durch Gips) oder solche, die durch Wasserverluste verschwindet, muß ersetzt werden. Zu diesem Zweck wird im Behälter *C* aus kalzinierter Soda eine Lauge bereitet; *6* ist ein Röhrchen zur Zuführung von Dampf. Die Lauge wird portionenweise aus Behälter *D*, welcher genau 1 Liter faßt, in den Reiniger gespritzt.

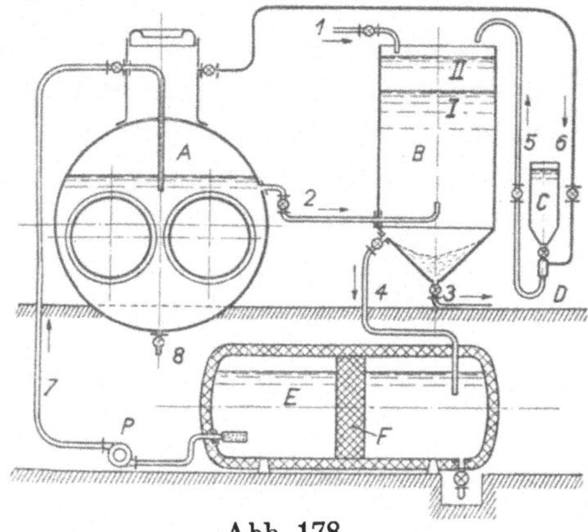

Abb. 178.
Regenerativ-Reiniger (Sulzer-Rossel).

Dieses Verfahren setzt eine erhebliche Konzentration des Kesselinhaltes an Soda voraus, andernfalls muß Kesselwasser in großer Menge dem Reiniger zugeführt werden. Die Kontrolle findet durch Lakmuspapier statt. Sodaverbrauch wie bei R 9 angegeben.

Für mittlere Kesselanlagen genügt die Vorreinigung des Speisewassers nach dem Regenerativ-Verfahren. Die Speisewassermengen-Kontrolle (durch Wassermesser z. B.) wird wegen der Rückführung von Kesselwasser erschwert.

R. 13. Das Kalk-Soda-Reinigungsverfahren.

Beim Kalk-Soda-Verfahren wird die vorübergehende Härte durch gebrannten Kalk CaO bzw. Ätzkalk $Ca(OH)_2$, die bleibende durch Soda Na_2CO_3 entfernt. Ätzkalk hat das Vermögen, sich mit Kohlensäure zu verbinden, sei es mit freier Kohlensäure CO_2, sei es mit der halbgebundenen Bikarbonate, z. B. der $Ca(HCO)_2$. Hiezu wird nicht gebrannter Kalk CaO unmittelbar verwendet, sondern Ätzkalk $Ca(OH)_2$ (auch gelöschter Kalk oder Kalkmilch genannt), aus gebranntem Kalk und Wasser angemacht.

$$CaO \quad + \quad H_2O \quad = \quad Ca(OH)_2 \quad (+ \text{ Wärme})$$

gebr. Kalk   Wasser   Ätzkalk

56 g   18 g   74 g

Aus 1 kg CaO entsteht $74 : 56 = 1{,}32$ kg $Ca(OH)_2$.

Ätzkalk wird dem Reiniger nicht direkt zugeführt, sondern im Kalkwasser suspendiert. Kaltes Wasser nimmt Ätzkalk in dem ganz bestimmten Verhältnis $1 : 778$ auf, so daß 1 Liter Wasser 12,86 g $Ca(OH)_2$ enthält neben 987,14 g reinem Wasser. Bei warmem Wasser ist die Aufnahme geringer. Dagegen sollte das Wasser im Reinigungsgefäß A mindestens 50° warm sein.

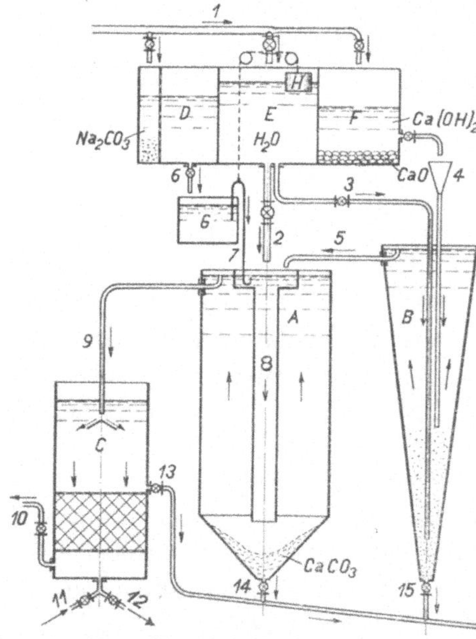

Abb. 179. Kalk-Soda-Reiniger.

Der Ätzkalk wird im Lösegefäß F, Abb. 179, bereitet, die Sättigung des Kalkwassers mit Ätzkalk vollzieht sich im Kalksättiger B, der nach dem Vorschlag von Dervaux Becherform hat. Rohwasser, durch Rohr 3 in B eingeführt, steigt vom Fuß her an und mischt sich mit der weiter oben durch Rohr 4 zugeführten Kalkmilch, die Durchflußgeschwindigkeit vermindernd, so daß diese am obern Rand nur noch rund 0,1 mm/sek beträgt.*) Beim Überlauf 5 ist das Kalkwasser gesättigt. Die feine Verteilung des Ätzkalks im Kalkwasser bewirkt eine gleichmäßige Mischung desselben mit dem Rohwasser im Mischrohr 8 des Reinigers.

Das Rohwasser wird von der Regulierungskammer E aus verteilt, ein Teil gelangt durch Rohr 2 in das Reinigergefäß A. Im Mischrohr 8 desselben mischen sich Rohwasser und Sodalauge, diese aus Gefäß G zugeleitet. Der Zufluß von Kalkwasser wird mit Hahn 3 reguliert; derjenige von Sodalauge mittels eines besondern Getriebes; die Abb. 179 zeigt als solches ein einstellbares· Syphonröhrchen (7). Die Sodalauge wird täglich im Gefäß D zubereitet und in den Vorrats-

---

*) Angabe von Schmid, Z. des bayer. Rev.-Vereins, 1928, S. 134.

behälter G abgelassen. Als Rauminhalt des Reinigergefäßes wird ungefähr der doppelte des im Kessel stündlich verdampften Wassers angenommen, was eine zweistündige Reaktionszeit ergibt.

Im Reiniger gehen die folgenden chemischen Reaktionen vor sich:

I. Kalk-Umsetzungen, vorübergehende Härte.

$$CO_2 \quad + \quad Ca(OH)_2 \quad = \quad CaCO_3 \quad + \quad H_2O$$

Kohlensäure   Ätzkalk   Calziumkarbonat   Wasser

$$Ca(HCO_3)_2 \quad + \quad Ca(OH)_2 \quad = \quad + \quad 2\,CaCO_3 \quad + \quad 2\,H_2O$$
$$Mg(HCO_3)_2 \quad + \quad Ca(OH)_2 \quad = \quad MgCO_3 \quad + \quad CaCO_3 \quad + \quad 2\,H_2O$$

Calzium- bzw.   Ätzkalk   Magnesium-   Calzium-   Wasser
Magnesium-   karbonat   karbonat
bikarbonat

Die im Reiniger ausgefällte Schlammenge ist doppelt so groß wie die aus dem Bikarbonat des Rohwassers allein zu erwartende Menge.

Mit Silikaten bildet Kalk unlösliche Kalzium-Silikate, so daß diese gefährliche Art von Kesselsteinen durch Kalk unschädlich gemacht wird. Die Gleichung lautet:

$$Na_2SiO_3 \quad + \quad Ca(OH)_2 \quad = \quad CaSiO_3 \quad + \quad 2\,NaOH$$

Silikat   Ätzkalk   Kalksilikat   Ätznatron

Dabei ist ein doppelter Überschuß an $Ca(OH)_2$ erforderlich; da ein solcher aus andern Gründen jedoch nicht angeht, wird Kieselsäure auch nicht vollständig ausgeschieden; am meisten noch im Kalksättiger.*) Nach Splittgerber ist das Kalk-Soda-Verfahren das wirksamste zur Ausscheidung der Kieselsäure.

Ungebundene Kieselsäure SiO_2 scheidet sich flockig aus zu gallertartigen Niederschlägen, die festbrennen können, vergl. R 4.

II. Soda-Umsetzungen, bleibende Härte.

$$CaSO_4 \quad + \quad Na_2CO_3 \quad = \quad CaCO_3 \quad + \quad Na_2SO_4$$

Gips   Soda   Calziumkarbonat   Natriumsulfat
(bleib. Härte)   (Schlamm)   löslich

Natriumsulfat ist sehr leicht löslich, gelangt daher mit dem Speisewasser in den Kessel und bleibt bis zu hoher Konzentration auch im Kesselwasser gelöst. $CaCO_3$ fällt als Schlamm aus.

$$MgCl_2 \quad + \quad Na_2CO_3 \quad = \quad MgCO_3 \quad + \quad 2\,NaCl$$

Magnesium-   Soda   Magnesium-   Natriumchlorid
chlorid   karbonat   (Kochsalz)

---

*) Vergl. Berl & Staudinger, Z.V.D.I., 1927, S. 1654. Entkieselung von kieselsäurehaltigen Wässern.

Gefahren der Anwesenheit von Kieselsäure Dr. Splittgerber (Sicherheit des Dampfkesselbetriebes, Julius Springer).

Aus dem Reiniger A geht das Wasser zunächst zum Filter C und dann durch Rohr *10* zum Speisewasserbehälter. Der Filter ist zum Durchspülen eingerichtet (Hähne *11* und *12*, Rohrleitung *13*). Schlamm kann ausserdem abgelassen werden bei *14* und *15*.

Es ist hervorzuheben, daß diese Reaktionen leichter und vollkommener vor sich gehen:

a) bei höheren Temperaturen. Während für die Umsetzungen bei gewöhnlicher Temperatur 6—8 Stunden benötigt werden, genügen bei 50^0 C Wassererwärmung 3 Stunden, bei 70^0 C $1^1/_2$ Stunden. Bei Temperaturen über 50^0 C ist der Niederschlag grobflockig, sitzt rascher ab und läßt sich besser filtrieren als bei gewöhnlicher Temperatur (in einer Fabrik, in welcher warmes Wasser zur Verfügung steht, sollte dieses direkt oder durch Schlangen durch die Reinigeranlage geleitet werden zur Wärmabgabe).

b) bei genügenden Raumverhältnissen des Reinigers und genügender Reaktionsfrist. Der Raum des Misch- und Klärbehälters **muß mindestens das Doppelte des stündlichen Bedarfs an Speisewasser fassen, die Durchflußgeschwindigkeit durch den Filter kleiner als 1 mm/sek sein.**

c) bei Überschuß der Reagenzien.

Die Menge der beizufügenden Reagenzien ist folgende:

Bleibende Härte	1^0 deutsch	kalzinierte Soda	19	g/m³
	1^0 franz.	„	„ 10,6	„
Vorübergeh. Härte.	1^0 deutsch CaO 10 g/m³ entspr.	Ca(OH)$_2$ 13,2		g/m³
	1^0 franz. „ 5,6 „	„ „	7,4	„
Kohlensäure, freie, auf 1 mg pro Liter				
	CaO 1,27 g/m³	„ „	1,68	„

Ein Sodaüberschuß ist ohne weiteres möglich und auch erwünscht zur Bekämpfung der Rostbildung im Kessel. Ätzkalk darf aber unter keinen Umständen im Überschuß beigefügt werden; ein solcher setzt sich im Kessel als Schlamm ab, trägt außerdem bei zur Bildung von Ätznatron bei Anwesenheit von Soda, vergl. R 11.

Eine Schwierigkeit beim Kalk-Soda-Verfahren bildet die ununterbrochene und genaue Kontrolle der Zusätze sowie der Beschaffenheit von Speisewasser und Kesselwasser. Eine Kalk-Soda-Reinigungsanlage muß daher fachmännisch überwacht werden, soll sie nicht versagen.

In großen Kesselanlagen enthärtet man das Rohwasser, namentlich wenn es hart ist, meistens nach dem Kalk-Soda-Verfahren. Dabei kann die Härte nicht restlos entfernt werden, sondern bloß bis zirka $2°$ deutsch, entsprechend $3—4°$ franz. Zugunsten dieses Verfahrens sprechen die verhältnismäßig geringen Betriebskosten.

R. 14. Das Permutitverfahren.

Permutit ist eine körnige, perlmutterähnliche Natriumverbindung, künstlich hergestellt. In neuerer Zeit kommen auch Verbindungen, genannt Zerolith, Natrolith oder Neupermutit, die aus Naturprodukten gewonnen werden, in den Handel. Die Enthärtungswirkung dieser Stoffe beruht auf ihrer Eigenschaft, beim Überleiten von hartem Wasser Natrium (Na) abzugeben und dafür Calzium (Ca) oder Magnesium (Mg), d. h. Bestandteile der Härtebildner, aufzunehmen. Bezeichnet man den Basenaustauschstoff ($=$ Permutit oder Zerolith) mit $Na_2 \cdot P$, so kann der chemische Vorgang des Austausches in einer chemischen Gleichung wie folgt dargestellt werden:

$$Mg(HCO_3)_2 \quad + \quad Na_2 \cdot P \quad = \quad Mg \cdot P \quad + \quad 2\,NaHCO_3$$

Magnesiumbikarbonat   Permutit   verwandeltes   Natriumbikarbonat,
Permutit   löslich

$$Ca(HCO_3)_2 \quad + \quad Na_2 \cdot P \quad = \quad Ca \cdot P \quad + \quad 2\,NaHCO_3$$

Calziumbikarbonat   Permutit   verwandeltes   Natriumbikarbonat,
Permutit   löslich

Natriumbikarbonat ist löslich und gelangt später mit dem Speisewasser in den Kessel, wo es in Soda Na_2CO_3 zerfällt (vergl. R 8), teilweise auch in Ätznatron.

$$CaSO_4 \quad + \quad Na_2 \cdot P \quad = \quad Ca \cdot P \quad + \quad Na_2SO_4$$

Gyps   Permutit   verwandeltes   Natriumsufat, löslich
Permutit

$$MgSO_4 \quad + \quad Na_2 \cdot P \quad = \quad Mg \cdot P \quad + \quad Na_2SO_4$$

Magnesiumsulfat   Permutit   verwandeltes   Natriumsulfat, löslich
Permutit

$$MgCl_2 \quad + \quad Na_2 \cdot P \quad = \quad Mg \cdot P \quad + \quad 2\,NaCl$$

Magnesiumchlorit   Permutit   verwandeltes   Kochsalz, löslich
Permutit

Natriumsulfat geht, weil sehr leicht löslich, mit dem Speisewasser in den Kessel (vergl. Abb. 176, S. 164).

Ist der ursprüngliche Basenaustauschstoff (Permutit) $Na_2 \cdot P$ mit Calzium oder Magnesium stark angereichert — man könnte die Zeichen $Ca \cdot P$ und $Mg \cdot P$ für diesen Zustand verwenden — so ist seine Fähigkeit für die Abgabe weiterer Alkalimengen ($NaHCO_3$) erschöpft. Zur Erneuerung seiner ursprünglichen Austauschfähigkeit ist eine Regeneration nötig, wozu Kochsalz NaCl verwendet wird. Folgende Gleichungen stellen diesen Vorgang dar:

$$Ca \cdot P \quad + \quad 2\,NaCl \quad = \quad Na_2 \cdot P \quad + \quad CaCl_2$$
$$Mg \cdot P \quad + \quad 2\,NaCl \quad = \quad Na_2 \cdot P \quad + \quad MgCl_2$$

verbrauchtes	Kochsalz	Reaktionsfähiges	Kalzium- bzw. Mag-
Permutit		Permutit	nesiumchlorid

1 kg Permutit braucht zu seiner Regenerierung je nach der Zusammensetzung 270 bis 310 g Kochsalz. Auf 1 m³ Rohwasser und 1° Härte deutsch (1,79° franz.) ist der Kochsalzbedarf theoretisch ungefähr 21 g, in der Praxis wird man erheblich mehr brauchen.

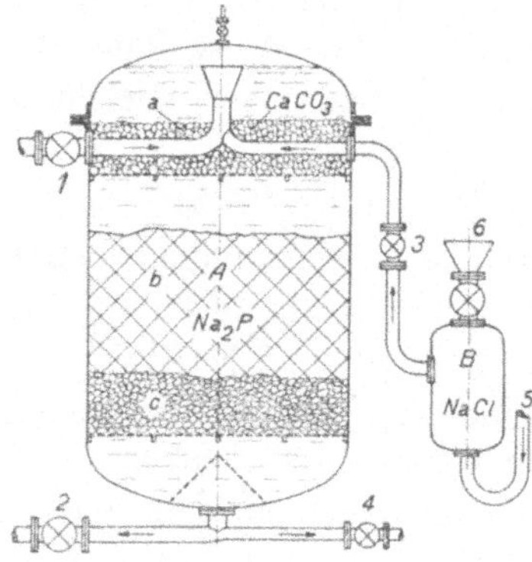

Abb. 180. Permutit-Reiniger.

Nach erfolgter Regeneration ist gründliche Durchspülung nötig, dabei geht das überschüssige Calzium- und Magnesiumchlorid mit der überschüssig angesammelten Kochsalzlösung fort. Ob ausreichend ausgewaschen ist, erkennt man daran, daß das aus dem Filter ablaufende Spülwasser härtefrei ist. Solange die Auswaschlösung noch Chlorcalzium $CaCl_2$ und Chlormagnesium $MgCl_2$ enthält, kann das Filtrat nicht härtefrei sein. Zudem ist ein Kessel großer Abrostungsgefahr ausgesetzt, wenn diese Stoffe dahin gelangen.

Der Apparat zur Durchführung des Permutitverfahrens ist in Abb. 180 dargestellt.

Das zu enthärtende Wasser tritt bei *1* in den Apparat *A*, den es von oben nach unten durchfließt, bei *b* in die Permutitschicht tretend. Diese ist über einer Kiesschicht *c* gelagert, welche auf einem Siebboden aufgeschüttet wird. Ausnahmsweise wird in Fällen, wo stark kohlensäurehaltige Wässer enthärtet werden sollen, oberhalb der Permutitschicht eine Marmorschicht *a* angeordnet, die auf einem Siebboden ausgebreitet wird. Sie hat den Zweck, die Kohlensäure zu binden gemäß

$$CaCO_3 \quad + \quad 2\,CO_2 \quad + \quad H_2O \quad = \quad Ca(HCO_3)_2 \quad + \quad H_2O$$

Marmor	Kohlensäure	Wasser	Doppeltkohlen-	Wasser
			saurer Kalk	

Neopermutit und Zerolith sind gegen Kohlensäure nicht mehr so empfindlich wie das früher gebräuchliche künstliche Permutit, so daß sich hier ein Marmorfilter erübrigt. Diese Stoffe wirken auch viel rascher als Permutit.

Das Weichwasser verläßt den Apparat bei *2*.

Zur Regeneration wird im Apparat *B* die Salzlösung bereitet; Kochsalz wird durch den Trichter *6* eingefüllt, Wasser bei *5* zugeleitet. Die Lösung tritt durch *3* in den Apparat und bleibt dort einige Zeit; ihre Reste, inbegriffen $CaCl_2$ und $MgCl_2$, gehen bei *4* fort.

Die Enthärtung im Apparat erfolgt auf kaltem Weg; schon Temperaturen über 40 ° C schaden dem Permutit.

Die Enthärtung durch das Basenaustauschverfahren ermöglicht eine sehr weitgehende Entfernung der Härtebildner aus dem Wasser; das behandelte Wasser ist fast vollständig weich, enthält dagegen S o d a im M a ß e d e r i m R o h w a s s e r u r s p r ü n g l i c h e n t h a l t e n e n H ä r t e. Dies führt zu einer Anreicherung von Soda (und Ätznatron, vergl. R 11) in den Kesseln, so daß der Kesselinhalt von Zeit zu Zeit teilweise abgelassen, „abgeschlämmt" werden muß, um die Konzentration zu vermindern. In vielen Fällen führt man Weichwasser und Rohwasser vor dem Speisen zusammen und benützt als Speisewasser diese Mischung; man muß sie vorher genügend lang stehen lassen, damit die überschüssige Soda Zeit hat, die Kesselsteinbildner zu fällen. Bei der Anwendung des Permutitverfahrens beim Kesselbetrieb ist, wie schon bemerkt, auf gründliche Durchspülung der Apparate nach der Regeneration zu achten, da erhebliche Abrostungsgefahr besteht, sobald die abfallenden Stoffe $CaCl_2$ und $MgCl_2$ und Kochsalzreste in den Kessel gelangen (vergl. S 7).

In Färbereien und Wäschereien ist die Permutit-Enthärtung weitgehend eingeführt; hier spart man um so mehr Seife, je höher die Konzentration des Weichwassers an Soda ist. Häufig, namentlich bei hartem Wasser, wird in zwei Stufen enthärtet; mit dem Kalk-Soda-Verfahren bis 2—3 ° Härte und mit dem Permutit-Verfahren bis gegen 0 °.

Die Wirtschaftlichkeit der Permutit-Enthärtung hängt erheblich vom Salzpreis ab; sie kommt hauptsächlich in Frage, wo man sich billiges Abfallsalz verschaffen kann. Bei Erfüllung dieser Bedingung hat sie sich in vielen Großkesselhäusern Deutschlands Eingang verschafft.

Neuerdings werden auch Hauseinrichtungen ausgeführt; für diese gilt das oben Gesagte.

R. 15. Über die Zweckmäßigkeit, die Kessel abzuschlämmen.

Das Abschlämmen verfolgt einen doppelten Zweck:

a) von dem im Kessel vorhandenen Schlamm möglichst viel fortzuschaffen;

b) einen Teil des an gelösten Salzen angereicherten Kesselwassers abzulassen, zur Verminderung des Salzgehaltes, d. h. der „Dichte" des Kesselwassers. Diese sollte 2^0 Bé, ermittelt in dem auf 15 bis 20^0 C abgekühlten Wasser, nicht überschreiten.

Zu a. Der im Kessel vorhandene Schlamm wird in der Regel durch das Abschlämmen nicht wesentlich vermindert, nur an der Stelle des Auslaufstutzens wird Schlamm weggespült, dort entsteht ein Schlammtrichter, der Rest bleibt zurück, besonders bei langen Flammrohr-Kesseln. ·

Zu b. Einige Salze, die mit dem Speisewasser in den Kessel gelangen, haben einen hohen Grad von Löslichkeit, z. B. Glaubersalz ($Na_2SO_4 +$ 10 H_2O), von der Ausfällung des Gipses durch Soda herrührend (vergl. R 4 b); der Kesselinhalt wird in zunehmendem Maß an Salzen angereichert. Wird ein Teil des Inhaltes abgelassen und durch Speisewasser ersetzt, so geht die Verdampfung wieder leichter vor sich. Daher ist es zweckmäßig, die Kessel von Zeit zu Zeit abzuschlämmen, obwohl damit ein Verlust an Wärme und auch ein solcher an Alkali (Soda) verbunden ist. Bei Kesseln mit geringem Wasserinhalt und starker Verdampfung muß oft abgeschlämmt werden.

Das Abschlämmen muß bei vermindertem Kesseldruck erfolgen. Dabei wird der Wasserspiegel im Glas nur soweit abgesenkt, als derselbe am untern Wasserstandskopf noch sichtbar bleibt. Größte Vorsicht ist dabei zu beobachten. Über die Abschlämmvorrichtungen vergl. Kap. G.

Über ununterbrochenes Abschlämmen und Entsalzen vergl. R 16; über die Entfernung harten Kesselsteins aus den Kesseln vergl. Kap. T.

R. 16. Das Neckar-Verfahren.

Die sogen. Neckar-Reinigung stützt sich nicht auf neue chemische Prozesse, benützt vielmehr die bekannten, hat aber das Verfahren so ausgebaut, daß der in den Kesseln befindliche Schlamm während des Betriebes beständig ausgeschieden und in gleicher Weise auch für die Entsalzung des Kesselwassers, was sonst nur ab und zu beim Abschlämmen geschieht, gesorgt wird. Durch die Behandlung des Wassers nach dem Soda- oder Kalk-Soda-Verfahren findet keine Enthärtung auf 0°, sondern bloß auf 2—3° deutsch (= 4—5° franz.) statt; jeder m³ enthält dabei auf jeden Grad noch rund 20 g Schlamm, der in die Kessel gelangt. Der Schlamm wird aus diesen entfernt, indem an tiefsten Punkten, wo er sich am ehesten absetzt, Schlammwasser d a u e r n d abgezapft wird. Während des Betriebes sind auch die Wasserschichten unten im Kessel unruhig und wirbeln den Schlamm auf, Schlammteile lassen sich also, im Kesselwasser suspendiert, dem Kessel entziehen. Die Erfahrung lehrt, daß für die Abführung von rund 60 g Schlamm dem Kessel rund 50 l Kesselwasser für jeden m³ gespeisten Rohwassers (5 %) entzogen werden müssen; höchstens 10 % des gespeisten Rohwassers werden aus dem Kesselinhalt ununterbrochen zurückgeführt. Dieses Schlammwasser wird in einem Reiniger B, Abb. 181, filtriert, der Filter ist bei F angegeben. Zapfstelle für das Schlammwasser bei Leitung 2, dieses gelangt durch den Skalahahn S,

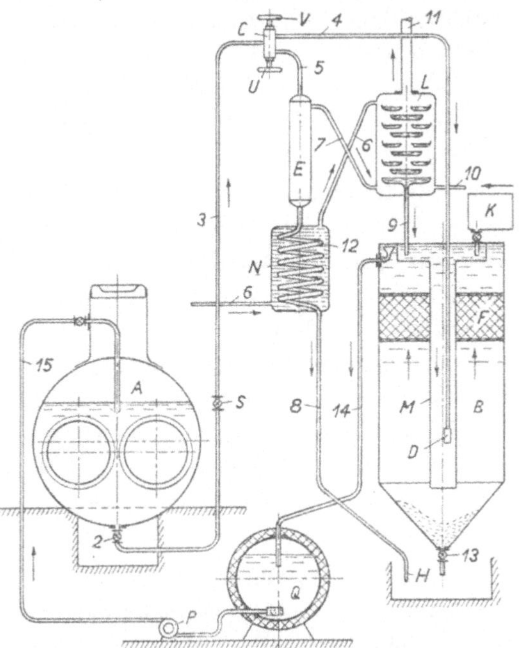

Abb. 181. Neckar-Reiniger.

in welchem die abzuführende Menge nach Wunsch eingestellt wird, in das Regulierstück C. Ein Teil des Schlammwassers wird durch Leitung 4 in das Mischrohr M geleitet, Ausmündung im Mundstück D. Der andere Teil des Kesselschlammwassers wird durch Leitung 5 bzw. 8 bei H ins Freie entleert. Dies ist die Einrichtung zur Entsalzung des Kesselwassers; die Salzkonzentration kann infolgedessen nicht übermäßig hoch ansteigen. Bevor man jedoch das heiße Kesselwasser ins Freie auslaufen läßt, wird ihm die innewohnende Wärme entzogen und an das Rohwasser übergeführt. Zu diesem Zweck wird der Druck, unter dem das Kesselwasser steht, im offenen Behälter E (Entspannungsapparat) entspannt, dabei findet Nachverdampfung statt (vergl. C 12),

d. h. durch die der Flüssigkeit innewohnende Wärme verwandelt sich
ein Teil der Flüssigkeit selber, in diesem Fall des abgeführten Kesselwassers, zu Dampf, und dieser wird durch Rohr 7 dem Tellervorwärmer L
zugeführt und an das Rohwasser abgegeben, gleichzeitig mit Pumpen-
abdampf oder Frischdampf aus Rohr 10. Das auf 100° C gekühlte
Kesselwasser wird durch die Rohrschlange 12 des Wärmeaustausch-
apparates N hindurchgeleitet, in welchem es auf die Temperatur des
durch Leitung 6 eintretenden Rohwassers abgekühlt wird. Leitung 11
dient zur Abführung von allfällig überschüssigem Dampf. Durch Rohr 9
fließt das vorgewärmte Rohwasser dem Mischrohr M des Reinigers zu.

Im Reiniger B findet die Enthärtung des Rohwassers statt. Das
durch die Abb. 181 gegebene Beispiel bezieht sich auf die Anwendung
des Soda-Reinigungsverfahrens (der Reiniger B könnte jedoch auch
mit Kalk und Soda oder mit Ätznatron betrieben werden). Soda
wird aus dem Sodalösegefäß K beigegeben. Ablauf des Reinwassers
durch Leitung 14 in den Sammelbehälter Q. Der Schlamm aus dem
Rohwasser und derjenige aus dem bei D eingeführten Kesselwasser
wird im Reiniger B zurückgehalten; im Filter F setzt sich nur wenig
ab. Der Schlammniederschlag wird aus B entfernt durch Ablaßhahn 13.
Als Filtermasse hat sich Hartholzwolle gut bewährt; der Filter ist spülbar.

Bei größeren Kesselanlagen findet sich dieses Verfahren in vielen
Fällen angewendet; die Kessel werden mit Erfolg entschlammt, ihr
Inhalt gleichzeitig teilweise entsalzt.

R. 17. Die Wirkung von Überfallrinnen.

Damit sich das Speisewasser erwärmt vor seiner Vereinigung mit
dem Kesselwasser, läßt man es bei diesem Verfahren in Überfallrinnen
oder -tröge laufen, die zu diesem Zweck im Dampfraum der Kessel
untergebracht werden. Bei der im Dampfraum herrschenden hohen
Temperatur wird bei den Kesselsteinbildnern von der Gruppe der vorübergehenden Härte die halbgebundene Kohlensäure frei.

$$Ca(HCO_3)_2 \quad = \quad CaCO_3 \quad + \quad CO_2 \quad + \quad H_2O$$
$$Mg(HCO_3)_2 \quad = \quad MgCO_3 \quad + \quad CO_2 \quad + \quad H_2O$$

Kalziumbikarbonat   Kalzium- oder   Kohlensäure   Wasser
Magnesiumbikarbonat Magnesiumkarbonat

Der dabei ausgeschiedene Kesselstein $CaCO_3$ bzw. $MgCO_3$ soll von der
Überfallrinne zurückgehalten werden. Dies ist auch der Fall, jedoch
nur teilweise (vergl. R 4). Diese Rinnen sind verhältnismäßig nur
klein, fassen wenig, sind somit auch aus diesem Grunde wenig wirksam.

Die zur Gruppe der bleibenden Härte gehörenden Kesselsteinbildner, Gips $CaSO_4$ usw. werden bzw. können in der Rinne überhaupt nicht ausgeschieden werden. Dem Kessel muß somit trotz des Vorhandenseins der Überfallrinne Soda beigefügt werden für die Fällung der bleibenden Härte. Bei der Kesselbefahrung sind die Überfallrinnen lästig.

R. 18. Agfil- und Stromlos-Verfahren.

Diese Verfahren sind erst in neuerer Zeit probiert worden.

a) Beim „Agfil"-Verfahren (Erfinder Serpek) wird ein Gleichstrom in der Stärke einiger Milliampère, mit der Spannung einiger Millivolt an verschiedenen Punkten in den Kesselmantel geschickt; als Stromquelle dienen Thermoelemente. Ein Vibrier-Apparat besorgt die häufige Unterbrechung des Stromes.

b) Beim „Stromlos"-Verfahren (Erfinder Schnetzer) wird der Kessel an den negativen Pol eines kleinen Generators angeschlossen, Klemmspannung rund 160 V, Nennleistung 0,5 bis 0,75 kW. Der Kessel wird also mit statischer Elektrizität geladen. Dazu kommt die Wirkung von Thermoelementen, von denen beide Pole an den Kessel angeschlossen werden. Spannung dieses Stromes zirka 10 Millivolt, die negativen Pole beider Aggreate werden an der nämlichen Stelle angeschlossen. Der Thermostrom wird häufig unterbrochen.

Mit beiden Verfahren sind schon Erfolge verzeichnet worden; man will Abblättern von altem Kesselstein festgestellt haben. Leider scheinen solche Erfolge nicht immer anzudauern, so daß bedauerlicherweise diese Verfahren heute noch nicht als zuverlässig anerkannt werden können.

R. 19. Die Wirkung organischer Stoffe zur Kesselsteinbekämpfung.

Die Kesselsteinbildner sind anorganisch. Wie wir in den vorangehenden Kapiteln gesehen haben, werden sie in erster Linie mit anorganischen Mitteln bekämpft, namentlich mit Alkalien (mit Soda und Ätzkalk, zum Teil auch mit Ätznatron). In großen Kesselbetrieben kann die Bekämpfung des Kesselsteins nicht anders an die Hand genommen werden, als durch Vorreinigung des Rohwassers. In kleinen Betrieben wird Soda dem Kessel direkt zugefügt. Leider ist dies nicht immer mit Regelmäßigkeit der Fall. Harter Kesselstein wird sich dann an den Wänden ansetzen. Dann versucht man denselben mit allen übrigen zu Gebote stehenden Mitteln zur Ablösung zu bringen, man probiert es z. B. mit organischen Stoffen. Es sind dies solche, die von pflanzlichen oder tierischen Lebewesen stammen, z. B. Kartoffelmehl, Gerbstoffe, Leinsamenabsud*), Sulfitzellstoff-Ablauge („Lösol“), natürliche Harze wie Weihrauchharz („Radikal“), kolloidal (in feinster Verteilung) aufgeschwemmte Harze („Colodex“) usw. Solche Stoffe können natürlich nicht zur Vorreinigung des Wassers benützt, sondern nur dem Kessel selber beigefügt werden. Die Wirkung der Kolloide auf die Kesselsteinbildner ist im allgemeinen die, daß Kalziumbikarbonate in der Ausfällung verzögert werden, insbesondere gilt dies für Tannin. Größer ist die Wirkung auf den ausgeschiedenen Kesselstein. Die kleinen noch nicht zusammengebackenen Kesselsteinteilchen werden von den kolloidalen Stoffen umhüllt und scheiden sich daher als Schlamm aus, zudem kann alter Kesselstein schichtenweise abfallen. Aber Unerwünschtes zeigt sich auch dabei:

1. Die organischen Mittel wirken nicht immer zuverlässig, so daß das eine Mal eine gute Wirkung eintritt, das andere Mal das Mittel versagt, in ein und demselben Kessel.

Soda, im Kessel selber angewandt, wirkt wie oben gesagt auch nicht immer mit der gewünschten Zuverlässigkeit, ist aber in der Beziehung weit weniger unsicher als organische Mittel es sind. Bei besonderer Zusammensetzung des Wassers kann es allerdings auch bei der Anwendung von Soda zu harten Kesselsteinen kommen; z. B. wenn die Kesselwässer kieselsäurehaltig sind.**)

2. Organische Mittel werden unter Umständen durch den Kesselinhalt zersetzt (z. B. Sulfitablauge, genannt Lösol), der Dampf nimmt einen stinkenden Geruch an, Fabrikationsprodukte (Milch, Branntwein) werden verdorben.

3. Gerbstoffhaltige Mittel leisten der Verrostung Vorschub.

4. Herabfallende Kesselsteinsplitter und der Schlamm können die Heizflächen bedecken und festbrennen, z. B. auf Rohrböden, was zu Überhitzungen führt.

5. Wasserstandsgläser und die Kanäle, die dahin führen, können verstopft werden.

6. Der Kesselinhalt schäumt.

---

*) Leimsamenverfahren, Jahresbericht des Schweizerischen Vereins von Dampfkesselbesitzern, 1915, S. 77.

**) Gefahren der Anwesenheit von Kieselsäure im Rohwasser, von Dr. Splittgerber („Sicherheit des Dampfkesselbetriebes“, Berlin, Julius Springer).

Wer derartige Mittel anwenden will, muß dabei mit der größten Vorsicht vorgehen, dieselben namentlich nicht in zu großen Mengen anwenden.

R. 20. Über Geheimmittel.

Die meisten davon sind organischer Natur; das unter R 19 Gesagte ist auch auf Geheimmittel anwendbar. Sie werden fast immer unter Geheimhaltung ihrer Zusammensetzung angeboten, werden auch gefärbt oder in anderer Weise denaturiert, um den Käufer im Unklaren zu lassen.

Es gibt Geheimmittel, die den Kesseln geradezu schädlich werden, z. B. Öle. Es gibt auch solche, die unter anderem Soda enthalten; diese wird, als wirksames Mittel betrachtet, dann zu teuer verkauft. Für Geheimmittel werden fast immer übersetzte Preise gefordert und gelöst, was zum Handel damit anspornt. Geheimmittel sind daher zurückzuweisen.

R. 21. Die Wirkung von Fremdstoffen außer Kesselstein in den Kesseln, insbesondere von Öl.

Mit dem Speisewasser gelangen Fremdstoffe in den Kessel, die nicht hineingehören, allerlei Abwässer, welche Seife, Säure usw. enthalten. In solchen Fällen ist das Speisewasser zu untersuchen, die Sammelstellen sind nachzusehen. Sehr schädlich wirken Öle und Fette. Diese bilden zusammen mit dem Kesselstein wärmeundurchlässige Schichten, welche Kesselschäden, z. B. Flammrohr-Einbeulungen verursachen. Die Art, wie Öl aus Kondensaten entfernt werden kann, ist unter V 10 beschrieben.

S. Rostangriff und Rostschutz.

S. 1. Was ist Rost?

Rost ist ein Gemisch chemischer Verbindungen. Das Eisen (Fe) verbindet sich mit dem Sauerstoff (O_2) aus der Luft; diese kommt auch im Wasser vor. Für Rost gelten die chemischen Zeichen

$$Fe(OH)_3 \qquad Fe_2O_3, \ Fe_3O_4 \qquad Fe(CO_3)_2$$
Eisenhydroxyd $\qquad$ Eisenoxyde $\qquad$ Eisenkarbonat

Die chemische Zusammensetzung des Rostes ist unbestimmt; sie schwankt je nach den Reaktionsbedingungen.

S. 2. Wie entsteht Rost?

Hierüber gibt es mehrere Theorien:

a) Das Entstehen von Rost ist auf elektrolytische Vorgänge zurückzuführen.

b) Rost entsteht auf Grund von chemischen Prozessen.

c) Die Rostbildung ist ein kolloidchemischer Vorgang.

In Wirklichkeit sind alle drei Vorgänge unter sich verknüpft. Die Maßnahmen zur Verhütung der Korrosionen haben daher auf alle Ursachen Rücksicht zu nehmen, wenn sie durchgreifend sein sollen.

S. 3. Das Rosten ein elektrolytischer Vorgang.

Erst in neuerer Zeit hat man das Rosten als elektrolytischen Prozeß aufgefaßt.*) Wie oben angedeutet, spielen sich elektrolytische und chemische Vorgänge in der Natur nebeneinander ab, indem diese zusammenhängen.

a) Der Vorgang in einem galvanischen Element wiederholt sich in einem Kessel, der aus verschiedenen Metallen zusammengesetzt ist, z. B. in einem Lokomotivkessel. Im Kessel wird der Elektrolyt durch das Kesselwasser gebildet; dieses enthält stets Salze und ist fast immer an Alkali bis zu einem gewissen Maß angereichert. Im galvanischen Element wird eine der Elektroden zerstört, im Kessel ein Metall abgezehrt; in beiden Fällen werden elektromotorische Kräfte erzeugt.

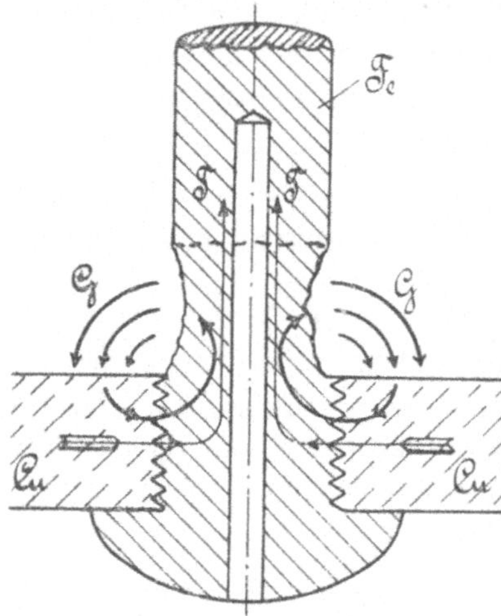

Abb. 182. Elektrolytische Abfressungen an einem eisernen Stehbolzen, eingeschraubt in eine Kupferplatte.

Beispiel. In Abb. 182 ist ein eiserner Stehbolzen, eingeschraubt in eine Kupferwand, dargestellt. Die Wand ist vom Kesselwasser bedeckt, der Stehbolzen davon benetzt. Die Ströme G sind galvanische, sie zerstören den eisernen Stehbolzen, man beachte ihre Richtung. Eisen ist ein im Sinn der Spannungsreihe „unedleres" Metall als Kupfer. Außer den galvanischen Strömen G gibt es noch thermische T, von diesen sprechen wir weiter nicht, sie verursachen keine Korrosionen, denn sie sind in sich geschlossen.

---

*) Näheres im Jahresbericht 1918 des Schweizerischen Vereins von Dampfkesselbesitzern: Höbn, „Die Bekämpfung von Rost und Abzehrungen an Dampfkesseln".

b) Nun treten bekanntlich auch Korrosionen bei Kesseln aus **einem einzigen Metall**, d. h. aus Eisen allein auf; Wände voller Rostgruben sind oft anzutreffen. Ein Beispiel hiefür ist das in Abb. 183 gezeigte aufgeschnittene Rohrstück, von einer Kondensatleitung stammend. Man nimmt an, daß auch solche Rostgruben auf elektrolytische Wirkungen zurückzuführen seien. Das Eisen besteht nämlich nicht aus einer homogenen Masse, es ist aus kleinen Gefügeteilen aufgebaut, die zum Teil kristallinisch sein können. Die technischen Eisensorten enthalten z. B. feste Lösungen von Kohlenstoff in Eisen, Schlackeneinschlüsse usw.

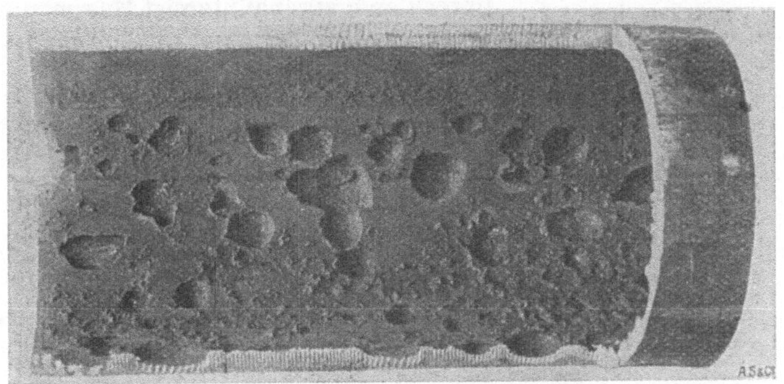

Abb. 183. Beispiel von Rostgruben in einer Kondenswasserleitung.

Es können zwischen einzelnen Gefügeteilen Patentialdifferenzen entstehen, die das Vorhandensein galvanischer Ströme erklärlich machen.

S. 4. Die Rostbildung, ein chemischer Prozeß.

Destilliertes Wasser greift das Eisen an und für sich an. Das Rosten wird begünstigt:

a) durch wachsenden Gehalt an Sauerstoff O_2 im Wasser. Daß Rostbildung zur Hauptsache auf die Wirkung von Sauerstoff zurückzuführen sei, ist heute allseitig anerkannt. Der im Wasser gelöste Sauerstoff hat gegenüber dem trockenen, z. B. solchem in Flaschen oder in trockener Luft die Eigenschaft, außerordentlich reaktionsfähig zu sein. Ein Beispiel hiefür bilden Kondenswasserleitungen; ein Stück einer solchen ist in Abb. 183 dargestellt. Kondenswasser enthält meistens schon etwas Sauerstoff, der mit dem Speisewasser in den Kessel gelangte. Sauerstoff aus der Luft wird begierig absorbiert von Kondenswässern, wenn diese in Berührung mit Luft kommen;

b) durch den Gehalt an Kohlensäure CO_2. Früher glaubte man, daß für die Rostbildung Kohlensäure unbedingt notwendig sei, nach neueren Forschungen trifft dies nicht zu. Auch praktische Erfahrungen gehen dahin, daß sobald der Sauerstoff entfernt ist, Kondenswasser führende Leitungen und Apparate nur wenig rosten, auch wenn noch etwas Kohlensäure im Kondensat enthalten ist. Kohlensäure ist wohl nicht die Ursache des Rostens, sie wirkt aber als beschleunigendes Agens;

c) durch die Anwesenheit von Salzen und andern Fremdstoffen im Wasser. Hiezu gehören gewisse Kesselsteinbildner, bzw. ausgeschiedener Kesselstein. Am gefährlichsten unter den erstgenannten ist Magnesiumchlorid $MgCl_2$, weil dieses Salz bei der Erhitzung Salzsäure HCl abspaltet, vergl. S 7. Jeder Stoff, welcher Eisen zu lösen vermag, verursacht Korrosionen.

d) Der Rostangriff im Wasser wird durch die Höhe der Temperatur beeinflußt; am größten ist er bei solchen von $60°$—$80°\,C$. Diese Beobachtung hat sich vielfach bestätigt und findet ihre Erklärung durch die Kurven von Abb. 184. In vertikaler Richtung (Ordinatenachse) ist das Angriffsvermögen von Sauerstoff O_2 auf Eisen Fe aufgetragen; dieses wird dargestellt durch die Gewichtsabnahme eines Eisenplättchens innerhalb

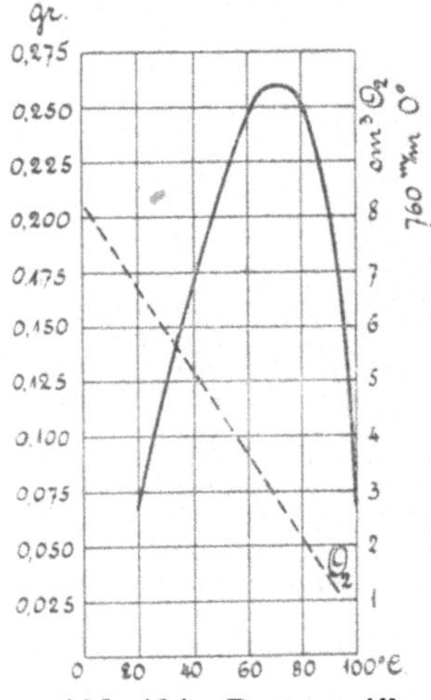

Abb. 184. Rostangriff warmen Wassers.

bestimmter Zeit. Die horizontale Richtung (Abszissenachse) gibt die Wassertemperatur an. Die gestrichelte Linie zeigt die Sauerstoffmenge, die im Wasser bei seiner Erwärmung verbleibt, bzw. diejenige, die es überhaupt aufnehmen kann. Die ausgezogene Kurve zeigt den Fortschritt der Abrostung; höchste Stelle bei $60°$—$80°\,C$. Über das Absorbtionsvermögen (vergl. auch R3).

Überhitzter Dampf greift, weil er von Kondensat frei ist, Ventile und Rohre weniger an als gesättigter Dampf; auch bei Kondenstöpfen ist die korrodierende Wirkung vermindert.

S. 5. Mittel zur Bekämpfung der Rostbildung.

Folgende fallen in Betracht:

a) Austreibung von Sauerstoff O_2 und Kohlensäure CO_2 aus dem Speisewasser, so daß diese Gase weder im Dampf und noch im Kondenswasser vorkommen (vergl. S6).

b) Hermetischer Abschluß des Kondenswassers von Luft (vergl. S 6).

c) Verwendung von Alkalien, z. B. Soda im Kesselwasser (vergl. S 7).

d) Verwendung von Kalium- oder Natriumbichromat im Kesselwasser (vergl. S 8).

e) Rostschutz durch die Anwesenheit von Natriumsulfat (vergl. S 9).

f) Anstriche (vergl. S 10 — 12).

g) Das Stromschutz-Verfahren (Cumberland-Verfahren, vergl. S 13).

h) Eine beliebte praktische Maßnahme ist diejenige, zu veranlassen,
daß blanke Kesselwände, z. B. solche neuer Kessel, sich mit einer
dünnen Kesselsteinschicht belegen.

Diese Fälle sollen nachstehend erörtert werden.

S. 6. Ausscheidung der Gase aus dem Speisewasser und Fernhaltung derselben von Kondenswässern.

Die Gase können auf verschiedene Art aus Rohwässern entfernt
werden, hierüber ist früher gesprochen worden, nämlich durch:

Austreibung der Gase bei erhöhter Temperatur (R 3, vergl. auch S 4).

Bindung von Sauerstoff durch Eisenspäne (R 3).

Bindung der Kohlensäure durch Aetzkalk (R 13), durch Marmor
(R 14), durch Ätznatron (R 11). Von diesen drei Verfahren ist das
wirksamste dasjenige mit Ätzkalk.

Nur in größeren und größten Betrieben ist die Anwendung aller
dieser Verfahren wirtschaftlich zulässig. Einfache und billige
Apparate zur Benützung in Kleinbetrieben gibt es heute leider
noch nicht.

Dagegen ist die Fernhaltung der Gase vom Kondensat weder
besonders schwierig noch kostspielig. Niederschlagswasser muß in geschlossenen Behältern aufbewahrt werden (vergl. V 3) Abb. 196. Wenn
für das Spiel des Wasserspiegels Belüftung nötig wird, so kann die
Verbindung mit der Außenluft durch ein enges Röhrchen bewerkstelligt
werden, gegebenenfalls unter Verwendung eines Siphons. Jedenfalls
sind die früher beliebten offenen Speisewassergruben in verschiedener
Hinsicht unzweckmäßig, namentlich auch wegen der großen Wasser-
oberfläche.

S. 7. Die Verwendung von Alkalien zur Verhütung der Rostbildung.

Die Alkalien (Soda, Ätznatron, Ätzkalk) greifen an und für sich
in schwacher Konzentration das Eisen an (weniger heftig als destilliertes Wasser), sie werden erst bei höherer Konzentration (beim sogen.

Schwellenwert) rostschützend. Praktisch wirken die Alkalien schon in schwacher Konzentration rostschützend, weil Säuren neutralisiert werden. Säuren greifen bekanntlich das Eisen in schwacher Konzentration heftig an (dagegen fehlt gewissen konzentrierten Säuren diese Wirkung, sodaß z. B. konzentrierte Schwefelsäure (H_2SO_4) in eisernen Behältern aufbewahrt wird).

Die Säuren, welche durch Alkalien zu neutralisieren sind, gelangen durch die Kesselsteinbildner in gebundener Form in den Kessel. Zu den gefährlichsten Kesselsteinbildnern gehört das Magnesiumchlorid ($MgCl_2$). Dieses zerfällt in heißem Kesselwasser durch hydrolitische Aufspaltung wie folgt:

$$MgCl_2 \quad + \quad 2\,H_2O \quad == \quad 2\,HCl \quad + \quad Mg(OH)_2$$

Magnesiumchlorid   Wasser   Salzsäure   Magnesia (Magnesiumhydroxid)

Salzsäure greift Eisen an:

$$2\,Fe \quad + \quad 6\,HCl \quad = \quad 2\,FeCl_3 \quad + \quad 3\,H_2$$

Eisen   Salzsäure   Eisenchlorid   Wasserstoff

Eisenchlorid zerfällt im Kesselwasser:

$$FeCl_3 \quad + \quad 3\,H_2O \quad = \quad Fe(OH)_3 \quad + \quad 3\,HCl$$

Eisenchlorid   Wasser   Eisenhydroxid, Rost   Salzsäure

Salzsäure wird durch Soda neutralisiert:

$$Na_2CO_3 \quad + \quad 2\,HCl \quad = \quad 2\,NaCl \quad + \quad H_2O \quad + \quad CO_2$$

Soda   Salzsäure   Kochsalz   Wasser   Kohlensäure

Kochsalz begünstigt die Elektrolyse, d. h. den gewöhnlichen Abrostungsvorgang. Die Anwendung von Soda hat sich praktisch bewährt und muß wiederholt empfohlen werden.

S. 8. Rostschutz durch die Verwendung chromsaurer Salze (Kalium- und Natriumbichromat.*)

Die Verwendung von Kaliumbichromat $K_2Cr_2O_7$ und Natriumbichromat $Na_2Cr_2O_7$ empfiehlt sich bei mit Wasser gefüllten und in Betriebsbereitschaft gestellten Kesseln, solchen von Elektrizitätswerken, Dampfbooten usw. Die zuzusetzende Menge muß auf mindestens 0,5 Promille ($^1/_2$ kg auf 1 m³ Wasser) bemessen werden. Neben Kalium- oder Natriumbichromat ist immer noch etwas Soda (ca. $^1/_2$ kg auf 1 m³) zuzufügen, zur Neutralisierung von Säure, wenn die chromsauren Salze nicht chemisch rein sind, was bei aus dem Handel bezogener Ware

---

*) Vergl. Höhn: Die Bekämpfung von Rost und Abzehrungen an Dampfkesseln; Jahresbericht 1918, Schweiz. Verein von Dampfkesselbesitzern.

der Fall sein kann. Die Rostbildung wird zuverlässig durch chromsaure Salze verhütet. Ist das Wasser ausgekocht, so ist es noch besser. So behandeltes Kesselwasser hat grünliche Färbung.

Wird ein Kessel, dessen Wasser chromsaure Salze enthält, in Betrieb gesetzt, so verschwinden dieselben allmählich, indem sich Erdalkalichromate bilden, die in Wasser schwer löslich sind und sich mit dem Kesselschlamm absetzen. Diese chromsauren Salze sind etwas giftig, was ihre Anwendbarkeit für diesen Zweck jedoch nicht beeinträchtigt.

S. 9. Rostschutz durch Natriumsulfat.

Wie Natriumsulfat Na_2SO_4 entsteht, ist unter R 8 b erläutert. Es ist nachgewiesen,*) daß Natriumsulfat in geringer Konzentration das Eisen nicht angreift und in hoher Konzentration rostschützend wirkt. Die Anwesenheit von Na_2SO_4 vermindert den Angriff von NaOH auf Eisen. Hohe Konzentration von Na_2SO_4 verursacht geringere Störungen beim Kesselbetrieb als von NaOH. Zusätze in bestimmten Mengen von Natriumsulfat oder Glaubersalz ($Na_2SO_4 + 10\,H_2O$) werden für alle Kessel empfohlen, namentlich für solche, deren Speisewärmer keinen Gips ($CaSO_4$) enthalten.

S. 10. Anstriche zur Rostverhütung, Allgemeines.

Anstriche bezwecken, die Metalloberfläche vor chemischen und elektrolytischen Einwirkungen zu schützen, eine Schutzhaut trennt Metall und Flüssigkeit. Die Anstriche sind in der Regel aber nur von beschränkter Dauer.

Für äußere Anstriche eignen sich, wenn die Temperatur nur wenig über die gewöhnliche steigt, Bleimenige. Besser sind destillierter Steinkohlenteer oder bituminöse Anstriche. Die Bleimenige muß mindestens 85%ig sein, der Rest muß aus Bleioxyd bestehen. Wasserlösliches darf nicht vorhanden sein, wasserunlösliche Verunreinigungen höchsten 2%. Die Menige muß sehr fein zerteilt sein. Zum Anreiben ist reiner Leinölfirnis vorzuschreiben.**)

Als Anstrichmittel für das Kesselinnere kommen, wenn die Kesselwände auch während des Betriebes vor Verrostung bewahrt werden sollen, Leinölfarben nicht in Frage. Besser halten sich Anstriche mit Zementmilch und destilliertem Steinkohlenteer (vergl. S 11 und S 12).

---

*) Vergl. Archiv für Wärmewirtschaft (VDI Verlag, Berlin) 1928, S. 128.

**) Ergebnisse von Untersuchungen durch die Abteilung für Chemie und Brennstoffe an der Eidgenössischen Materialprüfungsanstalt an der Eidgen. Techn. Hochschule in Zürich, 1928.

S. 11. Zement als Rostschutzmittel.

Die Behandlung der Kesselwände mit Zement darf nur in kaltem Zustand derselben erfolgen; diejenige von warmen Kesseln wäre vollständig ergebnislos.

Verrostete Stellen können nach vorangegangener Reinigung mit Zementmilch überstrichen, die Rostgruben mit Zement ausgefüllt werden. Solche Füllungen halten meistens länger als Anstriche.

Zementmilch trägt man 1—2 mal über verrostete Stellen mittels eines Pinsels auf, bis eine Dicke von 1—1,5 mm erreicht ist. Man nehme ungefähr 70 Gewichtsprozente Portlandzement und 30 Gewichtsprozente Wasser.

Beim Ausfüllen der Gruben kann die Mischung 75 Gewichtsprozente Portlandzement und 25 Gewichtsprozente Wasser, oder 35 Gewichtsprozente Zement, 35 Gewichtsprozente Steinmehl und 30 Gewichtsprozente Wasser genommen werden.

Nach der Behandlung sind die Wände mindestens 24 Stunden lang mit nassen Tüchern zu decken; die Erhärtung des Zementes darf nur langsam vor sich gehen.

Der Zementmilch kann auch eine verdünnte Lösung von Natriumbichromat zugesetzt werden, um die Rostschutzwirkung zu erhöhen.

S. 12. Destillierter Steinkohlenteer als Rostschutzmittel.

Auf dem Markt erscheinen allerlei Anstreichmittel mit geheimer Zusammensetzung. Darunter sind viele nicht unbedenklich; sie enthalten zur raschen Trocknung der Masse außer destilliertem Teer noch Benzol. Hierzu gehören Siderosthen, Geka usw.*) Diese Massen sind feuergefährlich; Feuer, das im Kesselinnern während des Anstreichens ausbricht, muß katastrophal wirken. Zudem droht dem im Kesselinnern Beschäftigten der Vergiftungs- oder Erstickungstod. Unfälle sind leider mehrfach vorgekommen. Destillierter Steinkohlenteer dagegen birgt diese Gefahren nur in geringem Maß in sich. Die Teere trocknen nicht sehr rasch ein.

Der Steinkohlenteer muß destilliert sein. Rohteer enthält Ammoniak; dieser Stoff begünstigt das Rosten ganz besonders.

Bei Teer ist warme Behandlung erwünscht, sie ist vorteilhafter als kalte. Die Kesselwände sollten trocken und handwarm sein, man

---

*) Über die Zusammensetzung von Siderosthen, siehe Jahresbericht 1919 des Schweizerischen Vereins von Dampfkessel-Besitzern. Aufsatz: „Die Bekämpfung von Rost und Abzehrungen an Dampfkesseln", Seite 53.

kann sie mit der Lötlampe leicht erwärmen; der destillierte Steinkohlenteer muß heiß aufgetragen werden.

Der Teer ist nicht, wie Berufs-Anstreicher es machen, auf der ganzen Kesselwand gleichmäßig aufzutragen, namentlich ist dies bei Heizflächen, z. B. den Flammröhren zu vermeiden. Die verrosteten Stellen sind bloß anzupinseln.

Ein Zusatz von gutem Graphit (Flockengraphit) ganz fein verrieben, ist zu empfehlen. Man nehme 70—75 Gewichtsprozente destillierten Steinkohlenteer und 30—25 Gewichtsteile Graphit.

Äußerer Abrostung ausgesetzte Wände von Kesseln können, wenn sie nicht in Feuerzügen liegen, ebenfalls mit destilliertem Steinkohlenteer behandelt werden.

S. 13. Das Stromschutz-Verfahren.

a) Cumberland-Verfahren. Es bezweckt, die Stromrichtung von dem gefährdeten Gegenstand abzulenken. Bei der Abrostung wegen des Auftretens von elektrischen Strömen tritt der Strom aus dem gefährdeten Gegenstand in den Elektrolyten (Kesselwasser) über; der Strom überträgt Atome des Stoffes, aus dem der gefährdete Gegenstand (Kesselwand) besteht, an den Elektrolyten, Korrosinen treten in die Erscheinung.

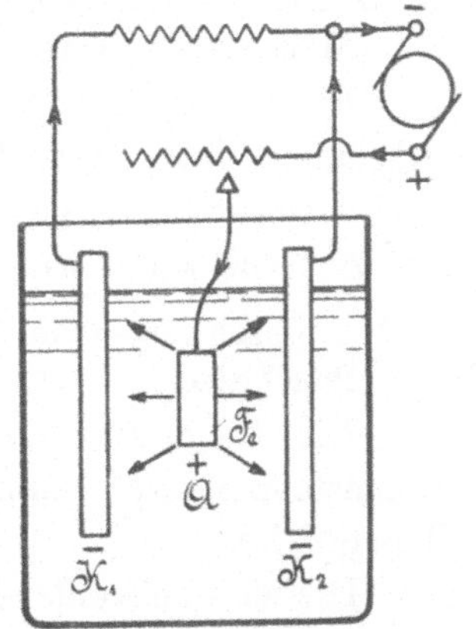

Abb. 185. Schema des Cumberland-Verfahrens.

Cumberland schlägt die Verwendung von Eisenplatten vor, von denen aus der Strom in die Flüssigkeit geht, gemäß Abb. 185. Durch die Wirkung des eingeleiteten Stromes wird das Potential der Anode A über die Potentiale der Metalle K_1 und K_2, die als Kathoden erscheinen, erhöht, was bewirkt, daß der Strom von A durch den Elektrolyten nach den Metallen K_1 und K_2, aus denen der Kessel bestehen möge, fließt, wobei A angegriffen, K_1 und K_2 geschont werden. Leider ist dieses Verfahren mehr Theorie geblieben.

b) Rostschutz durch Zinkplatten. Ähnlich gestalten sich die Verhältnisse, wenn Zinkplatten in das Kesselwasser eingehängt werden. Zink besitzt den größten Lösungsdruck unter den Metallen, es steht in der Spannungsreihe zu unterst. Ein Elektrolyt (Kesselwasser) gibt seine Säure- und Sauerstoffjonen ans Zink ab, d. h. das

letztere wird von den Säuren der Kesselsteinbildner und vom Sauerstoff, sogar von Alkalien angegriffen. Zink ist indessen ein teures
Rostschutzmittel. Dabei besteht die Gefahr der Stromumkehrung;
wenn das Zink oxydiert ist, dann wird das Eisen umso stärker
angefressen.

S. 14. Die Rostbekämpfung bei leeren, außer Betrieb gestellten Kesseln.

Kessel, die nicht in Bereitschaft stehen, müssen entleert werden.
Das Kesselwasser könnte im Winter einfrieren; Eis zerstört die Kessel.

Nach der Entleerung sind sie gut auszutrocknen, was am besten
gelingt, wenn das Mauerwerk noch nicht ganz abgekühlt ist. Die
Mannlochtüren sind herauszunehmen zur Durchlüftung. Gummipackungen
sind an einem kühlen Ort aufzubewahren.

Kessel, welche in feuchten Räumen stehen und trotz der Durchlüftung feucht werden, sind mit Zementmilch anzustreichen (vergl. S 11).

S. 15. Die Bekämpfung örtlicher Abzehrungen an Kesseln, die über feuchtem Mauerwerk gelagert sind.

Gründliche Abhilfe wird nur durch Entwässerung des Grundes
geschaffen. Ein Notbehelf, der sich bewährt hat, besteht darin, eiserne
Zwischenlagen zwischen Kessel und feuchtem Mauerwerk einzuschieben,
die Zwischenlagen werden zuerst angegriffen.

S. 16. Abzehrungen an Kesseln und Vorwärmern, verursacht durch die Rauchgase.

Die Rauchgase können nur dann schädlich wirken, wenn die
Brennstoffe Schwefel enthalten, und wenn die Rauchgastemperatur ziemlich tief ist.

Die meisten Kohlensorten enthalten Schwefel, gewöhnlich $1—2\,^0/_0$,
ausnahmsweise mehr (vergl. Kap. K). Koks enthält davon nur sehr
geringe Mengen, meist $0,5—1\,^0/_0$. Bei den Heizölen ist Schwefel bei
denjenigen aus Texas und Mexiko am meisten vertreten, bis zu rund $5\,^0/_0$,
sonst unter $1\,^0/_0$.

Schwefel verbrennt zu Schwefeldioxyd

$$S \quad + \quad O_2 \quad = \quad SO_2$$
Schwefel   Sauerstoff   Schwefeldioxyd

Schwefeldioxyd, ein Gas von stechendem Geruch, bildet mit Wasser
zusammen schweflige Säure

$$SO_2 \quad + \quad H_2O \quad = \quad H_2SO_3$$
Schwefeldioxyd   Wasser   schweflige Säure

Wasser enthalten alle Rauchgase, der Gehalt wächst mit demjenigen der flüchtigen Bestandteile des Brennstoffes (vergl. Kap. L). Rauchgas aus Heizölen z. B. ist reich an Verbrennungswasser. Hat dieses Gelegenheit, sich an metallischen Wänden niederzuschlagen, so entsteht schweflige Säure; diese verursacht die Abzehrungen. Heizflächen mit geringer Temperatur, auf denen das Verbrennungswasser sich niederschlagen kann, weisen hauptsächlich Vorwärmer und Economiser auf, die mit kaltem Wasser bzw. solchem unter 30° C gespeist werden. Die Speisewassertemperatur sollte $30-40^\circ$ C, die Rauchgastemperatur $150-120^\circ$ C nie unterschreiten, nur dann werden Abzehrungen zuverlässig vermieden.

T. Das Sauberhalten der Kessel.

T. 1. Über die Zweckmäßigkeit, die Kessel zu reinigen.

Der Wirkungsgrad eines Kessels sinkt mit zunehmender innerer und äußerer Verschmutzung, wie schon in R1 angegeben. Von Zeit zu Zeit muß der Betrieb abgestellt werden zur Reinigung, Untersuchung und Ausbesserung des Kessels. Für Flammrohrkessel z. B., die täglich betrieben werden, auch wenn regelmäßig Soda beigefügt wird, erstreckt sich diese Frist auf $2-3$ Monate. Sie ist vom Grad der Verschmutzung abhängig.

In neuerer Zeit ist man bestrebt, Einrichtungen zu schaffen, durch deren Wirkung Ansammlungen von Schlamm und Stein einerseits, von Asche und Ruß anderseits schon während des Betriebes verhütet werden können. Über die Verhütung von Kesselstein während des Betriebes vergl. R15 und R16. Auf der einen Seite verursachen die Anschaffung und der Betrieb von Einrichtungen zu diesem Zweck gewisse Kosten, anderseits werden die Kessel geschont und was allein schon wichtig ist, die periodische Reinigung derselben erstreckt sich auf längere Fristen.

T. 2. Die Reinigung der Kesselwände von Stein.

Kesselstein wird mühelos in nassem Zustand entfernt unmittelbar nach dem Ablassen des Kesselwassers und Wegschaffen des Schlamms. Mit Bürste und Schaber ist die Arbeit dann leicht zu bewältigen. Vom Gebrauch von Meißel oder Stemmeisen ist abzusehen, die Bleche dürfen nicht verletzt werden.

Zur Erleichterung der Reinigung werden vielfach mechanisch betriebene Einrichtungen gebraucht, Schleuderbürsten, Klopfer, Hämmer.

Die Abb. 186 zeigt einen sogen. Turboreiniger; der Kopf dreht sich, die vier Arme werden durch Zentrifugalkraft geöffnet bis die Zahnräder an der Rohrwand anliegen. Das durch die Löcher B nach-dringende Wasser spült Stein und Staub fort. Zum Antrieb dienen biegsame Wellen, so daß auch gebogene Wasserrohre ohne Schwierigkeit gereinigt werden können.

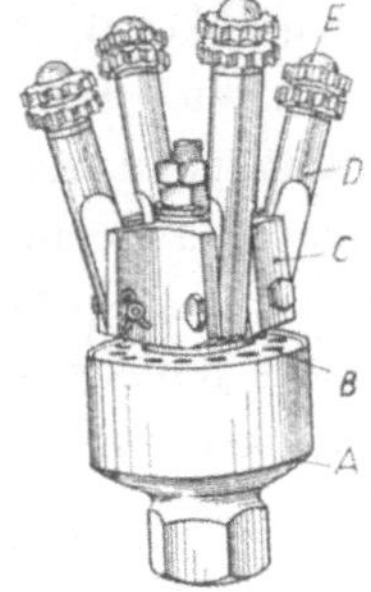

Abb. 186.
Turboreiniger für
Wasserrohre.

Vielfach wird es unterlassen, den Kesseln während des Betriebes Soda regelmäßig beizufügen. Um den Fehler zu verbessern, wird der Zusatz unmittelbar vor der Kesselwäsche verdoppelt oder verdreifacht, in der Absicht, den Kesselstein zur Ablösung zu bringen. Enthält dieser festen Gips $CaSO_4$, so vermag die Soda Na_2CO_3 diesen zu lösen (vergl. R 8), worauf ganze Schichten abblättern. Soda wäre aber nicht im Stand, Kesselstein, ausschließlich bestehend aus Kalziumkarbonat $CaCO_3$, chemisch aufzulösen; dieser ist für Soda unlöslich. Ähnlich verhält es sich mit Ätznatron (Natronlauge, kaustische Soda) NaOH (vergl. R 11). Eine Gefahr besteht bei diesem Verfahren darin, daß der Inhalt des betriebenen Kessels ins Schäumen gerät.

Über die Anwendung von organischen Mitteln siehe R 19.

Es kommt vor, daß die Verkrustung so weit geht, daß der Stein kaum mehr mit dem Stemmeisen abgemeißelt werden kann, die Reinigungs-arbeit ist dann fast unmöglich, die Kosten der Reinigung steigen unver-hältnismäßig. Ein äußerster Notweg kann durch die Verwendung von Salzsäure HCl beschritten werden, d. h. einer verdünnten Lösung von 5 bis höchstens 10% Handelssalzsäure mit 95 bis 90% Wasser.

$$2\,HCl \;+\; CaCO_3 \;=\; CaCl_2 \;+\; H_2O \;+\; CO_2$$

Salzsäure   Calziumkarbonat   Calzium-   Wasser   Kohlensäure
bzw. fest. Kesselstein   chlorid

Von der wässerigen Lösung wird nur soviel eingefüllt, als dem Stand bzw. der Höhenlage des zu entfernenden Kesselsteins entspricht; man läßt sie 2—8 Tage lang einwirken, worauf der Kesselstein mürbe wird. Nach dem Ablassen der Salzsäure-Lösung ist der Kessel durch Rohwasser oder besser durch sodahaltiges Wasser auszuspülen. Das Salzsäureverfahren ist besonders in Kesseln mit dünnen Wänden bedenklich, die Stahlröhren z. B. leiden stark unter dem Angriff der Salzsäure (Gußeisen im allgemeinen weniger als Stahl).

Starker Verkrustung sind Vorwärmer und Economiser (Rohrvorwärmer) ausgesetzt. Bei diesen behilft man sich häufig durch Ausbohren der Röhren, eine mühsame, kostspielige Arbeit; zudem bleiben stets noch Reste von Stein in Ecken und Winkeln. Erfolg wird hie und da erzielt durch längeres und ununterbrochenes Speisen stark sodahaltigen Wassers, wozu ein besonderer Behälter für die Sodalösung und eine besondere Pumpe zu verwenden sind. Der Kessel muß dann, um Schlammanreicherungen zu vermeiden, häufig abgeschlämmt werden. Salzsäurelösung wird zur Reinigung von Röhrenvorwärmern ebenfalls verwendet, nach Maßgabe des oben gesagten. Bei Injektoren ist die Reinigung mit Salzsäure üblich.

T. 3. Die Reinigung der Kesselwände von Asche und Ruß.

Die äußere Reinigung der Kessel ist im allgemeinen Sache des Kaminfegers. Dem Abkratzen von Glanzruß muß besondere Aufmerksamkeit geschenkt werden. Nun sind Bestrebungen im Gang, die, wie eingangs erwähnt, die Handarbeit ersetzen durch die Wirkung von Vorrichtungen schon während des Betriebes. Zu diesen gehören

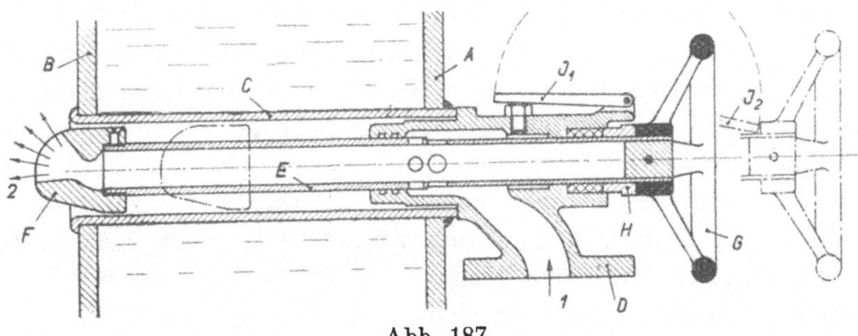

Abb. 187.

Blasevorrichtungen, die übrigens bei Überhitzern von jeher gebraucht wurden. Die Abblasevorrichtungen werden in der Regel mit Dampf betrieben. Bedingung für den Erfolg ist, daß der Abblasedampf keine Feuchtigkeit enthält; ist dies der Fall, so entsteht aus dem abgeblasenen Staub ein Brei, der erst recht fest haftet, wo er liegen bleibt. Am besten eignet sich überhitzter Dampf. Der aufgewendete Dampf muß ohne zu kondensieren mit den Rauchgasen fortziehen. Damit seine Abkühlung vermieden wird, darf keine Frischluft in den betr. Raum treten. Einzelne Firmen bauen daher die Blasevorrichtungen fest in die Kesselumhüllung ein. Wird die Vorrichtung nicht mehr benützt, so zieht man sie nötigenfalls aus dem Bereich hoher Temperatur zurück, vergl. Abb. 187 Hebelstellung J2.

Weggefegte Ruß- und Aschenteile müssen mit dem Gebläse gleich weiter geschafft werden, eine Grube am Ende der Züge kann zu ihrer Aufnahme dienen; von da schafft man sie ins Freie. Überhitztes Mauerwerk darf vom Dampfstrahl nicht berührt werden, durch Abkühlung würde es beschädigt.

Abb. 187 zeigt einen fest am Kesselmauerwerk angebrachten Rußbläser zur Reinigung der Kesselwände (Marke Superior). Der Bläser wird mittels des Handrades G so lange gedreht, bis der bei 2 austretende Strahl das Bereichsfeld bestrichen hat. Ein anderer in Abb. 188 gezeigter Bläser ist über der Flammrohrsohle A gelagert und erhält Dampf aus dem Rohr 1—2. C ist ein Düsenkopf, D ein Schutzrohr. Heißdampf wird in Richtung der strömenden Gase stoßweise abgegeben, sobald sich Asche im Flammrohr angesammelt hat. Auf eine Flammrohrlänge entfallen mehrere solcher Köpfe.

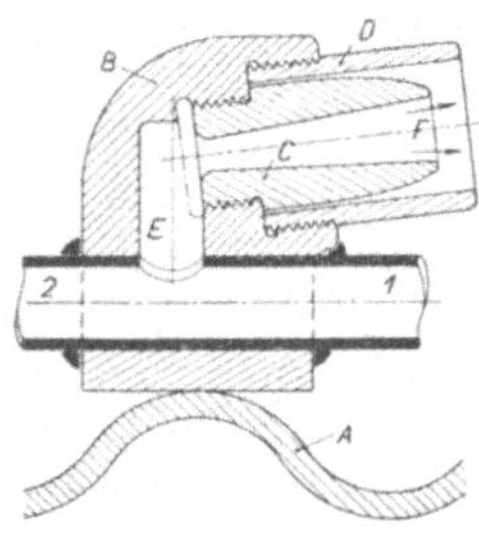

Abb. 188. Aschenbläser für Flammrohre.

Zur Aschenbeförderung dient heiße Luft besser als Dampf. Bei vielen Kesseln wird die Asche durch Absaugen entfernt, namentlich kann Holzasche ohne jede Schwierigkeit abgesaugt werden.

Abb. 189 zeigt noch einen federnden Rohrkratzer zum Durchstoßen von Rauch- bzw. Siederohren von Hand. Dieser hat sich gut bewährt.

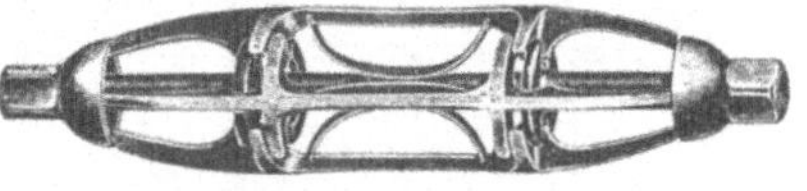

Abb. 189. Federnder Rohrkratzer.

T. 4. Das Abkühlen und das Anheizen der Kessel.

Beim Abkühlen zur inneren Befahrung der Kessel läßt man den Dampf abblasen; das Abblaseventil bleibt offen, um eine Luftleere, die sich nach der Abkühlung des Kesselinhaltes bilden könnte, zu verhüten; ein so entstandenes Vakuum kann Unfälle beim Öffnen der Kessel verursachen, zum mindesten dem Manometer schaden.

Zugschieber, Aschenfall- und Feuertüre werden vollständig geöffnet, der dadurch verursachte Luftzug beschleunigt die Abkühlung. Kleinere Kessel sollen mindestens 12, größere bis 48 Stunden lang abgekühlt werden.

Kann ein Kessel nur schwer dem Betrieb entzogen werden und gebricht es an der für die natürliche Abkühlung von Mauerwerk und Kesselinhalt nötigen Zeit, so kann man zur Beschleunigung durch die Speiseleitung kaltes Wasser langsam zufließen lassen, das warme Kesselwasser fließt dabei durch das Abblaserohr ab. Gewaltsame Abkühlung eines Kessels durch Bespritzen der Wände mit kaltem Wasser aus der Druckwasserleitung, während das Mauerwerk noch heiß ist, ist von größtem Nachteil für den Kessel, ein solches Verfahren ist unstatthaft.

Ein Kessel darf mit Speisewasser erst wieder gefüllt werden, nachdem er vollständig abgekühlt ist. Das Anheizen hat langsam zu erfolgen. Bis das Wasser kocht, bleibt das Dampf-Abblaseventil geöffnet, zur Entfernung der Gase.

T. 5. Vorbereitungen zum Befahren der Kessel (nicht außer acht zu lassen!)

Zur Wahrung persönlicher Sicherheit ist folgendes zu beachten.

Dampf-, Wasser- und Schlammleitungen des zu befahrenden Kessels sind von betriebenen Nebenkesseln abzuflanschen. Der Kessel muß genügend abgekühlt sein. Für reichlichen Zutritt frischer Luft zum Kesselinnern ist zu sorgen, solange sich Menschen dort aufhalten.

Elektrische Handlampen und ihre Leitungen sind vor der Benützung genau zu untersuchen. In schlechtem Zustand befindliche sind zurückzuweisen. Schwere Unfälle sind auf die schlechte Beschaffenheit der Lampenfassungen und Kabel zurückzuführen. Die Verwendung von Kerzen ist in vielen Fällen vorzuziehen; ein Grund ist u. a. der, daß eine Kerze in schlechter Luft oder bei Luftmangel schlecht brennt oder löscht (Anwesenheit von Kohlensäure).

Bei elektrisch geheizten Kesseln ist der Betriebsstrom durch das Herausnehmen von Trennmessern zuverlässig zu unterbrechen, Gelenk-Trennmesser sind bei ausgeschaltetem Strom zu verriegeln und alles ist zu tun, um Irrtümer zu verhüten.

U. Die Anlegung von Dampfleitungen und ihr Wärmeschutz. *)

U. 1. Die Anlegung von Dampfleitungen.

Dampfleitungen sind mit Gefälle zu verlegen; das Kondensat muß mit dem Dampfstrom fließen, nicht gegen denselben. Am Kessel sind

---

*) Näheres hierüber im Jahresbericht 1919 des Schweizerischen Vereins von Dampfkesselbesitzern, Höhn: „Sammlung und Speisung der Kondensate".

die Dampfleitungen, die zur Fabrik gehen, hoch zu führen, die ganze Strecke in einzelne, lange Gefällstrecken einzuteilen; am Ende jeder Strecke ist die Leitung wieder hoch zu nehmen. Jede Strecke ist für sich zu entwässern, z. B. durch Kondenstöpfe.

Dampfleitungen müssen vor Abkühlung und Witterungseinflüssen geschützt werden. Man wird sie möglichst in Gebäudeteilen unterbringen, nicht durchs Freie führen. Bei Straßenkreuzungen ist die Verlegung der Leitungen in einen unterirdischen Gang (Tunnel) besser als die Führung im Freien. Bei Leitungen, die im Boden verlegt sind in mit Sand gefüllte Kanäle ist der Wärmeschutz ungenügend, sie sind für Ausbesserungen auch zu wenig zugänglich. Schlecht angelegte Dampfleitungsnetze sind in den Fabriken usw. häufig anzutreffen; dabei entstehen oft erhebliche Wärmeverluste; diese können erheblich größer sein als bei schlechter Kesselwartung.

U. 2. Wärmeschutz bei Dampf- und Heißwasserleitungen.

Es ist im Sinne der Wirtschaftlichkeit dringend nötig, Rohrleitungen für Dampf und heißes Wasser vor Wärmeverlusten durch Leitung und Strahlung zu schützen. Sie werden zu diesem Zweck „isoliert“, d. h. mit einer schützenden Hülle umgeben.

Der Wert, Dampfleitungen zu isolieren, ist in Abb. 190 und 191 zu erkennen; Abb. 190 zeigt den stündlichen Wärmeverlust in kcal (= WE), Abb. 191 die Wärmedurchgangszahl. Man erkennt die hohe Lage der Kurven a bei nackter Leitung. Danach gehen bei 1 m² nicht isolierter Leitungsoberfläche in einem geschlossenen Raum z. B. bei 100° C Übertemperatur (Abszisse 100) stündlich 1200 kcal verloren und bei 200° C Übertemperatur (Abszisse 200) 3400 kcal; in diesem Fall ungefähr die Hälfte des Heizwertes von 1 kg Kohle. Bei guter Isolierung dagegen vermindert sich dieser Verlust auf einige 100 kcal.

Die Abszissenwerte von Abb. 190 und 191 reichen bloß bis 200° C, wächst die Übertemperatur weiter, so steigen auch die Verluste. Es ist vorteilhaft auch die Flanschen zu isolieren.

U. 3. Die Isolierstoffe.

Als Isolierstoffe gelten: Asbest (weiß und blau) Kieselgur, Formstücke aus einem gebrannten Kieselgur-Ton-Gemenge, genannt Diatomit, natürlicher und künstlich behandelter Kork („Expansit“, „Korkstein“), Schlackenwolle, Glasgespinst. Baum- und Schafwolle seltener. In neuerer Zeit wurde versucht, Aluminiumfolien zu verwenden, d. h.

papierdünn ausgewalztes Aluminium; solche Blätter werden beim Gebrauch zerknittert. Kieselgur oder Infusorienerde besteht aus den Kieselpanzern (Skeletten) von kleinen Lebewesen der Vorzeit, Diatomeen oder Infusorien genannt, Fundort sind die Becken früherer Seen.

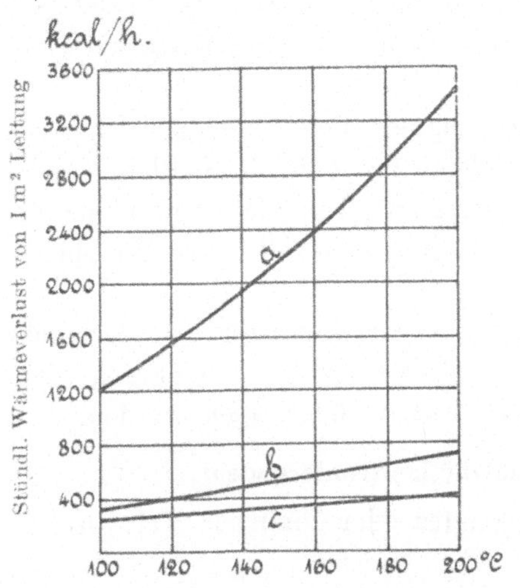

Auf der Abszissenachse ist die Übertemperatur des Dampfes (d. h. diejenige über der Luft) aufgetragen.

Abb. 190.

Stündlicher Wärmeverlust von 1 m² nackter und isolierter Rohrleitung bei verschiedenem Temperaturgefälle zwischen Dampf und Luft [nach Eberle*)].

a stündl. Wärmeverlust von 1 m² nackter Leitung.

b stündl. Wärmeverlust von 1 m² gut isoliert. Leitung ohne Flanschverkleidung.

c stündl. Wärmeverlust von 1 m² gut isoliert. Leitung mit Flanschverkleidung.

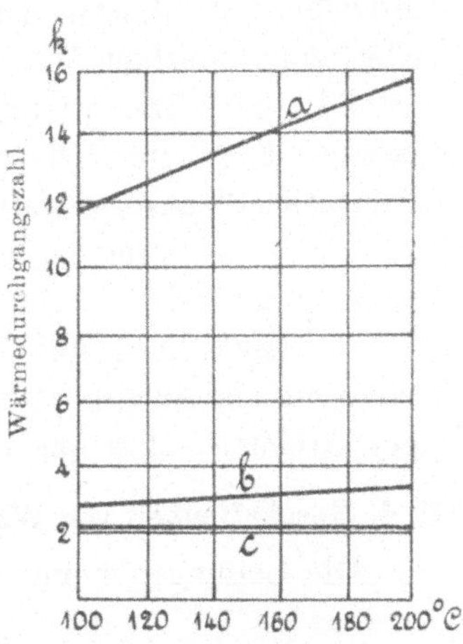

Auf der Abszissenachse ist die Dampftemperatur aufgetragen.

Abb. 191.

Wärmedurchgangszahl k für nackte und isolierte Rohrleitungen [nach Eberle].

a stündl. Wärmeverlust von 1 m² nackter Leitung.

b stündl. Wärmeverlust von 1 m² gut isoliert. Leitung ohne Flanschverkleidung.

c stündl. Wärmeverlust von 1 m² gut isoliert. Leitung mit Flanschverkleidung.

---

*) Z. d. bayer. Rev.-Ver. 1908, S. 190. Den Druckabfall z (at) in einer Dampfleitung berechnet Eberle gemäß

$$z = \beta\,\gamma\,\frac{l}{d}\,w^2 \qquad\qquad (kg/cm^2)$$

worin γ das Gewicht von 1 m³ Dampf (spez. Gewicht) in kg, l Länge und d Durchmesser der Leitung in m, w mittlere Dampfgeschwindigkeit in m/sek und β der Leitungswiderstand, eine Zahl, die für Sattdampf und für Heißdampf im Mittel $= 10{,}5 : 10^8$ gesetzt werden kann.

Namhafte Lager finden sich in der Lüneburger Heide, in Böhmen bei Bilin und in andern Ländern. Der hohe Widerstand dieses Materials, das gleichzeitig unverbrennbar ist, gegen Wärmeleitung beruht in den allerdings nur mikroskopisch feststellbaren geschlossenen Luftzellen. Auch im Kork und andern hochwertigen Isoliermitteln finden sich Luftzellen. Wellkarton ist ebenfalls wegen der geschlossenen Luftzellen ein schlechter Wärmeleiter.

Für hohe Dampftemperaturen eignen sich Formstücke aus gebrannter Kieselgur (Diatomit), sodann ist Asbest in Platten oder Matratzen (Blauasbest-Matratzen) geeignet. Um die Abstrahlung der Isolierhülle zu verhüten, wird diese mit Baumwoll- oder Weißblechstreifen umwunden.

Die Herstellung und Anbringung von Isolierungen erfordert hohe technische und auch physikalische Sachkenntnis; die Ausführung wichtiger Arbeiten sollte nur bewährten Firmen übertragen werden.

U. 4. Beschaffenheit von Wärmeschutzhüllen (Isolierungen).

Die Leitungen können in folgender oder ähnlicher Weise isoliert werden:

a) für Speisewasser-, Kondenswasser-, sowie Niederdruckdampfleitungen: Korkschalen, auch Isolierpolster, Karton-Abglättung, Tuch-Einband, Dextrin (Kleister-) und satter Ölfarben-Anstrich.

b) für Dampfleitungsrohre für 2—5 at Dampfdruck (ca. 150^0 C) eignen sich am besten Korkschalen über einem 5 mm dicken Kieselgur-Unterstrich. Die Schalen müssen gut verfugt werden. Darüber eine Abglättung wie oben angegeben. Eine zweite Isolierschicht kann nur bei Verwendung eines mindestens 10 mm dicken hitzebeständigen Unterstrichs aus Kieselgur-Komposition in Frage kommen. Eine Isolierung in zwei Schichten entspricht ihrem Zweck besser als in einer einzigen, jedoch dickeren Isolierschicht.

c) für Dampfleitungsrohre für rund 6 at Dampfdruck und mehr, bzw. mehr als 160^0 C sollen nur hitzebeständige Stoffe verwendet werden, Formstücke aus gebrannter Kieselgur oder hochwertiger Asbest.

Sämtliche isolierten Flächen sollen mit Baumwollstoff bandagiert, an den Rohr-Endstellen mit Zinkblechstulpen abgeschlossen werden. Die Oberfläche wird mit heller Glanzfarbe gestrichen. Eine glänzende Oberfläche vermindert die Wärmeabstrahlung (vergl. C 13).

Die Flanschen können durch Blech- oder Korksteinkappen (Abb. 193) leicht isoliert werden, wobei wenigstens die intensivste Abstrahlung verhütet wird. Abb. 192 und 193 zeigen zwei Beispiele von Isolierungen, Abb. 192 (oben) eine solche mit Diatomit-Formstücken für einen Dampf-druck über 8 at oder leicht überhitzten Dampf), Abb. 193 (unten) eine solche mit folgenden von rechts nach links betrachteten Mitteln: hitzebe-ständige Unterlage aus Asbest-Bändern, Isolierzöpfe, Karton-abglättung, Bandage, Ölfarben- oder Asphaltlack-Anstrich.

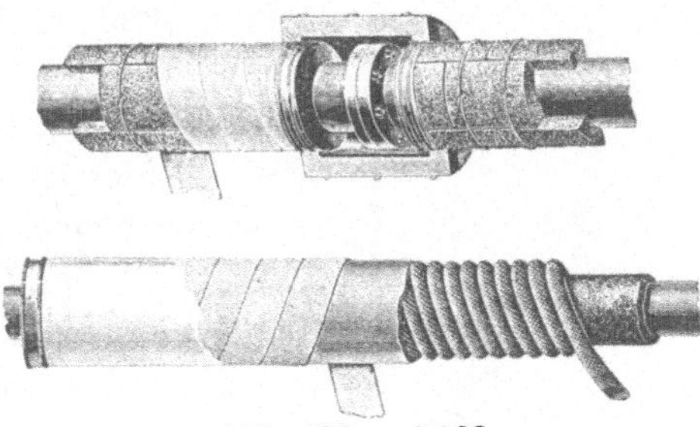

Abb. 192 und 193.
Zwei Beispiele von Isolierungen.

V. Über die Sammlung und Speisung von Kondensaten.*)

V. 1. Zweckmäßigkeit der Sammlung der Kondensate.

„Kondensat" oder „Niederschlagswasser" entsteht bei der Um-wandlung von Dampf in Wasser bei einer Abkühlung (Änderung des Aggregatzustandes). Die Verwendung der Niederschlagswässer ist zweckmäßig und nützlich. Sie sind härtefrei; die Schwierigkeiten, die der Kesselstein im Speisewasser mitbringt, fallen weg. Gewöhnlich sind sie auch heiß, ein Wärmegewinn ist somit erzielbar. Ein Bei-spiel möge dies erläutern. Ist der Heizwert von 1 kg Kohle 6500 kcal, die von diesem kg nutzbar gemachte Wärme 70 % oder 4550 kcal, so wird bei der Speisung von Kondensat von 45 ⁰ C gegenüber Wasser von 0 ⁰ C 1 % Kohle erspart. Die praktische Ersparnis ist aber größer, und Geldaufwendungen zum Zweck der Nutzbarmachung der Kon-densate lohnen sich reichlich.

V. 2. Die Ausscheidung der Kondensate.

Zur Wasserabscheidung dienen die in die Kessel eingebauten quer gestellten Bleche und Siebe, die man im Dom oder im Dampf-sammler anbringt. Gründlicher wird das Wasser durch Gefässe, die man in die Leitungen einschaltet, abgeschieden. Im Dampfmaschinen-

---

*) Es wird empfohlen, hierüber die im Jahresbericht 1919 des Schweize-rischen Vereins von Dampfkessel-Besitzern erschienene Druckschrift: Höhn, „Die Sammlung und Speisung von Kondensaten" nachzulesen.

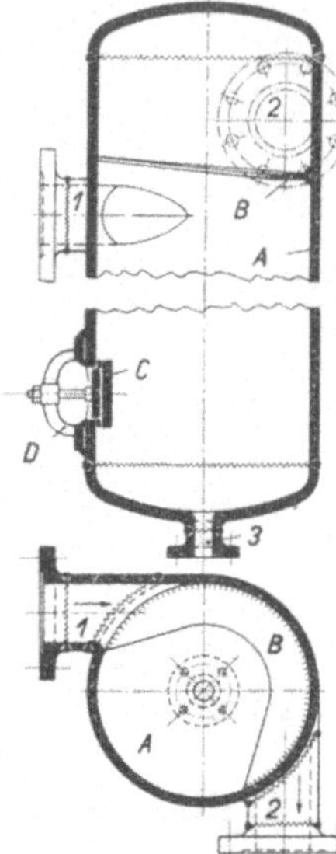

Abb. 194 und 195.
Wasserabscheider für
Dampfturbinen.

oder Dampfturbinenbetrieb ist es nötig, vor der Maschine bzw. Turbine das Wasser aus dem Dampf abzuscheiden, auch bei der Verwendung von Heißdampf, denn auch dieser kann erfahrungsgemäß Wasser mit sich führen. Dies ist insbesondere bei Inbetriebsetzungen der Fall. Ein solcher Wasserabscheider ist in Abb. 194 und 195 dargestellt. *A* ist der Mantel des Wasserabscheiders, Dampf-Zuströmung bei *1*, Abströmung durch *2*, beide Leitungen tangential angeordnet. Die Leiste *B* verhindert das Aufsteigen des abgefangenen Wassers in die Ausströmungsleitung *2*. Durch Leitung *3* wird das Kondensat abgeführt.

V. 3. Die Entfernung der abgeschiedenen Kondensate aus den Leitungen. Die Sammlung der Kondensate.

Zur Entfernung des Niederschlagswassers aus Kammern und Leitungen, die solches enthalten, dienen Vorrichtungen, genannt Kondenswasser-Ableiter und Kondenstöpfe; vergl. V 4 bis V 7. Das ausgeschaffte Kondensat soll durch Leitungen abgeführt werden, die isoliert sind; es soll in ebenfalls isolierten Behältern (Kondenswasser-Sammelbehältern) gesammelt werden; diese müssen geschlossen sein, um Wärme-Verluste zu vermeiden und um mit Luft möglichst wenig in Berührung zu kommen. Ein Sammelbehälter ist in Abb. 196 dargestellt. Kondenswasser - Zuleitungen bei *A*, Wasserstandsglas bei *E* und Fern -Wasserstandszeiger bei *F*. Überlauf bei *D*. Entlüftungsrohr mit Siphon bei *B*.

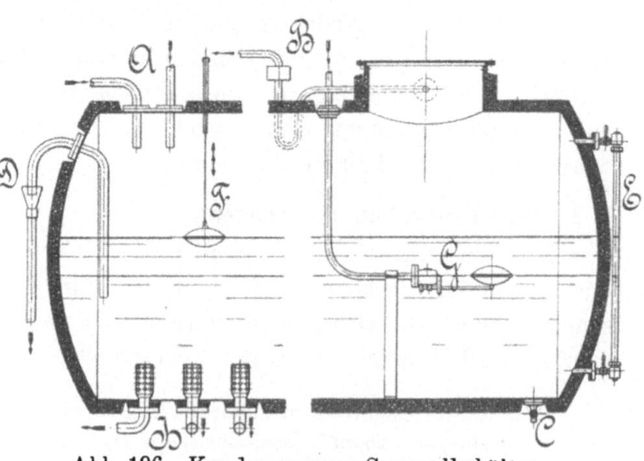

Abb. 196. Kondenswasser-Sammelbehälter.

Die Verwendung offener Speisewassergruben ist zu vermeiden wegen vieler Übelstände: Undichtheiten und Wärmeverluste, sodann wegen Sauerstoffaufnahme aus der Luft in der Spiegelfläche. In der Regel sind solche Gruben zudem voller Schmutz. Alte Gruben sind durch Behälter gemäß Abb. 196 zu ersetzen.

Das Kondensat muß stets am tiefsten Punkt der Fabrik gesammelt werden, da wo es durch natürliches Gefälle hin gelangen kann. Von hier kann es vermittels Pumpen direkt in die Kessel gespeist werden; es ist möglich, die Pumpen mittels elektrischen Antriebs aus der Ferne zu steuern. Kondenswasser-Sammelbehälter und Pumpe brauchen also nicht notgedrungen nahe beim Kesselhaus aufgestellt zu werden.

V. 4. Die Metallrohr-Dehnungs-Ableiter.

Beim Herausschaffen des Kondensates aus Leitungen, die unter Dampfdruck stehen, soll möglichst wenig Dampf verloren gehen. Die bezeichneten Ableiter beruhen meistens auf der ungleichen Dehnung verschiedener Metalle, daher die Bezeichnung Dehnungs - Kondenswasser - Ableiter. Zwei verschiedene Konstruktionen sind in Abb. 197 und 198 dargestellt. Bei dem oben gezeichneten Ableiter (Abb. 197) ist das Rohr B am Gehäuse A bei C befestigt. Von C her gelangt das (kältere) Niederschlagswasser oder aber der (wärmere) Dampf ins Rohr B. Mit Wasser gefüllt, kürzt sich

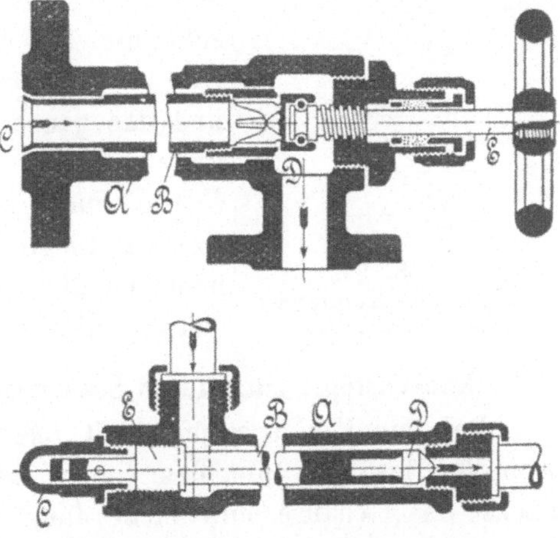

Abb. 197 (oben) und 198 (unten).
Zwei Metallrohr-Dehnungs-Ableiter verschiedener Konstruktion.

das Rohr und hebt seinen Sitz vom Ventil D ab, so daß Wasser ausläuft. Dampf strömt nach, das Rohr dehnt sich und preßt seinen Sitz gegen D, die Öffnung schließend. Die Spindel E dient zur Regelung.

Die Konstruktion gemäß Abb. 198 wirkt ähnlich.

Diese Dampfwasserableiter eignen sich nur für niedere Drücke, z. B. für Niederdruck-Dampfheizungen. Das Wasser kann nur in niedriger gelegene Leitungen abfließen, im Gegensatz zur Möglichkeit bei Kondenstöpfen, das Wasser zu heben. Eine beständige Kontrolle ist nötig zur Vermeidung von Dampfverlusten durch Undichtheiten.

V. 5. Kondenswasser-Ableiter mit Rohrfedern.

Der in Abb. 199 ersichtlichen äußern Form halber nennt man sie auch Halbmond-Kondenswasserapparate.

Die Rohrfeder G ist mit einer leicht siedenden Flüssigkeit gefüllt. Bei A tritt Dampf in den Apparat, er verläßt ihn wieder bei B; die Rohrfeder erwärmt sich dabei, dehnt sich wegen des Flüssigkeitsdruckes ähnlich wie eine Manometerfeder und schließt das Ventil C. Nach Erkaltung der Feder wird C wieder geöffnet, wobei das angesammelte Kondensat ausläuft. Später wiederholt sich das Spiel. Schraubenfeder F drückt den Sitz E der Rohrfeder satt auf die Spitze der Regulierschraube. Die Erfahrungen mit diesem Apparat sind nur mittelmäßige; die Rohrfeder wird lahm und das ganze Werk lotterig. Das nämliche kann auch von Apparaten, bei denen die Rohrfedern durch Wellrohre ersetzt sind, gesagt werden. Im Anschaffungspreis zwar billig, verursachen die Apparate oft große Dampf- bzw. Wärmeverluste.

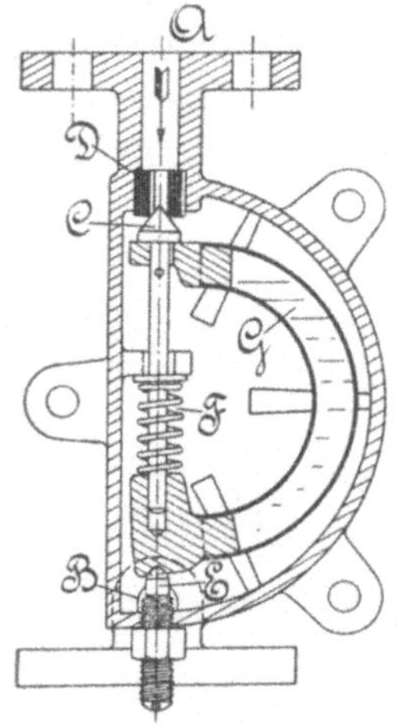

Abb. 199.
Halbmond-Kondenswasser-Ableiter.

V. 6. Kondenstöpfe mit offenen Schwimmern (Glocken-Kondenstöpfe).

Bei den Kondenstöpfen mit offenen Schwimmerglocken gemäß Abb. 200 bis 203 füllt das von M her zuströmende Kondensat zunächst das Gehäuse und fließt dann in die Glocke, bis diese das Übergewicht erhält und sinkt. Sie nimmt die Ventilstange E mit; das Ventil C öffnet sich, und der Glockeninhalt wird durch B und N fortgedrückt, weil sowohl Gehäuse als Glockeninhalt unter Druck stehen. Aus diesem Grund kann das Kondensat auch hoch geschafft werden, nur muß der Druck im Kondenstopf denjenigen der Ausgußleitung übersteigen.

Die durch Wasserabfluß erleichterte Glocke schwimmt und steigt langsam hoch, das Ventil C schließend. So wird das Wasser in abgemessenen Mengen durchschleust ohne Dampfverlust. Das Wasser ist heiß, seine Temperatur entspricht dem Dampfdruck (C 10).

Wird nach einer Betriebspause z. B. am Montag früh eine Dampfleitung unter Druck gesetzt, so muß der zugehörige Kondenstopf erst entlüftet werden. Dies geschieht von Hand durch Hahn H oder aber selbsttätig durch die in Abb. 203 (rechts) gezeichnete Einrichtung. Das Messingrohr Q kürzt sich bei der Zuströmung von Luft; der unten befestigte Eisenstab S hebt dann Ventil V ab; wenn Dampf ankommt, dehnt sich das Messingrohr, das Ventil V schließend.

Soll ein Kondenstopf ausgeschaltet werden, so geschieht dies durch Schließen des Ventils F und Öffnen des Ventils G der Umlaufleitung $T-T$.

Um das hochgehobene Dampfwasser am Rückfluß in den Topf zu verhindern ist beim Kondenstopf gemäß Abb. 204 ein besonderes Rückschlagventil R vorhanden. Bei den Töpfen gemäß Abb. 204 u. 205 ist die Umlaufleitung im Topf selber eingebaut; sie wird durch Ventil M bei I (204), durch Ventil G bei II (205) eröffnet. Bei II erfolgt die Entlüftung bei K. Die Ventile

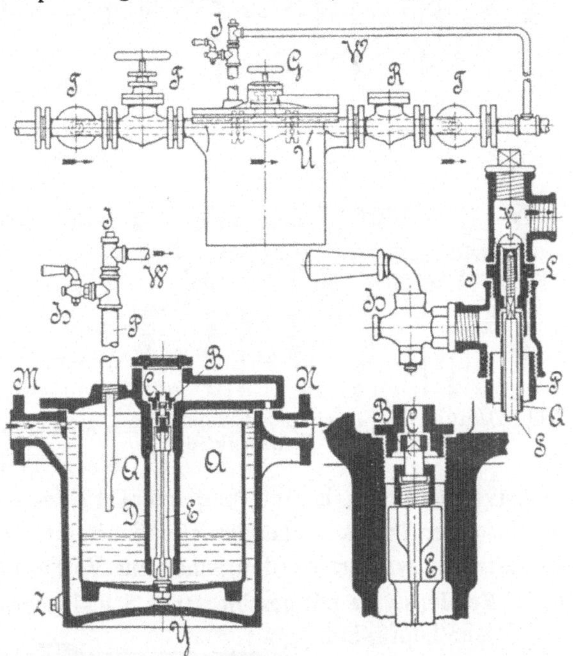

Abb. 200 (oben) Kondenstopf mit offener Schwimmerglocke mit Umlaufleitung. Abb. 201, Schnitt durch den Topf. Abb. 202, Schnitt durch das Ventilgehäuse. Abb. 203, Schnitt durch den Entlüfter.

C_1 und C_2 bilden bei II ein Stufenventil, zur Verminderung des Widerstandes beim Fallen der Schwimmerglocke.

Kondenstöpfe müssen immer sorgfältig unterhalten werden. Sie sind von Zeit zu Zeit zu entschlammen (Schraube Z, Abb. 201). Ist die Ventil-Öffnung bei C zu stark abgenützt, so kann es vorkommen, daß der ganze Topfinhalt restlos ausbläst, so daß Dampf nachströmt. Der Durchgangsquerschnitt des Ventilsitzes bei C, Abb. 202, muß dem Überdruck angepaßt sein. Die Hülse B, die den Ventilsitz enthält, sollte aus hartem, nicht rostendem Metall bestehen, das der ausschleifenden Wirkung des Dampfes möglichst lange widersteht. Jede Fabrik, die Kondenstöpfe braucht, sollte nur ein System halten; einige Töpfe im Vorrat erleichtern die Auswechslung. Obwohl eine Dampfanlage sorgfältig entwässert werden muß, schon zur Verhütung von Wasserschlägen, ist es doch weder zweckmäßig noch wirtschaftlich, möglichst viel Kondenstöpfe zu verwenden; man sollte sich im Gegenteil auf das Notwendigste beschränken. Jeder Kondenstopf bringt Wärmeverluste mit sich, einerseits durch Wärme-Leitung und Strahlung, anderseits verliert heißes Wasser, welches den Kondenstopf verläßt, einen Teil seiner Wärme durch

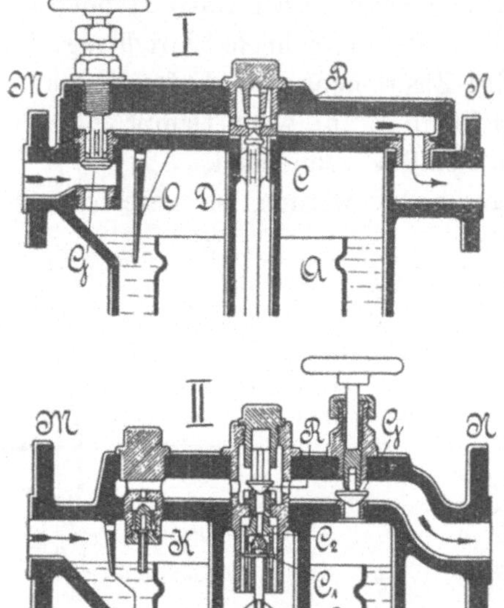

Abb. 204 und 205. Glocken-Kondenstöpfe in verschiedener Konstruktion.

Selbstverdampfung (Erläuterung unter C 12), es sei denn, daß der Ausguß in ein unter Druck stehendes Gefäß erfolgt. Eine Dampfanlage muß sorgfältig entwässert werden, schon zur Verhütung von Wasserschlägen.

V. 7. Kondenstöpfe mit geschlossenen Schwimmern.

Solche Töpfe sind in Abb. 206 und 207 dargestellt. Die Wirkungsweise ist ohne weiteres daraus ersichtlich.

Das Ventil wird durch den Schwimmer in der Höhe eingestellt, daß zufließendes Kon-

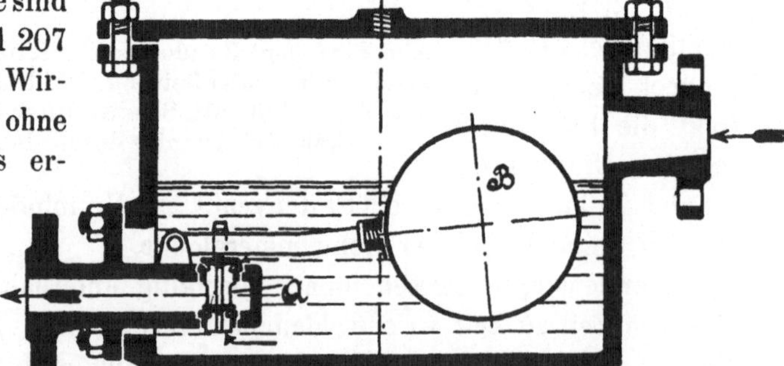

Abb. 206. Kondenstopf mit geschlossenem Schwimmer für geringen Druck.

densat in gleicher Menge abfließt. Die Wirkungsweise solcher Töpfe ist infolgedessen eine ruhige, keine stoßweise wie bei den Töpfen mit offener Glocke. Das Ventil A, zur Entlastung doppelsitzig ausgeführt, liegt unter Wasser, Dampf tritt daher seltener aus als bei den Glocken-Kondenstöpfen.

Heute wendet man solche Töpfe auch bei hohem Druck an, für Heißdampf sind überhaupt nur diese möglich. Die Gehäuse werden in runden Formen ausgeführt und der kugelförmige Schwimmer H (Abb. 207) erhält Preß-luft- oder Preßgasfül-lung, gegen Einbeulung. Das Ventil C wird durch einen Winkelhebel EFG betätigt. An Stelle der Ventile findet man bei andern Konstruktionen kleine Schieber ange-wendet. Bei der Kon-struktion gemäß Abb. 207 kann der Deckel B samt Hebelwerk jeder-zeit aus dem Gehäuse A

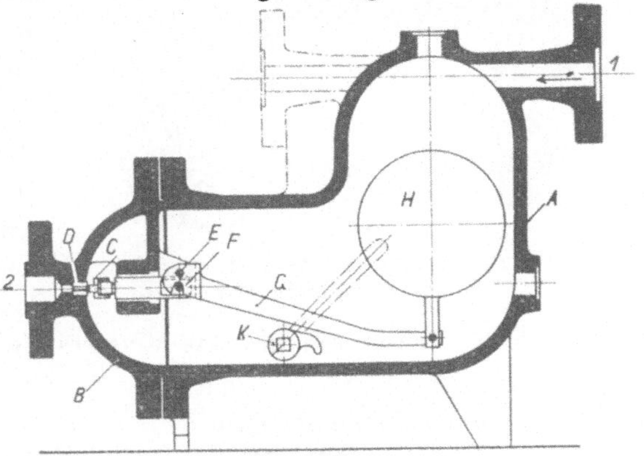

Abb. 207. Kondenstopf mit geschlossenem Schwimmer für hohen Dampfdruck oder über-hitzten Dampf.

herausgenommen werden. Ventil C und Ventilsitz D bestehen aus hartem, nicht rostendem Stahl. Diese Töpfe führen sich gut ein in der Industrie, trotz hoher Kosten.

V. 8. Selbsttätige (automatische) Rückspeisung von Dampfwässern.

Hiefür gibt es Apparate verschiedenen Systems; alle gleichen sich darin, daß das am tiefsten Punkt des Rohrnetzes angesammelte Kondens-wasser über die Kesseldecke hoch gehoben wird und von da durch Schwerkraft dem Kesselinnern zufließt. Jede dieser beiden Stufen be-nötigt einen besondern Apparat, der erste dient zur Hebung, der andere zur Speisung des Wassers in den Kessel. Zur Hebung werden bisweilen Kondenstöpfe benützt. Ein Apparat, der zur Speisung dient, ist in Abb. 208, ein anderer in Abb. 209 gezeigt. Der erstgenannte ist amerikanischer Konstruktion (Bundy). Die Birne A wird durch das Gegengewicht C in der obern Stellung festgehalten, bis sie mit Kondenswasser aus den Kondenstöpfen oder dem untern Apparat an-gefüllt ist. Bei Übergewicht sinkt die Birne und stellt den Kondensatzu-

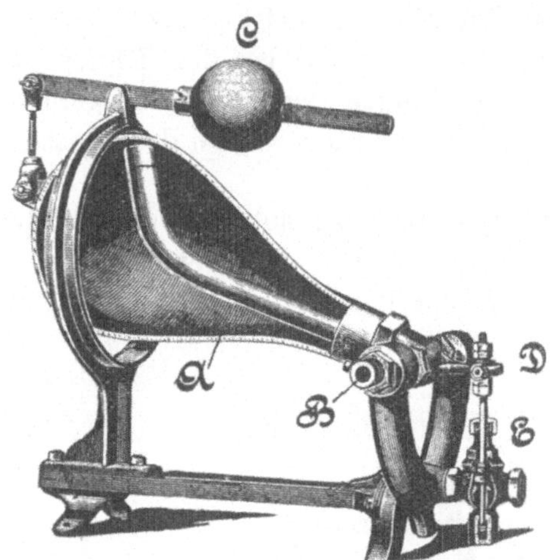

Abb. 208. Automatischer Rückspeiseapparat liegender Bauart.

fluß ab. Gleichzeitig wird durch Ventil E eine Verbindung mit dem Kessel geöffnet; der in die Birne vordringende Kesseldampf stellt den Druckausgleich her. Das Wasser fließt durch Schwerkraft dem Kessel zu. Nach der Entleerung geht die Birne wieder in die obere Lage zurück.

Ähnlich ist die Wirkungsweise des in Abb. 209 dargestellten Apparates mit Schwimmer. Ist das Innere A mit Wasser angefüllt, so hebt der Schwimmer B das Ende des Hebels F; dieser schließt das Wassereinlaßventil H und öffnet das Dampfeinlaßventil G. Zwischen Apparat und Kessel findet Druckausgleich statt und das Wasser fließt durch eigene Schwere dem Kessel zu, seinen Weg durch das Rückschlagventil K nehmend. Der Kesseldampf, der zum Druckausgleich im Apparat gedient hat, entweicht nach erneuter Umsteuerung aus dem Apparat. Alle diese Apparate veranlassen viel Wärmeverluste und geben zu fortwährender Ausbesserung Veranlassung. Zweckmäßiger ist die Speisung der Kondensate vermittels Pumpen.

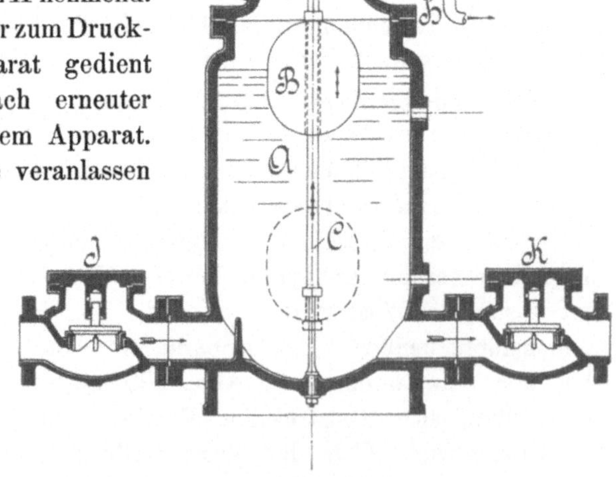

Abb. 209. Automatischer Rückspeiseapparat
stehender Bauart.

V. 9. Die Kontrolle der Kondenswasserableiter.

Die Verwendung von Kondenswasserableitern verursacht einen
steten Kampf gegen die Undichtheiten. Oft ist man im Unklaren,
ob der Ableiter dicht sei, in vielen Fällen entstehen deswegen
erhebliche Wärmeverluste. Diese können bei Anwendung von Kontrollapparaten, wie in Abb. 210 dargestellt,
vermieden werden. Der Apparat besteht aus einem mit
einem großen Schauglas versehenen Gehäuse; im Innern
sind zwei Rippen so angebracht, daß sich ein Wassersack bildet. Von Auge läßt sich erkennen, ob Wasser
allein, Wasser und Dampf gleichzeitig, oder endlich
Dampf allein durch den Kontrollapparat fließt. Im
letzten Fall, d. h. bei starken Undichtheiten wird der
Wassersack durch Dampf weggeblasen und der Apparat
unter dem Glas erscheint leer. Der Zeitpunkt für die
Ausbesserung des Kondenswasser-Apparates ist dann gekommen.

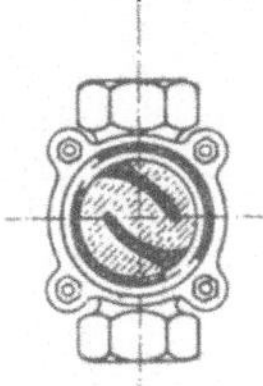

Abb. 210.
Apparat z. Kon-
trolle der Kon-
denswasser-
Ableiter.

V. 10. Entfernung von Öl aus dem Speisewasser.

Die Entfernung von Öl aus dem Speisewasser vor der Sammel-
stelle ist dringend notwendig; die Gründe hiefür sind in Kap. R
angegeben. Das einfachste ist die Benützung eines Ölfängers gemäß
Abb. 211. Bei A und B sind Körbe, gefüllt mit Sägespänen oder

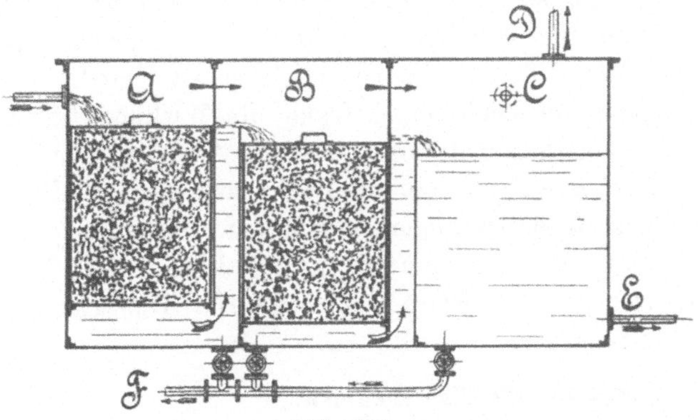

Abb. 211.
Ölfänger für Kondenswasser.

Koks, angegeben; sie sind herausnehmbar, denn der Inhalt muß stets
innerhalb nützlicher Frist erneuert werden. Der Schwadendampf zieht
bei D, das entölte Kondensat bei E ab, Schlamm bei F.

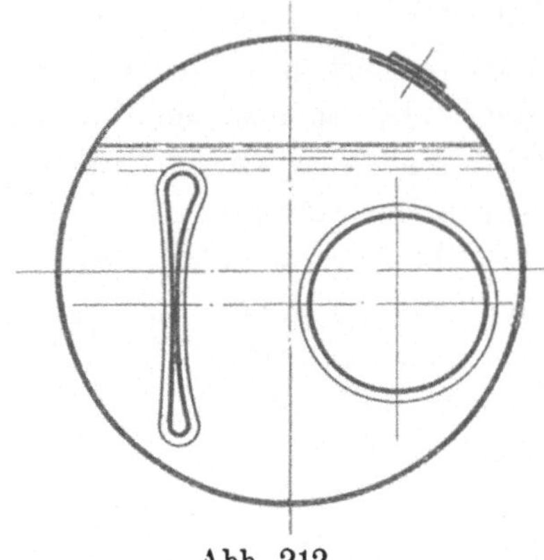

Abb. 212.
Wellflammrohr eingebeult wegen ölhaltigem Kesselstein.

Ein abschreckendes Beispiel dafür, wie es kommen kann, wenn Öl in den Kessel gelangt, gibt Abb. 212. Das betreffende Flammrohr ist im Jahr 1920 eingebeult worden, es gehörte zu einem Kessel, der im mittleren Teil der Schweiz aufgestellt ist. Die auf dem eingedrückten Wellflammrohr vorgefundene Kesselsteinschicht war nur 1 bis 1,5 mm dick; sie war so stark ölhaltig, daß Schiefern davon mit einem Zündhölzchen angesteckt werden konnten.

W. Packungsmittel für Flanschen. Schmiermittel.

W. 1. Beschaffenheit der Flanschen.

Die Flanschen können an den Dichtungsflächen eben sein, sie können auch versetzte Fugen oder eingedrehte Nuten aufweisen. Im ersten Fall kann die Dichtungsscheibe ohne Schwierigkeit zwischen zwei Flanschen eingeschoben werden, nach Wegnahme der Schrauben, dagegen ist eine solche Scheibe nicht sehr widerstandsfähig gegen die Wirkungen des Druckes vom Rohr her, sie wird leicht heraus gepreßt. Werden Rillen in die ebenen Flanschen eingedreht, so wächst der Widerstand der Dichtung. Gegen die Wirkung hohen Druckes müssen die Flanschen mit konzentrischen Absätzen oder Nuten versehen werden, in welche man die Packungen einlegt; die Schwierigkeit, die Packung einzubringen, nimmt damit allerdings zu.

Sauber bearbeitete und parallel liegende Dichtungsflächen sind von größter Wichtigkeit. Die Schrauben müssen übers Kreuz angezogen werden.

W. 2. Packungsmittel für Flanschen usw.

Das einfachste Packungsmaterial besteht aus Papier oder Karton, in Öl oder Mennig getränkt. Nur zähe Ware ist verwendbar. Die Scheiben werden 48 Stunden lang in gekochtes Leinöl eingelegt. Solche Packungen sind aber nur bei niederem Druck und geringer Temperatur zulässig, z. B. bei Kaltwasserleitungen, weniger bei solchen mit heißem Wasser oder Niederdruckdampf. Auch Gummipackungen mit Stoffeinlagen werden bei Kaltwasserleitungen verwendet. Gummi darf nicht mit Öl in Berührung kommen.

Bei **Dampfleitungen** mit mittlerem Druck ist nur Asbest oder sogen. Klingerit verwendbar, bessere Sorten von Linoleum gehen auch. Klingerit besteht aus Asbest und Kautschuk; meistens wird Papierstoff und Talkum beigefügt, je nach der Güte der Ware. Es trägt zur Lebensdauer der Packungsscheiben bei, sie mit Graphitschmiere zu bestreichen, jedoch nur auf der einen Seite. Sie bleiben dann mit der andern Seite am Flansch kleben und halten länger, als wenn sie abfallen beim Auseinandernehmen der Flanschen. Asbest zerblättert gerne.

Mit wachsendem Druck muß man mehr und mehr zu metallischen Packungen übergehen, die einfachsten bestehen aus Drahtgeflecht und Mennigkitt. Bei mittleren Temperaturen fallen Scheiben, Reife oder Drähte aus Kupfer in Betracht. Hiezu eignet sich Elektrolyt-Kupfer vorzüglich, runde Reifen können auch

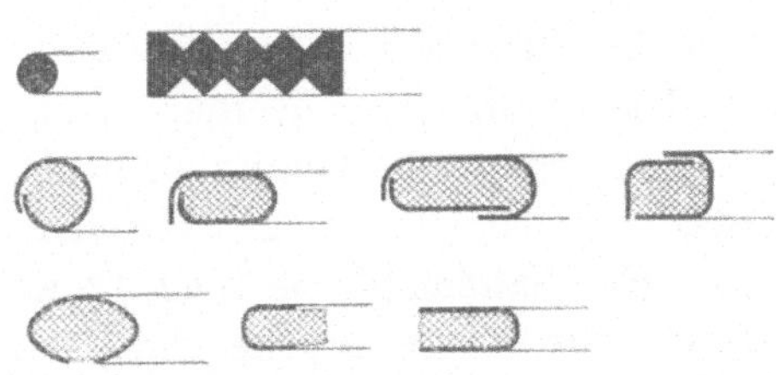

Abb. 213. Dichtungsringe.
Voller Querschnitt, Kupfer (oberste Reihe).
Geschlossene Reifen (mittlere Reihe).
Offene Reifen (unterste Reihe), diese aus
Kupfer mit Asbesteinlagen bestehend.

gelötet werden. Blei wird weniger verwendet wegen niedriger Schmelzbarkeit, es hält auch schwer, Bleipackungen gegen Druckwasser dicht zu bringen. Die Kupferreifen werden oft mit Rillen versehen, vergl. Abb. 213 oberste Reihe, die Spitzen derselben können dann leicht gegen die Sitzfläche angepreßt werden und die Hohlräume von Rille zu Rille dienen dem Zweck der Dichtung (Labyrinthdichtung, in jedem Hohlraum ist der Druckunterschied abgestuft).

Reifen aus Kupferblech mit Asbesteinlage, geschlossen, wie in der zweiten Reihe der Abb. 213 gezeigt, oder offen gemäß dritter Reihe, werden zu Dichtungszwecken häufig benützt, sie widerstehen dem Druck und sind dauerhaft. Bei Dampflokomotiven werden Metall-Linsen verwendet, diese haben den Vorzug großer Gelenkigkeit, sind aber teuer im Preis. Die Linsen werden vor dem Anbringen mit Kopallack beschmiert. Für höchste Temperaturen werden Dichtungsringe aus besonders weichem Eisen, eingelegt in die Nuten von Stahlflanschen, verwendet. Auch Linsen aus Eisen werden zu diesem Zweck benützt.

W. 3. Das Verpacken der Stopfbüchsen von Kolbenpumpen, besonders von solchen, die heißes Wasser fördern.

Hiezu darf Hanf nicht verwendet werden; dieses wird hart und greift die Kolbenstangen an. Vorzuziehen sind in Talg getränkte und mit Graphit eingeriebene Baumwollzöpfe. In wichtigen Fällen verwendet man Formringe aus Metall zur Kolbenstangendichtung.

W. 4. Das Verpacken von Mannlöchern.

Hiefür empfiehlt sich im allgemeinen die Verwendung von Asbestgewebe mit feiner Blei- oder Kupferdrahteinlage. Werden solche Packungsringe nach dem Herunternehmen in Vaselinöl getränkt und mit Graphit eingerieben, so sind sie mehrere Jahre benützbar.

W. 5. Das Verpacken von Jenkinsventilen.

Die Stopfbüchsen werden verpackt wie diejenigen von Kolbenpumpen. Sind die Ventile undicht, so müssen die Dichtungsringe ersetzt werden, oft genügt aber auch ein Drehen derselben auf dem Sitz. Für Sattdampf bis rund 12 at genügen Dichtungen aus Hartgummi, für höhere Drücke und überhitzten Dampf sind Nickel- oder Eisendichtungen notwendig.

W. 6. Schmieröle.

Als Öle zum Schmieren finden heute vorwiegend Mineralöle Verwendung. Die Schmieröle werden durch Destillation von Rohölen gewonnen, indem man die leichten Anteile wie Benzin, Leuchtpetroleum, Gas- und Treiböle (etwa bis 350°—400° C) abtreibt (vergl. K 15). Der Rückstand ist die Schmierölfraktion. Je nach dem Verwendungszweck gewinnt man aus diesem Rückstand durch Destillation im Vakuum und gegebenenfalls Raffination verschieden schwere und verschieden viscose (zähflüssige) Schmieröle. Besonders schwerflüssige Öle werden für Zylinder (Heißdampfzylinder und Verbrennungskraftmaschinenzylinder) verwendet. In gewissen Fällen, z. B. für Heißdampfzylinder setzt man den Mineralölen pflanzliche oder tierische Öle (Rüböl, Tran) bei. Für Spezialzwecke kommt auch Ricinusöl in Frage wegen seiner hohen Viscosität.

Für die Bewertung des Öles als Schmiermittel spielt neben anderen Faktoren die Zähigkeit (innere Reibung) die Hauptrolle. Sie wird heute noch meistens nicht in absolutem Maße gemessen, sondern durch empirische Meßmethoden, z. B. in Europa mit dem Engler-Apparat. Die Viskosität in Englergraden ausgedrückt, bedeutet die Ausflußzeit des betreffenden Öls aus einer Kapillare von bestimmter Länge und bestimmtem Durchmesser verglichen mit Wasser von 20° C bei Anwendung von 200 cm³ Flüssigkeit. Die absolute Zähigkeit und die Englergrade gehen nicht parallel.

Eine weitere Eigenschaft für die Kennzeichnung der Öle ist ihr **Flammpunkt**. Als Flammpunkt wird diejenige im Öl gemessene Temperatur bezeichnet, bei welcher die über dem Ölspiegel sich entwickelnden Öldämpfe durch eine Flamme entzündet werden. Die Höhe des Flammpunktes ist in gewißem Maß abhängig von der verwendeten Apparatur. Folgende Zahlentafel gibt Anhaltspunkte über Viskosität und Flammpunkt verschiedener Ölsorten. Die Anforderungen, welche an Öle für verschiedene Verwendungszwecke gestellt werden, sind noch nicht international einheitlich normiert.

	Flammpunkt ° C	Viscosität bei 50° C
Spindel	150 bis 170	1,5 bis 3
leichtflüssiges Maschinenöl	170 „ 190	3 „ 6
schwerflüssiges „	190 „ 230	6 „ 15
Zylinderöl	230 „ 300	15 „ 40
Heißdampföl	über 300	40 „ 70

Alte Ölreste sind nicht zu verschleudern; sie können filtriert werden, z. B. in einem Kasten, dessen Boden aus zwei Sieben besteht. Zwischen den Sieben wird Putzwolle oder Filtertuch eingebracht. Das Gefäß, in dem man das Öl auffängt, ist zu wärmen (mit einer Dampfschlange usw.), damit das Wasser sich setzen kann, welches gewöhnlich im Öl eingeschlossen ist. Auf einfache Weise kann Öl filtriert werden, indem man dasselbe durch Dochte aus einem oberen Gefäß in ein unteres absaugen läßt.

Aus ölhaltigem Wasser, das eine Emulsion bilden kann, kann das Öl meistens herausgeholt werden. Man bringt z. B. die Emulsion in einen weiten Behälter bei schwacher Erwärmung. Bei ausreichender Zeit wird eine Entmischung bis zu einem gewissen Grad eintreten. In größeren Betrieben sollen besondere Ölreinigungsapparate zur Verfügung stehen.

Ölige Putzwolle oder Putzlappen können zentrifugiert werden zum Zweck der Ölrückgewinnung. Das Öl selber kann in besondern Zentrifugen von festen Bestandteilen (Schmutz) befreit werden.

W. 7. Schmierfette.

Die hauptsächlichsten sind **Rindertalg** und **Starrschmiere**. Rindertalg, der nicht sauer sein darf, ist ein gutes wenn auch teures

Schmiermittel, verwendbar bei mittleren Temperaturen, bei denen er schmilzt und noch nicht brennt.

Gebräuchlicher als die Anwendung von Talg ist diejenige von Starrschmiere (konsistentem Fett). Solche Präparate bestehen aus Gemischen von Kalk- oder Alkaliseifen mit Öl. Diese Konsistenzfette sollen frei sein von kratzenden Mineralbestandteilen und einen dem Verwendungszweck angepaßten Tropfpunkt haben. Oft sind solche Konsistenzfette gefärbt, z. B. gelb, rot. Die Farbe hat mit der Güte nichts zu tun. Starrschmiere hat eine geringere Schmierfähigkeit als Öl, ist aber in Fällen ökonomischer, wo Öl abtropfen würde. Starrschmiere genügt nur da, wo an die Schmierung keine hohen Ansprüche gemacht werden.

W. 8. Sparsamkeit bei der Schmierung.

Man schmiere nicht blindlings, bis alles im Öl schwimmt. Die Schmiervorrichtungen müssen absperrbar sein. Schmierapparate mit Dochten, bei denen die letztern zum Unterbruch des Ölflusses gezogen werden können, genügen nicht, sie müssen durch Apparate, die man durch Hähne oder Ventile absperrbar macht, ersetzt werden. Alle veralteten Transmissionslager mit zu großem Ölverbrauch sollten ersetzt werden. Moderne Maschinen werden mit Zentralschmierung ausgerüstet.

Die Tropfschalen sollten dicht sein; sie müssen regelmäßig entleert werden.

W. 9. Die Behandlung von Putzwolle und Putzlappen.

Liegen schmierige Putzlappen herum, so ist das ein Zeichen von Unordnung. Ölige Putzwolle bildet außerdem eine hohe Gefahr für Brandausbrüche, sie ist nämlich äußerst leicht entzündbar, entzündet sich, durchsetzt mit Eisenfeilspänen, selbst, besonders, wenn sie noch der Sonne ausgesetzt wird. Verbrauchte Putzwolle ist daher in geschlossenen eisernen Behältern aufzubewahren.

X. Über Dampfmaschinen und Dampfturbinen.
X. 1. Die Dampfmaschinensysteme.

Man unterscheidet:

einstufige und mehrstufige (oder Compound-)Dampfmaschinen,

Auspuff- nnd Kondensations-Dampfmaschinen, auch solche mit Zwischendampf-Entnahme,

Sattdampf- und Heißdampfmaschinen,
gewöhnliche Kolben-(sogen. Wechselstrom-) und Gleichstrom-Dampfmaschinen.

Die Zylinder dieser Maschinen können nebeneinander und hintereinander angeordnet sein. Die Steuerungen werden eingeteilt in Schieber-,
Ventil- und Hahnsteuerungen. Maschinen mit Vor- und Rückwärts-
gang werden umsteuerbare (reversierbare) Maschinen genannt.

X. 2. Die Dampfmaschine.

a) Bei der einstufigen Maschine arbeitet der Dampf nur in 1 Zylinder, er verläßt dann die Maschine, sei es auf dem Weg in die
Luft (Auspuff), oder ins Wasser (Kondensation).

b) Bei mehrstufigen Dampfmaschinen strömt der Dampf vom
ersten Zylinder (Hochdruck) in spätere (Mitteldruck und Niederdruck).
Danach unterscheidet man 2 oder 3 Stufen. Die dritte Stufe ist in
der Regel mit Kondensation verbunden. Bei Lokomotivmaschinen
pufft der Dampf jedoch in die Luft aus, auch bei zweistufiger Bauart.

c) Der Abdampf aus einer Auspuff-Dampfmaschine kann einer
Wärmeverwendungsstelle z. B. der Heizung zugeführt werden. Der Auspuff des Dampfes in die Luft ist sehr unwirtschaftlich; mit der voll-
ständigen Verwertung der ihm innewohnenden Wärme zu Heizungszwecken wird anderseits der höchsten Anforderung an Wirtschaftlichkeit genügt.

d) Bei einer Kondensations-Dampfmaschine wird der Dampf
durch Wasser abgekühlt, infolgedessen entsteht ein Vakuum (ein
Unterdruck) das der Wassertemperatur entspricht (vergl. C11).

e) Eine Sattdampfmaschine wird mit direktem Kesseldampf betrieben.

f) Bei einer Heißdampfmaschine wird der Dampf überhitzt. Der
Überhitzer gehört stets zum Kesselaggregat; für sich geheizte Überhitzer sind zu wenig wirtschaftlich. Die Überhitzung kann 100 und
mehr $^{\circ}$C betragen, aber so, daß die Dampftemperatur nur rund 300 $^{\circ}$ C
erreicht, selten mehr, darüber hinaus versagt nämlich die Schmierung
einer Dampfmaschine. Wenn beispielsweise der Kesseldruck 12 at,
die Sattdampftemperatur also 190 $^{\circ}$ C beträgt, so kann um rund 110 $^{\circ}$ C
überhitzt werden, bis ca. 300 $^{\circ}$C erreicht wird. Über die Vorteile
der Überhitzung vergl. E5 und X5.

g) Bei einer Kolbendampfmaschine gewöhnlicher Bauart (Wechsel-
strom-Dampfmaschine) tritt der Dampf am gleichen Zylinderende aus,
an welchem er eingetreten ist, dagegen

h) befinden sich bei einer Gleichstrom-Dampfmaschine die Einlaß-Öffnungen an jedem Zylinder-Ende, für den Auslaß sind gemeinsame Öffnungen in Zylindermitte angeordnet. Diese Anordnung ist zweckmäßig und hat sich bewährt; der einströmende Dampf wird weniger rasch durch die Zylinderwand abgekühlt, als bei der Konstruktion gemäß g hiervor. Der austretende Dampf ist bekanntlich kälter als der eintretende, kühlt daher das Zylinderende beim Austritt entsprechend ab, was bei der Gleichstrommaschine vermieden wird. Bei Gleichstrom-Dampfmaschinen müssen die Kolben ungefähr so lang gemacht werden, als ihr Hub ist.

i) Zwillings-Dampfmaschinen sind 2 einstufige Dampfmaschinen (die Heißdampflokomotiven werden häufig als Zwillingsdampfmaschinen gebaut).

Tandem-Dampfmaschinen sind solche, bei denen beide Zylinder in einer Axe liegen, der Niederdruck-Zylinder vor oder hinter dem Hochdruckzylinder. Ein Triebwerk wird dann erspart.

Zweistufige Dampfmaschinen werden allgemein als Compoundmaschinen bezeichnet. Die' Kurbeln müssen unter 90^0 versetzt sein, soll eine Maschine leicht anfahren können. Stehen die Kurbeln unter 180^0 (Kolben gegenläufig, bei den früher gebräuchlichen Balancier-Maschinen auch gleichläufig), so werden solche Compoundmaschinen Woolf'sche Maschinen genannt.

k) Die einfachste Steuerung ist die Schiebersteuerung (Anwendung) in der Niederdruckstufe üblich). Für den Dampf-Ein- und Austritt werden hier die nämlichen Kanäle benützt, was gemäß h hiervor unvorteilhaft ist (Abkühlung der Eintrittskanäle). Ein- und Austritt sind getrennt bei Ventil-Maschinen sowie solchen mit Hahn-Steuerung (sogen. Corliß-Steuerung, früher in Amerika gebräuchlich).

l) Soll eine Maschine vor- und rückwärts laufen, wie bei Lokomotiven und Schiffen erforderlich, so muß die Steuerung nach Belieben umsteuerbar (reversierbar) sein. Am meisten werden Kulissensteuerungen hiezu verwendet (Systeme Stephenson, Gooch, Allan, Heusinger und Joy).

m) Bei der Zwischendampf-Entnahme bei Compound-Maschinen wird ein Teil des aus dem Hochdruck-Zylinder in den Niederdruck-Zylinder überströmenden Dampfes für Heizzwecke entnommen.

n) Als schädlichen Raum bezeichnet man denjenigen, der zwischen Kolben und Zylinderdeckel in der Totpunktlage des Kolbens, d. h. in seiner Endstellung, verbleibt.

o) An der Erfindung der Dampfmaschine hat sich am erfolgreichsten der Engländer James Watt beteiligt, an derjenigen der Lokomotive der Engländer Robert Stephenson, an derjenigen der Schiffsmaschine der Amerikaner Fulton.

X. 3. Die Dampfturbine.

Während bei der Kolbendampfmaschine der Dampf durch seinen statischen (ruhenden) Druck auf den Kolben wirkt, wobei die Arbeit vom Kolben durch das Kurbeltriebwerk auf die Antriebswelle übertragen wird, wirkt der Dampf bei der Dampfturbine durch seine kinetische (Bewegungs-)Energie. Der Dampf erhält durch das Druckgefälle eine hohe Geschwindigkeit, diese wird am Radumfang, in den Schaufeln, in Druck rückverwandelt und in drehender Bewegung an die Turbinenwelle abgegeben.

Man unterscheidet Gleichdruck- oder Aktionsturbinen und Überdruck- oder Reaktionsturbinen.

a) Bei der Gleichdruck- oder Aktionsturbine wird das Druckgefälle des Dampfes nur in den feststehenden Teilen, den sogen. Leiträdern oder Leitvorrichtungen in Geschwindigkeit umgesetzt, während die Laufräder diese Geschwindigkeit lediglich in Umfangskraft verwandeln (gleich wie in der Pelton-Wasserturbine). Die Gleichdruckturbine kann ein- oder mehrstufig ausgeführt werden und zwar unterscheidet man Druck- und Geschwindigkeitsstufen. Bei einer Turbine mit mehreren Druckstufen ist das gesamte Druckgefälle des Dampfes auf mehrere Druckstufen verteilt, es sind also mehrere Leitvorrichtungen oder Düsen vorhanden und ebenso viele Laufräder. Da mit abnehmendem Druck das Volumen des Dampfes zunimmt, wachsen die Schaufelquerschnitte (Schaufelhöhen und Raddurchmesser) gegen das Austrittsende der Turbine. Typisch ist für die Gleichdruckturbinen (und daher ihr Name), daß der Druck vor und hinter dem Rade der gleiche ist, da die Entspannung des Dampfes auf niedrigeren Druck, wie bereits erwähnt, nur in den Leitvorrichtungen erfolgt. Wegen des gleichen Druckes auf beiden Seiten des Rades ist kein wesentlicher Achsschub und Spaltverlust vorhanden.

Bei Turbinen mit mehreren Geschwindigkeits-Stufen wird das gesamte Druckgefälle des Dampfes oder ein Teil desselben in einer Düse oder der Leitvorrichtung einer Druckstufe in Geschwindigkeit verwandelt und diese Geschwindigkeit in mehreren Rädern in

Umfangskraft umgesetzt. Der Dampfdruck ist in allen diesen Rädern der gleiche, die Dampfgeschwindigkeit aber von Rad zu Rad abnehmend. Auf eine Leitvorrichtung für die Energieumsetzung kommen also mehrere Laufschaufelkränze.

Ist bei der Turbine eine einzige oder sind wenige Druckstufen vorhanden, wird also in jeder Stufe ein großes Druckgefälle verarbeitet, so ergeben sich sehr hohe Dampfgeschwindigkeiten. Die Dampfgeschwindigkeit überschreitet in diesem Falle die sogenannte „Schallgeschwindigkeit". Die Schallgeschwindigkeit für atmosphärische Luft ist bei natürlichem Luftdruck allgemein bekannt, sie erreicht 333 m/sek. Für Dampf der üblichen Druck- und Temperaturverhältnisse liegt die Schallgeschwindigkeit bei etwa 425 m/sek und darüber.

Da in den Turbinen mit wenigen Druckstufen auch diese Geschwindigkeit noch wesentlich überschritten werden kann, so sind die Leitvorrichtungen dieser Turbinen als sogenannte „erweiterte Düsen" auszubilden. Diese erweiterten Düsen sind von de Laval erfunden worden. Sie gestatten, das entsprechende Druckgefälle vorausgesetzt, Dampfgeschwindigkeiten von 1000 m/sek und darüber zu erreichen. Im modernen Turbinenbau werden derartig hohe Geschwindigkeiten nicht mehr verwendet. Die modernen Bestrebungen gehen vielmehr, besonders bei großen Turbinen, dahin, die Dampfgeschwindigkeiten zu verkleinern, der Turbine also viele Stufen zu geben.

Der erste Erbauer von Gleichdruckturbinen und zwar besonders der einstufigen, mit sehr hohen Dampf- und Radumfangsgeschwindigkeiten, war der Schwede de Laval. Reine, vielstufige Gleichdruckturbinen sind die Turbinen von Rateau und Zölly. Die vielstufige Druckturbine mit Geschwindigkeitsstufen wurde hauptsächlich von Curtis gebaut. Während diese Turbine aber kaum noch ausgeführt wird, finden einzelne, zweikränzige „Curtisräder" heute noch vielfach als Hochdruckstufe in sogenannten „kombinierten" Turbinen Verwendung.

b) Bei der Überdruck- oder Reaktionsturbine wird das Druckgefälle des Dampfes sowohl in den feststehenden, wie in den beweglichen Teilen (Leit- und Laufrädern) in Geschwindigkeit umgesetzt. Die Umfangskraft der Laufräder entspringt somit zwei ungefähr gleich großen Impulsen: 1. Die in den Leiträdern erzeugte Geschwindigkeit wird in den Laufrädern vermindert und nach Maßgabe der Verminderung in Druck umgesetzt (wie bei den Aktionsrädern, mit dem Unterschied, daß bei diesen die ganze Geschwindig keit im Laufrad in Druck umgesetzt wird und der Dampf das Laufrad mit ganz geringer Geschwindigkeit verläßt). 2. Der Dampf tritt bei der Reaktionsturbine mit einer gewissen Geschwindigkeit aus dem Laufrad aus, diese wirkt als Reaktionsdruck auf das Laufrad zurück, im Sinne der Umdrehung.

Die beiden Begriffe Aktion und Reaktion werden verständlicher, wenn man sich vergegenwärtigt, welche Kräfte beispielsweise im Spiele sind beim Gebrauch einer Hochdruck-Wasserspritze. Wird der Wasserstrahl gegen eine Wand geführt, so übt er bekanntlich einen gewissen Druck auf diese aus. Der Druck ist durch Aktion entstanden, d. h. durch die Verzögerung der raschströmenden Wassertropfen beim Aufschlag auf die Wand. Dem gleichen Druck muß aber auch der Mann widerstehen, der das Spritzenmundstück in den Händen hält. Hier ist der Druck aber bewirkt durch Reaktion, d. h. durch den Rückdruck, den die Wassermasse infolge ihrer Geschwindigkeit beim Ausströmen aus dem Mundstück hervorruft. Bei der Aktionsturbine spielt die Laufschaufel nur die Rolle der bespritzten Wand. Bei der Reaktionsturbine, bei welcher auch in der Laufschaufel Druck in Geschwindigkeit umgesetzt wird, ist die Laufschaufel Wand und Spritzenhalter zugleich.

Die Überdruckturbine wird nur mehrstufig ausgeführt und zwar handelt es sich immer nur um Druckstufen. Da sowohl in den Leitschaufeln wie in den Laufschaufeln Druckgefälle verarbeitet wird, ist der Druck vor und hinter jedem Schaufelkranz verschieden. Die Folge davon sind „Spaltverluste“ und ein gewisser Achsschub. Um das durch die Druckverschiedenheit bedingte Überströmen von Dampf über die Schaufel hinweg möglichst zu vermindern, wird das Spiel zwischen den Schaufeln und dem Gehäuse bzw. der Trommel klein gehalten. Zum Ausgleich des Achsschubes verwendet man sogenannte Ausgleichskolben oder man schaltet bei mehrgehäusigen Ausführungen zwei Trommeln gegeneinander, indem man sie vom Dampf in entgegengesetzter Richtung durchströmen läßt.

Erfinder der Überdruckturbine ist der Engländer Parsons. Zu hoher Vollkommenheit wurde die Überdruckturbine gebracht durch die A.-G. Brown Boveri & Co., Baden.

c) Gegenüber der Kolbenmaschine hat die Dampfturbine drei wesentliche Vorteile:

1. Ihre Ausführungsgröße ist nahezu unbeschränkt. Während die Kolbenmaschine bei etwa 6000 PS ihre Grenzleistung erreicht (abgesehen von Sonderausführungen z. B. für Walzenzugsmaschinen, die zur Zeit bis zu 22 000 PS leisten können) und sie heute wirtschaftlich nur noch bis gegen 1500 PS Leistung gebaut wird, ist für die Dampfturbine eine Leistung von 30 000 bis 50 000 kW heute keine Seltenheit. Die größte bis zum Jahr 1928 ausgeführte Einheit in zwei Gehäusen hat 225 000 PS (A.-G. Brown Boveri & Co. für die Hellgate-Zentrale in New York).

2. Die Möglichkeit der besseren Ausnützung des Dampfes im Niederdruckgebiet. Wegen der Beschränkung des Zylinderinhaltes kann bei der Kolben-Dampfmaschine das im Kondensator erreichbare Vakuum nicht ausgenützt werden. Es findet daher ein Druckabfall statt, Abb. 215, Punkt 3. Die Diagrammspitze geht also als Arbeitsfläche verloren. Bei der Dampfturbine kann die Expansion bis zur äußersten Spitze (weit rechts von Punkt 3 liegend) ausgenützt werden. Es werden Luftleeren von 95 % normal und bis zu 98 % bei besonders kaltem Kühlwasser erreicht und ausgenützt, gegenüber den Dampfmaschinen, die nur bis zu 75 % erreichen.

3. Die Möglichkeit höherer Überhitzung.

4. Das Kondensat, welches aus Dampfturbinen anfällt, ist praktisch ölfrei und daher für die Speisung der Dampfkessel ohne Zwischenbehandlung geeignet. Dieser Umstand ist wichtig.

d) Anzapfturbinen sind solche Turbinen, bei denen Dampf aus irgend einer Stufe zum Zwecke technischer Verwendung entnommen wird. Neuerdings werden auch gewöhnliche Turbinen mit Anzapfungen versehen und der zu entnehmende Dampf zur Vorwärmung des Speisewassers verwendet.

e) Gegendruck-Turbinen sind solche Turbinen, die keinen Kondensator besitzen, deren gesamter Abdampf vielmehr in einer anderen Maschine weiter verarbeitet oder zu Heizzwecken verwendet wird. Zu den Gegendruckturbinen gehören auch die sogenannten Vorschaltturbinen, in welchen man sehr hochgespannten Dampf z. B. von 100 at bis auf mäßigen Dampfdruck entspannt. Dieser entspannte Dampf wird dann in einer gewöhnlichen Turbine weiter verarbeitet.

X. 4. Die Kondensation bei Dampfmaschinen und Dampfturbinen.

Die Frage, warum man den Dampf aus Dampfmaschinen und Dampfturbinen kondensiert, kann durch folgende Ausführungen beantwortet werden (vergl. Kap. C 11).

Wird ein Raum mit 1,727 m^3 = 1727 Liter Inhalt, welcher Dampf von 1 at absolutem bzw. 735 mm Q. S. Druck enthält, abgeschlossen und der Dampf, von der ursprünglichen Temperatur von 99,1° C auf 0° C abgekühlt, so nimmt das Kondensat aus dieser Dampfmenge nur noch den Raum von 1 dm^3 ein; der Druck sinkt dabei auf 4,6 mm Quecksilber, also fast auf 0 at abs., im Raum herrscht nahezu 100% Vakuum. Dampf vom Kesseldruck expandiert im Falle der Kondensation also nicht bloß bis zum Druck der äußeren Atmosphäre wie bei Auspuff, sondern weiter bis zu einem Enddruck, der durch die Temperatur des Kühlwassers (vergl. Zahlentafel I, S. 19) gegeben ist.

Bei den ersten Dampfmaschinen, denjenigen von Newcomen, war der Dampf nur sehr wenig über den Atmosphärendruck hinaus gespannt, weil man noch keine Kessel besaß, die einen namhaften Druck ausgehalten hätten; die Dampfmaschinen arbeiteten zur Hauptsache infolge der Kondensation. Der Kolben wurde teils durch ein Gegengewicht, teils durch einen kleinen Dampf-Überdruck hoch gehoben, wobei sich der Zylinderraum unter dem Kolben mit Dampf anfüllte; sodann wurde Wasser in den nämlichen Raum eingespritzt. Infolge der Kondensation entstand Vakuum unter dem Kolben. Dieser bewegte sich infolge des auf ihn wirkenden äußern Luftdruckes.

Der Dampf hat das Vermögen, seine Wärme fast plötzlich abzugeben und sich in Wasser zu verwandeln, wenn er abgekühlt wird.

Die Einrichtungen, Dampf zu kondensieren, sind zur Hauptsache:

    a) bei Dampfmaschinen der Einspritzkondensator,

    b) bei Dampfturbinen der Oberflächenkondensator.

a) Bei den Einspritzkondensatoren wird der Dampf aus den Zylindern an einer Wasserbrause vorbeigeführt. Der Dampf gibt seine Wärme sofort an das Wasser ab, wird dabei selber in Wasser verwandelt.

Das warmgewordene Kühlwasser muß nachher fortgeschafft werden. Dies geschieht mittels der sogen. Luftpumpe. Sie hat diesen Namen erhalten, weil nicht nur Wasser sondern gleichzeitig auch Luft fortzuschaffen ist, diejenige die schon in das Speisewasser eingeschlossen war und diejenige des Kühlwassers. Ein Teil des gesamten Enddruckes im Kondensator rührt von der Luft her (Teildruck der Luft); mit der Einspritzkondensation ist aus diesem Grund kein sehr hohes Vakuum erreichbar, ungefähr 70—75%.

b) Bei den Oberflächenkondensatoren wird der Abdampf in ein mit Röhren versehenes geschlossenes Gefäß geleitet. Durch die Röhren fließt das Kühlwasser, der Dampf schlägt sich an den Rohrwandungen nieder, im Dampfraum entsteht Vakuum. Das Kondensat muß durch eine Pumpe, die Kondensatpumpe, herausgeschafft werden, aus dem gleichen Raum auch die Luft durch eine andere, besondere Pumpe, wozu man nicht nur Kolben- sondern auch Strahlpumpen verwendet. Das Kühlwasser des Kühlraums wird fortlaufend ersetzt durch eine dritte Pumpe. Bei der Oberflächenkondensation wird bei entsprechend niedriger Kühlwassertemperatur ein Vakuum bis 98% erreicht.

Die Dampfturbinen werden wie erwähnt heute allgemein mit Oberflächenkondensatoren ausgerüstet; in der Kondensationsstufe sind die Dampfturbinen infolge des hohen Vakuums den Dampfmaschinen bedeutend überlegen.

X. 5. Die Dampfüberhitzung.

Die Überhitzung des Dampfes ist in doppeltem Sinn vorteilhaft. Einerseits ist das Arbeitsvermögen überhitzten Dampfes größer als von Sattdampf bei dessen Verwendung in einer Kolbenmaschine oder Turbine. Anderseits wächst der Wirkungsgrad eines Kessels mit Überhitzer gegenüber dem nämlichen Kessel ohne Überhitzer (vergl. E5). Durch die Überhitzung nimmt der gesättigte Dampf Wärme auf (vergl. C9f), überhitzter Dampf hat daher ein höheres Arbeitsvermögen als Sattdampf, wegen eines größeren Wärmegefälles. Dampf für Dampfturbinen kann bis auf 400°C, höchstens |450°C überhitzt werden, für Dampfmaschinen bis auf rund 300°C.

Bei allen Dampfmotoren ergibt sich bei Anwendung von überhitztem Dampf ein verminderter Dampfverbrauch im Vergleich zu Sattdampf; am größten ist die Ersparnis bei einstufigen Dampfmaschinen mit Auspuff, z. B. Bei Lokomotiven. Bei Dampfmaschinen und Turbinen wird der Dampf heute allgemein überhitzt. Auch wo man Dampf direkt technisch braucht, d. h. zu Fabrikations- oder Heizungszwecken, wird er nach Möglichkeit überhitzt; Ersparnisse werden schon bei der Fortleitung des Dampfes erzielt, wegen der verminderten Fähigkeit überhitzten Dampfes, sich zu kondensieren (vergl. C14, Schluß).

X. 6. Die indizierte Pferdekraft. Der Indikator.

Die Leistung einer Dampfmaschine (über den Begriff „Leistung" vergl. A 9 u. f.) kann durch Messung festgestellt werden. Man bedient sich hiezu des „Indikators", einer Vorrichtung, die mit Kolben, Feder, Schreibvorrichtung und Papiertrommel ausgerüstet ist. Dabei wird der Druck, der auf den Kolben der Dampfmaschine während eines Hubes wirkt, durch den Schreibstift des Indikators auf einen Papierstreifen aufgezeichnet, in folgender Weise: Die Indikator-Trommel dreht sich, von einer Schnur angetrieben; diese wird vom Kolben oder Kreuzkopf der Maschine mitgenommen, bei reduziertem Hub. Das Innere des Indikators enthält einen kleinen Zylinder, zu welchem der Dampf aus dem Arbeitszylinder geführt wird. Der Dampf bewegt ein Kölbchen, gegen das eine Feder wirkt. Durch ein kleines Hebelwerk wird die Bewegung auf den Schreibstift übertragen. Der Linienzug auf dem Papier, wie in Abb. 214 bis 216 gezeigt, nennt sich Indikatordiagramm.

Im Diagramm entspricht die horizontale Richtung dem Kolbenhub der Dampfmaschine, die vertikale dem in ihrem Zylinder

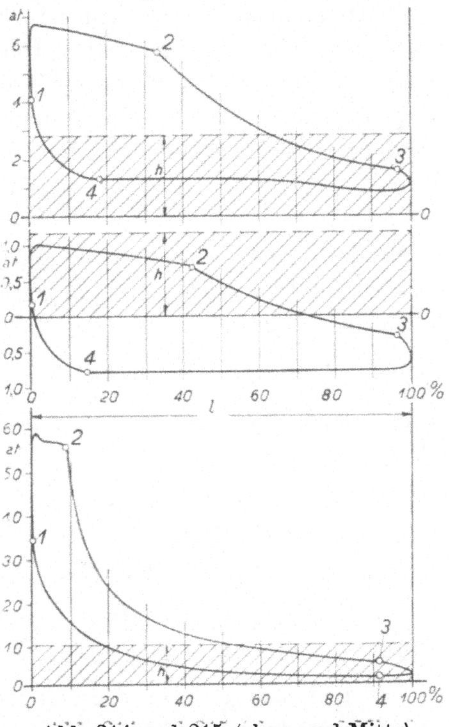

Abb. 214 und 215 (oben und Mitte). Hochdruck und Niederdruckdiagramm einer zweistufigen Dampfmaschine mit Kondensation.

Abb. 216 (unten). Diagramm einer Gleichstrommaschine mit Auspuff bei 60 at Kesseldruck.

augenblicklich wirkenden Dampfdruck; dieser nimmt wegen der Expansion des Dampfes gegen das Hubende hin ab. Die horizontale Gerade 0 0 heißt die atmosphärische Linie und zeigt die Höhe des Druckes von 0 at bzw. diejenige des Luftdruckes (Barometerstandes) an. Die Zylinderfüllung mit Dampf erstreckt sich im Diagramm bis Punkt 2, Expansion bis 3, bei 3 Vorausströmung, Ausströmung bis 4, Kom-

15

pression bis 1, bei 1 Voreinströmung. Zeichnet man vertikale Linien (im Beispiel 10) in gleichen Abständen auf, und zählt die mittleren Höhen der aus dem Diagramm abgeschnittenen Teilflächen zusammen, teilt die Gesamtstrecke durch 10 (im Beispiel), so erhält man die mittlere Höhe h des Diagramms; diese entspricht dem **mittleren Druck** p_i, der auf den Kolben gewirkt hat und den wir suchen. Die mittlere Höhe h wird in mm gemessen, wobei jeder mm einem gewissen Druck in kg/cm² entspricht, in Übereinstimmung mit dem Maßstab der Indikatorfeder. Im Arbeitszylinder wurde während **eines** Kolbenhubes die Arbeit

$$A = p_i \frac{\pi d^2}{4} s = P \cdot s \qquad \text{(mkg)}$$

geleistet, s der Kolbenhub der Maschine in m, d der Zylinderdurchmesser in cm, p_i wie oben angegeben in kg/cm². Die Leistung ist (gemäß A 9) gegeben durch $L = Pc$, die mittlere Geschwindigkeit c in einer Sekunde $= \dfrac{2sn}{60}$, wobei n die Umdrehungszahl der Maschine in der Minute (bei jeder Umdrehung 2 Kolbenhübe, daher der Faktor 2 vor s). Hieraus

$$\text{Leistung in Meterkilogramm} \quad L_i = p_i \frac{\pi d^2}{4} \frac{2sn}{60} \qquad \text{(mkg/sek)}$$

$$\text{Leistung in Pferdekräften} \quad N_i = p_i \frac{\pi d^2}{4} \frac{2sn}{60 \cdot 75} \qquad \text{(PS}_i\text{)}$$

Die so berechneten Pferdekräfte werden „indizierte Pferdekräfte" (PS$_i$) genannt, im Unterschied zu „effektiven Pferdekräften" (PS$_e$).

Die Leistung einer Pferdekraft innerhalb einer Stunde ist die Pferdekraftstunde, 1 PSh $= 3600 \cdot 75 = 270\,000$ mkg.

X. 7. Die effektive Pferdekraft. Die Wasserbremse. Der mechanische Wirkungsgrad.

Eine Dampfmaschine verbraucht infolge der Reibung der bewegten Teile einen Teil der auf den Dampfkolben übertragenen Arbeit für ihre eigene Bewegung. Der Rest ist an der Welle verfügbar. Dieser Rest wird die effektive Leistung genannt, das übliche Zeichen ist L_e. Die Leistung kann in Pferdestärken (PS$_e$) ausgedrückt werden (das übliche Zeichen hiefür ist N$_e$) oder in Kilowatt (kW).

Die effektive Leistung eines Motors kann direkt vermittels des Bremsdynamometers, auch bloß Bremse oder Zaum genannt, festgestellt werden. Am gebräuchlichsten ist die Wasserbremse, das Schema einer

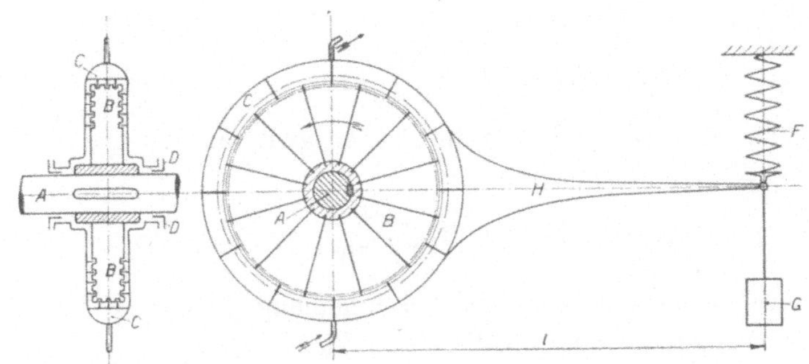

Abb. 217 und 218. Schema einer Wasserbremse.

solchen ist in Abb. 217 und 218 dargestellt. Mit der Maschinenwelle A ist ein Wasserreibungsrad B festgekuppelt, dieses dreht sich in einem mit Wasser gefüllten Gehäuse C, welches um die nämliche Achse A drehbar ist, die Lagerung findet in Stopfbüchsen bei D statt. Durch die Drehung des Bremsrades B entstehen Reibungskräfte, welche bestrebt sind, das Gehäuse C mitzunehmen, dieses wird aber festgehalten durch ein Gegenmoment, erzeugt durch Gegengewicht G zusammen mit der Feder F, die gemeinsam auf den Hebel H von der Länge l wirken. Die Feder kann nachgestellt, das Gewicht nach Bedarf verändert werden. Der Hebel wird stets in gleicher horizontaler Lage erhalten. Da sich das Wasser durch die Reibung erwärmt, muß es fortlaufend ersetzt werden.

Die Leistung wird allgemein ausgedrückt durch das Produkt (vergl. A 9)

$$L = Pc \qquad \text{(mkg/sek)}$$

worin P die Reibungskraft, die aber unbekannt ist, und c ihre konstante Geschwindigkeit. Oder die Leistung kann ausgedrückt werden durch

$$L = wM_d \qquad \text{(mkg/sek)}$$

worin M_d das Moment dieser Kraft mit Bezug auf den Drehpunkt A (Wellenmitte) und w die Winkelgeschwindigkeit. M_d ist der Größe nach bekannt wegen Übereinstimmung mit dem Gegenmoment

$$(G + F)\, l = M_d \qquad \text{(mkg)}$$

Im diesem Ausdruck sind alle Größen links des Gleichheitszeichens durch Messung feststellbar. Die Winkelgeschwindigkeit w ist die nämliche für die Reibungskraft wie für die Gegenkräfte

$$w = \frac{2\,\pi\,n}{60}$$

Somit kann der Ausdruck

$$L_e = (G + F)\, l\, \frac{2\pi n}{60} \qquad \text{(mkg/sek)}$$

berechnet werden. Wird er in PS_e ausgedrückt, so ist noch durch die Zahl 75 zu dividieren.

$$N_e = (G + F)\, l\, \frac{2\pi n}{60 \cdot 75} \qquad \text{(PS}_e)$$

Nach einer rechnerischen Vereinfachung können wir N_e in PS_e oder übereinstimmend in kW anschreiben.

$$N_e = \frac{M_d \cdot n}{716} \quad (PS_e) \qquad L_e = \frac{M_d \cdot n}{973} \qquad \text{(kW)}$$

Der Quotient $N_e : N_i = \eta_{\text{mech}}$ ist der mechanische Wirkungsgrad der Maschine.

X. 8. Leistungen in kW.

Werden durch die Motoren, deren Leistungen zu ermitteln sind, elektrische Generatoren angetrieben, so beschränkt man sich meistens darauf, die Leistung der letztern festzustellen; die Anwendung elektrischer Instrumente erleichtert die Messung erheblich. Wird die Leistung an den Klemmen des Generators gemessen, so ist der Wirkungsgrad desselben zu berücksichtigen. Die elektrischen Maßeinheiten sind bei A 16 u. f. angegeben.

X. 9. Der Dampfverbrauch von Dampfturbinen und Dampfmaschinen.

1. **Dampfturbinen.** Der Dampfverbrauch wechselt in weiten Grenzen je nach Art und Größe der Maschine, Dampfdruck, Überhitzung und Luftleere. Dies wird am besten durch ein paar typische Beispiele gezeigt:

30 000 kW Viergehäuse-Ausführung,

          100 at abs, 425 ⁰ C, 96 % Vakuum   3,75 kg/kWh

15 000 kW Dreigehäuse-Ausführung,

          33 at abs, 425 ⁰ C, 95 % Vakuum   4,35   „

10 000 kW Eingehäuse-Ausführung,

          20 at abs, 375 ⁰ C, 95 % Vakuum   4,90   „

1 000 kW Eingehäuse-Ausführung,

          15 at abs, 350 ⁰ C, 95 % Vakuum   5,20   „

500 kW Zweirädrige Ausführung,

          15 at abs, 350 ⁰ C, 90 % Vakuum   6,50   „

Der Dampfverbrauch einer Dampfturbine ist heute allerdings nicht mehr das wichtigste. Maßgebend ist der Wärmeverbrauch, d. h. die Menge von Wärme, die in Form von Kohle zur Erzeugung von 1 kWh im Kessel verfeuert wird. Dieser Wärmeverbrauch ist von den Verlusten des Kessels, der Rohrleitung und dem Verbrauch der Hilfsmaschinen abhängig. Durch die bereits erwähnte neuerdings viel verwendete Vorwärmung des Speisewassers durch Anzapfdampf aus der Turbine kann der Wärmeverbrauch sehr vermindert werden, trotzdem der Dampfverbrauch der Turbine hierbei ansteigt.

2. **Dampfmaschinen, der Dampfdruck sei rund 13 at abs.**

Große Gleichstrom-Dampfmaschinen, überhitzter Dampf (300° C) und Kondensation	4,5 kg/PS$_i$h bzw. 4,8 kg/PS$_e$h bzw. 6,5 kg/kWh
Mittelgroße Compound-Wechselstrom-Kolbendampfmaschinen, überhitzter Dampf (300° C) und Kondensation	5—6 kg/PS$_i$h bzw. 5,3—6,3 kg/PS$_e$h bzw. 7,2—8,6 kg/kWh
Kleinere Auspuff-Dampfmaschinen, Sattdampf	10—15 kg/PS$_e$h
Dampfpumpen, Sattdampf (Dampfdruck 8—10 at Überdruck).	20 bis 80 kg/PS$_e$h.

Y. Die Warmwasserheizung.

Y. 1. Anwendungsgebiet. *)

Zur Gebäudeheizung haben sich Warmwasserheizungen in weitgehendem Mass eingeführt. Die milde Wärme, die bequeme zentrale Regulierung, die einfache Bedienung und der sparsame Betrieb hat ihr diese Verbreitung verschafft. Die Bedienung der Warmwasserheizungen ist einfach, dagegen sind sie bei strenger Kälte und unsachgemäßer Behandlung der Gefahr des Einfrierens ausgesetzt.

Y. 2. Das Wesen der Warmwasserheizung.

Die Wasserumwälzung wird durch die Schwerkraft veranlaßt; warmes Wasser steigt, kälteres, d. h. solches, das seine Wärme an die Radiatoren abgegeben hat, fällt. Die Umtriebskraft wächst mit dem Temperaturunterschied, sie sinkt mit der Größe der Widerstände

---

*) Literatur. Johannes Körting: Heizung und Lüftung (Sammlung Göschen). Hermann Recknagel: Lüftung und Heizung (S. Hirzel, Leipzig). M. Hottinger: Heizung und Lüftung (Oldenbourg, München 1926) usw.

z. B. mit der Reibung in den Leitungen. Die Umlaufsenergie ist gering bei kleiner Bauhöhe. Zu ihrer Vermehrung werden häufig Pumpen verwendet, namentlich bei großer horizontaler Ausdehnung der Heizungsanlage. Der durch die Erwärmung verursachten Ausdehnung des Wassers wird durch ein im obersten Punkt der Anlage angeordnetes offenes Ausdehnungsgefäß Rechnung getragen. Der Wasserdruck im Kessel ist bedingt durch die Höhe des Ausdehnungsgefäßes über dem Kessel. Die Verdampfungstemperatur ist bekanntlich vom Druck abhängig (Zahlentafel S. 19, Kap. C). Wird das Heizwasser auf die Verdampfungstemperatur erwärmt, so beginnt es zu kochen; Wasser und Dampf werden durch das Expansionsgefäß ins Freie ausgestoßen, man sagt dann „die Heizung überschüttet", was unter heftigem Poltern vor sich geht.

Y. 3. Bei der Warmwasserheizung gebräuchliche Systeme.

Es gibt a) Niederdruckheizungen mit oberer Verteilung (Abb. 219), b) mit unterer Verteilung (Abb. 220), c) solche mit Einrohrsystem (Abb. 221), d) Pumpenheizung (Abb. 222), e) Etagenheizung (Abb. 223).

a) Warmwasserheizung mit oberer Verteilung (Abb. 219).

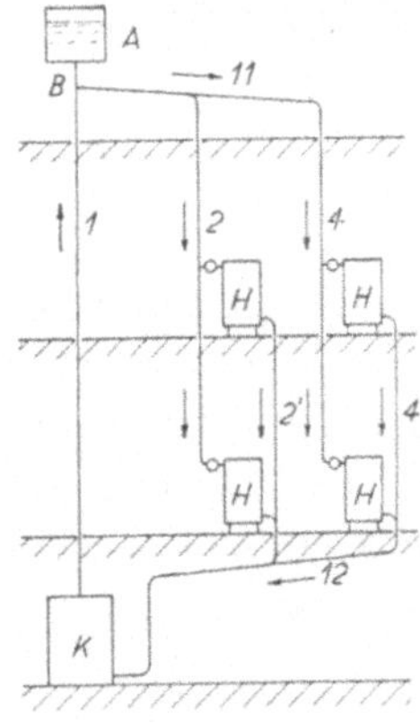

Abb. 219.
Warmwasserheizung
mit oberer Verteilung
und Zweirohrsystem.

K ist der Heizkessel, der das Heizwasser erwärmt, er ist im Keller aufgestellt. In der Steigleitung 1 steigt das Wasser zunächst bis zum Punkt B und gelangt von da in die Leitung 11 und in die Fallstränge (2, 4), die zu den Heizkörpern H führen. Diese erhalten am Ein- oder Austritte Absperrventile, um sie in und außer Betrieb zu setzen oder die Heizkörper-Leistung zu regeln. Die Heizkörper geben Wärme ab, das abgekühlte Wasser fließt durch die Rückleitung 12 dem Kessel wieder zu. Etwaige im Heizwasser, besonders infolge von frischer Wasserfüllung anwesende Luft entfernt sich von selbst durch die nach dem Ausdehnungsgefäß ansteigenden Leitungen und von da ins Freie.

b) Warmwasserheizung mit unterer Verteilung (Abb. 220). Von der Verteilungsleitung zweigen die Steigstränge 1, 3, 5 ab, am oberen Ende des Stranges 1 befindet sich das Ausdehnungsgefäß A. Damit im zweiten und dritten Steigstrang 3 und 5 an den höchsten

Stellen Luft, die den Umlauf stören würde, sich nicht ansammeln kann, bringt man entweder eine Entlüftungsleitung *9* an, die dem Ausdehnungsgefäß zugeführt wird, wie punktiert beim Strang *3* angedeutet ist, oder es müssen an den obersten Öfen Luftventile angebracht werden, wie bei *E* vorgemerkt.

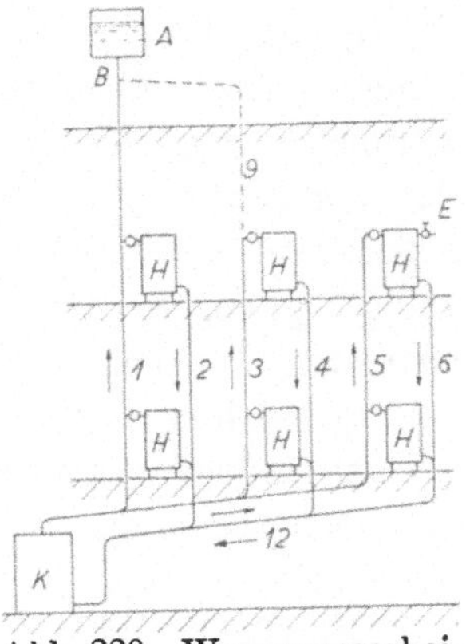

Für die Wahl der untern oder obern Verteilung sind örtliche Umstände maßgebend.

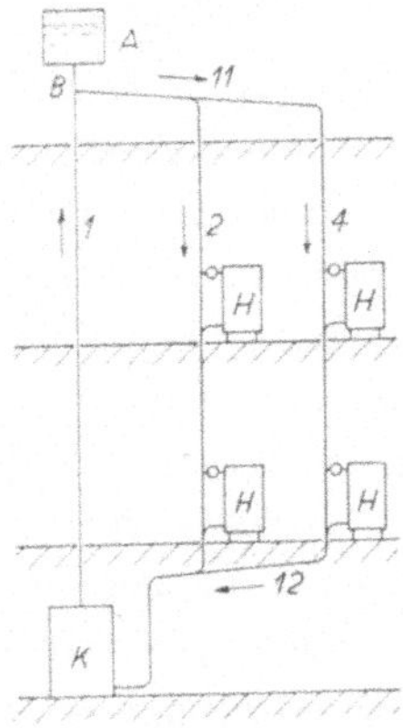

Abb. 220. Warmwasserheizung mit unterer Verteilung.

c) **Warmwasserheizung mit Einrohrsystem** (Abb. 221), eine Abart der unter a) beschriebenen Ausführung (obere Verteilung).

In den Fallsträngen *2, 4* sind Vor- und Rücklauf in einem Rohr vereinigt. Die Heizkörper entnehmen diesen Strängen einen Teil des warmen Wassers und geben es an die nämlichen Stränge unterhalb wieder ab. Den oberen Heizkörpern fließt wärmeres Wasser zu als den unteren; die unteren Heizkörper müssen daher in den Heizflächen größer sein als die oberen.

Abb. 221. Warmwasserheizung, obere Verteilung und Einrohrsystem.

d) **Pumpenheizung** (Abb. 222). Pumpenheizungen können mit oberer oder unterer Verteilung als Zwei- oder Einrohr-Heizungen ausgeführt werden. Abb. 222 zeigt das Schema einer Pumpenheizung mit oberer Verteilung und mit Zweirohrsystem. Es unterscheidet sich von der in Abb. 219 dargestellten reinen Schwerkraftsheizung dadurch, daß neben der Schwerkraft eine elektrisch angetriebene Zentrifugalpumpe *P* das Heizwasser in Umlauf setzt. *A* ist das Ausdehnungsgefäß, *L* ein geschlossener, mit einem Lufthahn versehener Entlüftungstopf. Anwen-

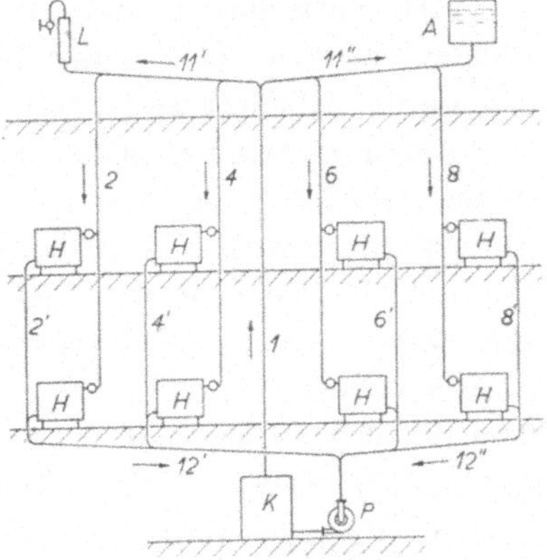

Abb. 222. Pumpen-Warmwasserheizung.

dung der Pumpenheizung: Einzelne größere Gebäude, insbesondere solche mit großer horizontaler Ausdehnung, Gebäudegruppen, Fernheizungen. Vorteile: Verwendung erheblich engerer Rohre, daher geringere Wärmeverluste in unbeheizten Räumen, schnelle Inbetriebsetzung und bessere Regulierbarkeit. Für größere Anlagen zudem geringere Erstellungskosten als bei Schwerkraftheizungen, sparsamer Betrieb.

e) Wohnstock-(Etagen-)heizung (Abb. 223). Unter Etagenheizung versteht man eine Warmwasserheizung, deren Kessel auf gleichem Boden mit den Heizkörpern steht. Der Kessel K wird in der Küche, oder wenn er als Kachelofen ausgebildet ist, im Wohnzimmer, jedoch mit Bedienung von Küche oder Gang aus, aufgestellt. A Expansionsgefäß, 11 Heizwasservorlauf, unter der Decke (jedoch oberhalb der Türen) angeordnet, H Heizkörper, 12 Heizwasser-

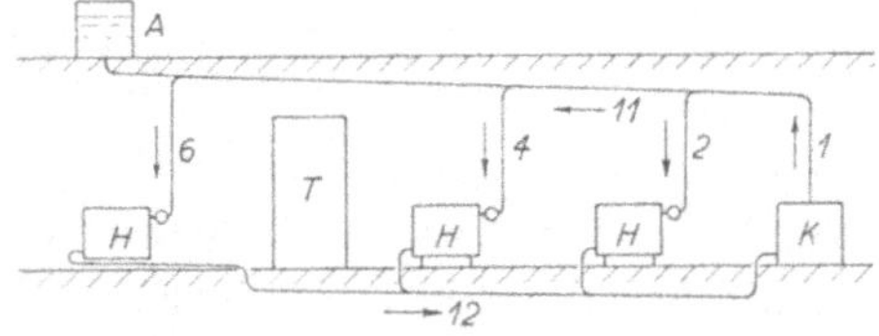

Abb. 223.
Wohnstock-(Etagen)-Warmwasserheizung.

rücklauf (die Leitung 12 wird über den Boden, im Boden, oder an der Decke des darunter liegenden Stockwerkes verlegt), T Türe. Anwendungsgebiet: Wohnungen und kleine Einfamilienhäuser. Besonders sorgfältige Berechnung der Rohrleitungen und tadellose Montage ist erforderlich wegen äußerst geringer verfügbarer Umtriebskraft.

Y. 4. Kesselsysteme.

Als Wärmequelle in Zentralheizungen werden fast ausschließlich gußeiserne Gliederkessel verwendet. Diese sind zusammengesetzt aus einzelnen Gliedern, ein solches ist in Abb. 224 dargestellt. A ist das Koksmagazin, $B\,C\,D$ stellen die Rauchzüge dar. Diesen gehen die Rauchgase vom Rost her durch die Schlitze H zu. Der Rost G ist hohl und mit Wasser angefüllt, d. h. wassergekühlt. Die vier runden Öffnungen F dienen zur Aufnahme der Verbindungsnippel. Der Füllschacht (das Koksmagazin) ist so groß, daß der Brennstoff nach der Beschickung 6—8 Stunden

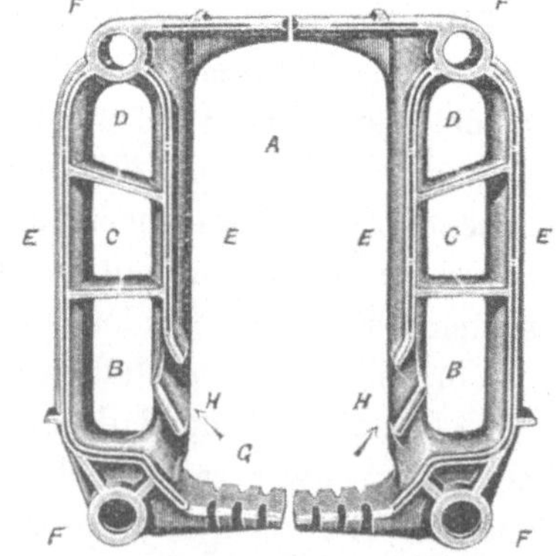

Abb. 224.
Glied eines gußeisernen Kessels.

ausreicht. Der Brennstoff wird entweder durch eine an der Kesselfront angeordnete Fülltüre oder durch einen Fülltrichter von einem oberen Bedienungsboden aus eingefüllt.

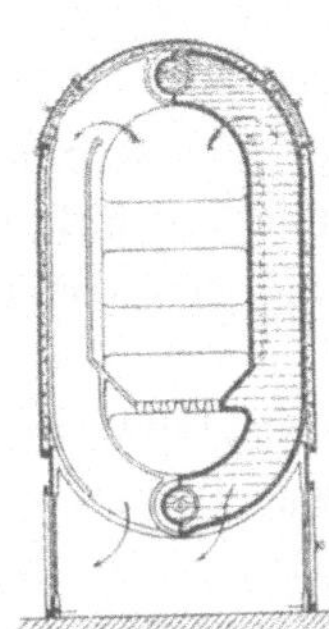

Abb. 225.
Zentralheizungskessel m. oberem Abbrand.

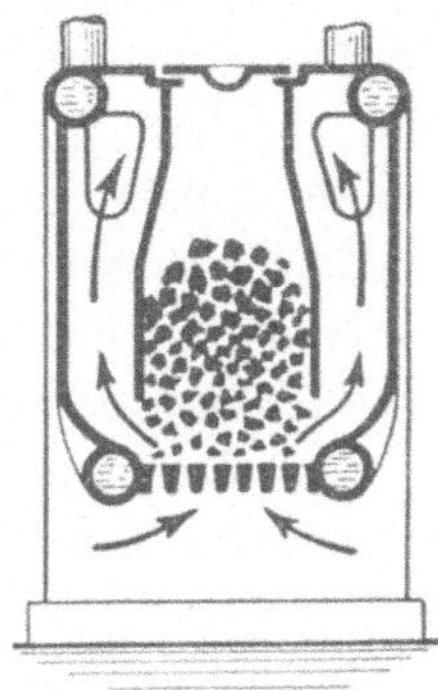

Abb. 226.
Zentralheizungskessel mit unterem Abbrand.

Es gibt Kessel mit oberem und unterem Abbrand, auch solche, die eine Zwischenstufe bilden. Bei beiden Systemen tritt die Verbrennungsluft unter dem Rost ein. Beim oberen Abbrand, Abb. 225, durchstreicht sie die ganze Brennstoffschicht und gelangt durch Öffnungen im oberen Teil des Füllschachtes in die Rauchzüge. Beim unteren Abbrand, Abb. 226, durchstreicht die Verbrennungsluft nur den unteren Teil der Brennstoffschicht.

Y. 5. Regulierung der Wärme-Erzeugung und Abgabe.

a) Der Regulator. Größere Zentralheizungskessel sind mit einem Regulator ausgerüstet, welcher die Heizwassertemperatur der Witterung entsprechend selbsttätig einstellt, indem er je nach dem Wärmebedarf die Luftklappe an der Aschenfalltüre automatisch mehr öffnet oder schließt. Der Regulator kann- z. B. aus einem Stahlstab bestehen, der in einem Messingrohr befestigt ist, das vom Heizwasser umspült wird. Bei Abkühlung oder Erwärmung desselben erfahren Rohr und Stab kleine Längenänderungen, welche durch Hebelübersetzung vergrößert und mittels Kette und Zugstange auf die Luftzuführungsklappe übertragen werden (Prinzip der Sulzer-Regulatoren). Es gibt auch Regulatoren, die anstelle des Metallstabes hohle Ausdehnungskörper haben, welche mit geeigneten Flüssigkeiten gefüllt sind. Solche Regulatoren sind zwar empfindlich, aber weniger dauerhaft als der Metallstab-Regulator. Eine Stellvorrichtung ermöglicht, den Regulator je nach dem Wärmebedarf einzustellen, wobei zweckentsprechend angebrachte Marken anzeigen, in welchem Sinne die Verstellung vorgenommen werden muß. Als Anhaltspunkt für die einzuhaltenden Heizwassertemperaturen kann folgende Tafel dienen, wobei zu bemerken ist, daß bei starkem Wind auf höhere Temperaturen zu heizen ist als in der Tafel angegeben, jedoch nie über 90° C.

Außentemperatur . . ^{0}C $+ 10 + 5 + 0 - 5 - 10 - 15 - 20$
Heizwassertemperatur . ^{0}C $+ 40 + 50 + 60 + 67 + 75 + 83 + 90$

Die Zahlen gelten für Warmwasserheizungen, die für eine tiefste Außentemperatur von — 20° C berechnet sind.

b) Die **Rauchklappe** dient dazu, die den Betriebsverhältnissen entsprechende Zugstärke, welche je nach Wetter und Wärmebedarf wechselt, einzustellen. Man wird im allgemeinen bei kaltem Wetter und gutem Zug die Rauchklappe mehr schließen, bei warmem Wetter und schlechterem Zug sie mehr öffnen.

c) Der **Bypaß** ermöglicht, die Rauchgase im Bedarfsfalle unter Umgehung der Kesselzüge direkt zum Kamin zu führen. Der Bypaß wird nur vorübergehend bei schlechten Zugverhältnissen z. B. bei Föhn, in gewissen Fällen auch beim Anheizen geöffnet und auch dann nur solange, bis eine regelmäßige Verbrennung eintritt, sonst bleibt er stets geschlossen. Kleinere Kessel werden ohne Bypaß ausgeführt.

d) Ein **Thermometer** dient zur Kontrolle der Wassertemperatur und daher zur Einstellung von Regulator und Rauchklappe.

e) Die Wärmeabgabe jedes Heizkörpers kann mittels eines **Ventils** reguliert werden. Die Durchflußmenge des Heizwassers durch den Heizkörper wird je nach der Ventilstellung vermehrt oder vermindert.

Y. 6. Brennstoff und Feuerhaltung.

Eine Heizungsanlage kann nur mit gutem und zweckmäßig gewähltem Brennstoff störungsfrei und wirtschaftlich betrieben werden. Als Brennstoffe für Gliederkessel fallen Zechenkoks, Gaskoks und Anthrazit in Betracht, vergl. K 13. Die Heizwerte sind in Tafel IV zusammengestellt. Am geeignetsten sind Zechen- und Gaskokse. Anthrazit, an sich ein vorzüglicher Brennstoff, ist in der Regel teurer als Koks, wird daher nur selten verwendet. Über Mischungen von Koks und Anthrazit, vergl. K 13.

Die Korngröße muß der Kesselkonstruktion entsprechend gewählt werden. Feuchter Koks veranlaßt große Wärmeverluste, daher soll der Koks schon im Sommer beschafft werden. Länger dauernde Holz- oder Torffeuerung ist nachteilig wegen des in den Rauchzügen und im Kamin sich bildenden Teers. Dieser ist auch dem Kessel schädlich, er kann durch intensives Koksfeuer von den Kesselwänden abgebrannt werden. Über Verfeuerung flüssiger Brennstoffe bei Zentralheizungen, vergl. N 9.

Die Warmwasserheizung eignet sich besonders gut für durchgehenden Tag- und Nachtbetrieb. Es trägt auch in kalter Jahreszeit zur Brennstoff-Ersparnis bei, die Heizwirkung nachts zu vermindern, was mit einer entsprechenden Stellung des Regulators erreichbar ist. Im Herbst und Frühjahr wird man die Heizung auf gewisse Tageszeiten, z. B. den Vormittag beschränken und den Feuerraum nur teilweise füllen.

Die Bedienung kostet nur geringe Mühe. Beim Einfüllen des Brennstoffes wird man gleichzeitig die Schlacken vom Rost entfernen und die Reguliereinrichtungen einstellen.

Y. 7. Warmwasserheizung mit Hochdruckdampf als Wärmeträger.

Steht Hochdruckdampf zur Verfügung, so ist es vorteilhaft, eine Warmwasserheizung mittels Wärmeaustauschapparate mittelbar zu betreiben. An die Stelle des mit Koks beheizten Gliederkessels tritt dann ein sogen. Gegenstromapparat, Abb. 227. Dampfeinströmung *1*, Kondenswasserabfluß *2*, Heizwasserrücklauf *3*, Vorlauf *4*, Thermometer an einem „Auge" oben oder in der Leitung. In Spitälern ist diese Art zu heizen, die beste, weil

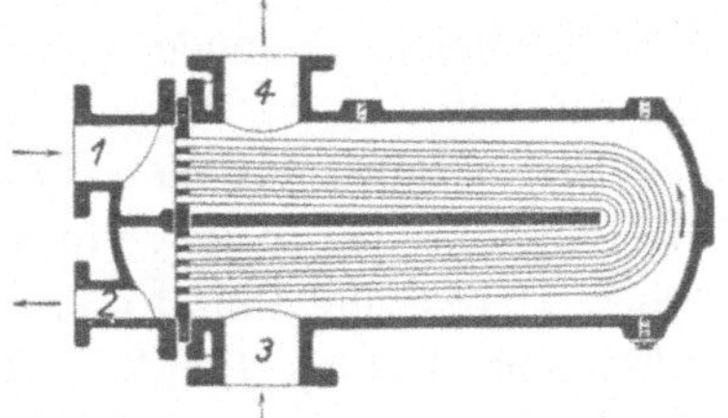

Abb. 227. Wärmeaustauschapparat.

gleichzeitig Hochdruckdampf für technische Zwecke (Wäscherei, Küche usw.) zur Verfügung steht und eine einzige Kesselanlage zu bedienen ist. Zudem ist Kohle als Brennstoff billiger als Koks. Ausgedehnte Gebäudeanlagen werden überhaupt mit Vorteil so geheizt. Der Wärmeaustauschapparat kann auch an Sonntagen, wenn die Betriebskessel nicht bedient werden, noch etwas Wärme abgeben, bestritten von der Wärmereserve der Hochdruck-Dampfkessel.

Z. Die Dampfheizung.

Z. 1. Einteilung und Wesen der Dampfheizung.

Wir unterscheiden Brauchdampfanlagen (mit Dampfverwendung zum Kochen, zu Fabrikationszwecken usw.) und Gebäudeheizung. Im nachfolgenden befassen wir uns nur mit der letzten, doch muß noch ausdrücklich bemerkt werden, daß in vielen Brauchdampfanlagen, auch wenn es sich um kleine Betriebe handelt, die Verwendung von Hochdruckdampf (z. B. von solchem mit mehr als

2 at Betriebsdruck) zweckmäßiger ist als von Niederdruckdampf (was von Sachverständigen dieses Faches leider oft übersehen wird). Zum Betrieb von Dampfheizungen werden gußeiserne Gliederkessel von gleicher Beschaffenheit verwendet wie bei Warmwasserheizungen, sie haben aber im oberen Teil einen Dampfraum, manchmal ist ein Dampfsammler angeordnet.

Eine Niederdruck-Dampfheizung unterscheidet sich von einer Warmwasserheizung dem Wesen nach vor allem durch die Möglichkeit rascher Inbetriebsetzung und sofort einsetzender größter Wärmewirkung. Die Heizkörper sind die nämlichen, nur kleiner. Das Kondensat wird durch Rücklaufleitungen dem Kessel wieder zugeführt. Dampf darf an keiner Stelle dem System entnommen werden, in diesem Fall müßte Speisewasser nachgefüllt werden und dieses bringt stets Kesselsteinbildner mit sich. Schon bei sehr geringem Kesselsteinbelag können die Glieder überhitzt werden, sie reißen in diesem Fall.

Die Temperatur der Heizkörper einer Dampfheizung ist höher als diejenige bei einer Warmwasserheizung (hier rund 60° C, dort schon 104° C bei 0,2 at = 2 m WS Überdruck bzw. 1,2 at abs, oder 120° C bei 1 at = 10 m WS bzw. bei 2 at abs). Der Dampf ist leichter als die Luft und wird infolgedessen den oberen Teil des Heizkörpers einnehmen und die Luft nach unten verdrängen. Die Heizkörper haben daher oben, wenn sie nicht ganz mit Dampf gefüllt sind, was zumeist der Fall ist, die volle Dampftemperatur von über 100° C und bleiben unten kalt; wenn die Heizkörper nicht sauber gehalten sind, tritt Staubversengung ein, was einen unangenehmen Geruch erzeugt.

Z. 2. Anlage einer Dampfheizung.

Die Rohrleitungen einer Niederdruck-Dampfheizung unterscheiden sich von jenen einer Warmwasserheizung zur Hauptsache in den Abmessungen und in der Art der Verlegung. Das Schema einer Niederdruck-Dampfheizungsanlage ist in Abb. 228 gezeigt. *K* der Kessel, *1* das Dampfsteigrohr, *3, 5, 7, 9* Verteilleitungen, im Vorwärtsgefälle angeordnet; *13, 15, 17, 19* Steigrohre; *14, 16, 18, 20* Kondenswasserleitungen; *A* und *C* Kondenswasser-Sammelleitungen, die das Kondensat in den Kessel zurückführen, *H* die Heizkörper, bei *S* ist das Sicherheits-Standrohr angedeutet (dessen Ausführung der Abb. 77 entspricht), *L* das zentrale Entlüftungsrohr, *23/24* und *25/26* sind Siphons.

Im System besteht der Kesseldruck p (at), dem eine hydrostatische Druckhöhe von h (m) entspricht, somit steigt das Wasser im Standrohr und in den Kondenswasserleitungen auf eine Höhe, die um h (m) über dem Wasserspiegel im Kessel (u—u in Abb. 228) liegt; es steigt bis zu der mit o—o bezeichneten Ebene. Soll das Kondensat dem Kessel zufließen, so muß ein gewisses Gefälle bis zur Ebene o—o bestehen (0,5 bis 1 m).

Dampfheizungen müssen leicht entlüftet werden können. Wird die Heizung abgestellt, so kondensiert aller Dampf, die Heizkörper und Leitungen werden mit Luft angefüllt. Wird dagegen angeheizt, so wird die Luft aus den Hohlräumen durch den ankommenden Dampf verdrängt. Die Luft, die schwerer ist als Dampf, entweicht nach unten, gelangt also in die Kondenswasser-Sammelleitung und muß von hier abgeführt werden, was durch das Entlüftungsrohr L geschieht.

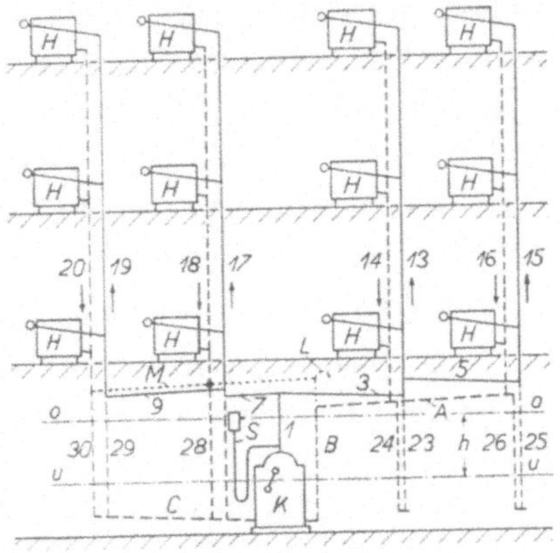

Abb. 228.
Schema einer Dampfheizung.

Die Dampfleitungen *13*, *15*, *17*, *19* werden, da sich stets Kondensat bildet, ebenfalls entwässert. Diese Leitungen sollen luftfrei bleiben, daher wird das Kondensat unter Luftabschluß den Sammelleitungen (A bzw. C) zugeführt. Für die Steigleitungen *13* und *15* besorgen die Siphons *23* und *25* die Entwässerung. Die Sammelleitung A, welcher die verschiedenen Kondensate zugeführt werden, so wie in Abb. 227 (rechts vom Kessel) dargestellt, wird als „trockene Kondensatleitung" bezeichnet. Siphons kommen bloß bei geringer Höhe h zur Anwendung. Wird die Höhe zu groß, so wird das Kondensat in einer sogen. „nassen Kondensatleitung" gesammelt, wie hinsichtlich der Leitung C (links vom Kessel) gezeigt. In diesem Fall erhält jede Kondensatleitung, z. B. *18* oder *20* **oberhalb** der Ebene o—o des Wasserstandes eine besondere Verbindungsleitung M (Abb. 228), welche zum zentralen Entlüftungsrohr L führt.

Mit zunehmendem Kesseldruck, den z. B. Küchen, Wäschereien und andere gewerbliche Anlagen benötigen, wird die Rückführung der Kondensate durch Schwerkraft schwieriger wegen wachsender

Höhe *h*, so daß man zur Kesselspeisung Pumpen verwendet. In diesem Fall läßt man das Kondensat in einen Sammler frei auslaufen; der Pumpenantrieb kann mit sinkendem Wasserspiegel im Kessel durch ein Schwimmerrelais automatisch gesteuert werden.

Bei der Außerbetriebsetzung einer Dampfheizung besteht keine Gefahr des Einfrierens. Wichtig ist, zu verhindern, daß kein Dampf in die Rücklaufrohre gelangt. Dampf und Wasser vertragen sich nicht, wenn sie mit verschiedenen Temperaturen zusammenkommen. Stoßen und Klopfen ist die Folge solcher Vereinigung. Zudem könnten abgestellte Heizkörper rückwärts von den Niederschlagswasserrohren (*14, 16, 18, 20* der Abb. 228) her sich erwärmen.

Z. 3. Die Sicherheitsvorrichtungen.

Als solche kommen Sicherheitsventile und Standrohre in Frage. Die letzten sind die natürlicheren, zuverlässigeren Vorrichtungen und werden daher am häufigsten angewendet. Von den verschiedenen Standrohrformen ist die in Abb. 77 (G 11) gezeichnete die zuverlässigste. Würde mit wachsendem Druck ein Standrohr zu hoch, so verwendet man Sicherheitsventile.

Eine weitere Sicherheitsvorrichtung ist die Sicherheitspfeife. Der Dampfzutritt wird auch in diesem Fall durch ein kleines Standrohr freigegeben, das mit dem Sicherheitsstandrohr zusammengebaut werden kann, aber kürzer ist als dieses. Die Pfeife ertönt daher bevor das Hauptstandrohr überschüttet.

Der Speiserufer besteht aus einem Rohr, das im Kessel auf der Höhe des niedrigsten Wasserstandes ausmündet und außerhalb des Kessels zu einer empfindlichen Dampfpfeife führt. Sinkt der Wasserstand im Kessel so tief, daß Dampf in die Leitung treten kann, so ertönt die Pfeife.

Ein Niederdruckkessel trägt an der Vorderfront ein, bei größern Kesseln zwei Wasserstandsanzeiger; an die Stelle des Thermometers tritt bei Dampfkesseln das Manometer; es werden gewöhnlich Quecksilber-Thermometer angewendet, welche bei den geringen Betriebsdrücken der Niederdruck-Dampfheizungen am zuverlässigsten sind.

Z. 4. Reguliervorrichtungen.

Die Regulierung des Dampfdruckes erfolgt durch den automatischen Druckregler. Dieser kann als Membran-Apparat ausgebildet sein, in diesem Fall beeinflußt der Dampfdruck eine Membrane, deren Bewegung ähnlich wie beim Zugregulator eines Warmwasserheizkessels auf die Luftzuführungsklappe der Feuerung übertragen wird. Ein anderer Druckregler beruht auf einem mit Quecksilber gefüllten kommunizierenden Rohr, wie in Abb. 229 dargestellt. Das Rohr *2* verbindet durch eine Schleife den Quecksilberbehälter *A* mit dem kommunizierenden zylindrischen Gefäß *B*. Im Innern von *B* befindet sich der ringförmige Schwimmer *C*, der bei *D* eine Stange *F* mitnimmt. Diese bewegt sich im Innern des Rohres *G*. Steigt der Dampfdruck im Rohr *1*, so steigt der Quecksilberspiegel im Gefäß *B*, der Schwimmer *C* wird gehoben und gleichzeitig die Klappe *K* geschlossen.

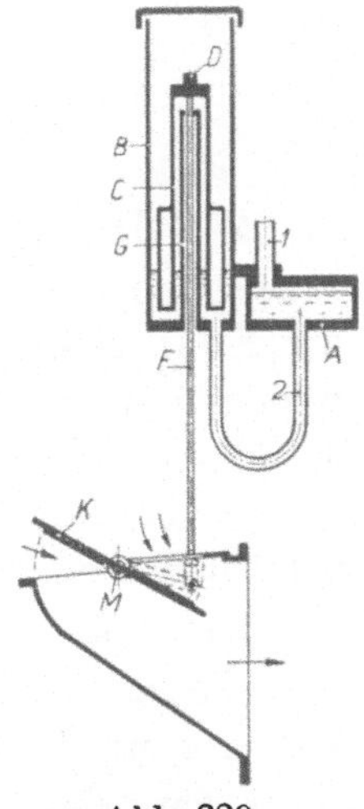

Abb. 229.
Zugregulier-Vorrichtung durch Quecksilber.

Z. 5. Zwischendampf- und Abdampfheizung.

Zwischendampf ist solcher, der einer zweistufigen Dampfmaschine zwischen dem Hoch- und dem Niederdruckzylinder entnommen wird (bei Dampfturbinen Anzapfdampf); man kann ihn beliebig zu Heiz- oder technischen Zwecken verwenden. Die Wirtschaftlichkeit ist dabei höher als bei Verwendung von Kesseldampf, dessen Druck reduziert wird (vergl. G 22).

Bei Auspuff-Dampfmaschinen kann der Auspuffdampf ganz oder teilweise technisch verwendet werden. Der Druck von Auspuffdampf übersteigt denjenigen der atmosphärischen Luft um ein geringes. Auspuffdampf hat einen Wärmeinhalt von 500—600 WE. Mit jedem kg Auspuffdampf, das in die Luft geht, geht diese Wärme verloren. **Kann der Auspuffdampf dagegen zu Heizungszwecken verwendet werden, so wird sein Wärmeinhalt zurückgewonnen,** ganz oder teilweise je nachdem die ganze Dampfmenge kondensiert oder bloß ein Teil davon. Die Entölung des Abdampfes ist wichtig, vergl. V 10 (Abb. 211).

Der thermische Wirkungsgrad einer Dampfanlage wächst, wenn ein Teil des von der Dampfmaschine verbrauchten Dampfes in Form von Zwischen- oder Abdampf zu **technischen oder Heizzwecken** verwendet werden kann.

Nachtrag.

Zu Kap. E (Kesselzubehör) können die Ausführungen über Economiser noch dahin ergänzt werden, daß in den Vereinigten Staaten der Foster-Economiser bei hohen Drücken ziemlich häufige Anwendung findet. Er besteht zur Hauptsache aus Stahlröhren, die dem Druck gut widerstehen. Da sie sich jedoch in den Feuergasen weniger gut halten, werden sie, um vorzeitige Abnützung zu vermeiden, mit gußeisernen Rippenröhren ummantelt.

Bei Kap. F (Roste) wären noch seit kurzer Zeit bekannt gewordene mechanische Roste zu erwähnen, der Kaskaden-Rost und namentlich der Überschub-Rost (Kablitz). Bei dem erstgenannten wird der Brennstoff durch Stempel, die sich in schräger Richtung von unten bzw. hinten nach oben bzw. vorn bewegen, vorgeschoben. Der letztgenannte Rost ist der Bauart nach ein Vorschub-Rost (vergl. F 10). Die Roststäbe sind an der Oberfläche wellenförmig beschaffen, gegebenenfalls mit Zacken versehen. (Abb. 63 für den Pluto-Stoker-Rost zeigt dagegen treppenförmige Roststäbe mit niederen Stufen.) Der Brennstoff wird infolgedessen während der Verbrennung durchgemischt. Dieser Rost hat mehrfache Anwendung gefunden.

Bei M 7 (Entfernung der Schlacken aus dem Feuer) will mit der Bemerkung über das „Schoopieren" nicht gesagt sein, dieses Verfahren sei überhaupt wirkungslos, sondern daß ihm der wirtschaftliche Erfolg bis jetzt versagt blieb.